改进傅里叶方法及其应用

张庆华　著

科学出版社

北京

内 容 简 介

　　本书引进的改进傅里叶级数，是在闭区间上可以一致收敛地逼近任意形式的拟光滑函数的级数。本书给出了：变系数线性常微分方程的通用求解方法（这里变系数可以是连续函数，也可以是间断的函数）；对具有各阶奇异点的奇异性方程（正则或非正则）给出了求解的原则；对几种常见的奇异常微分方程给出了详尽的求解过程和计算算例；完满地求解了两个典型的海洋动力学问题（海洋内波与地形的相互作用，风场作用下水气界面的稳定性分析）。

　　本书适合作为物理类学科理论研究工作者的参考书或工具书。

图书在版编目（CIP）数据

改进傅里叶方法及其应用 / 张庆华著. —北京：科学出版社，2023.12
ISBN 978-7-03-077628-0

Ⅰ. ①改… Ⅱ. ①张… Ⅲ. ①傅里叶分析 Ⅳ.①O174.2

中国国家版本馆 CIP 数据核字（2023）第 252569 号

責任编辑：赵敬伟　杨　然 / 責任校对：邹慧卿
責任印制：赵　博 / 封面设计：无极书装

科　学　出　版　社 出版
北京东黄城根北街 16 号
邮政编码：100717
http://www.sciencep.com

中煤（北京）印务有限公司印刷
科学出版社发行　各地新华书店经销
*
2023 年 12 月第　一　版　开本：720×1000　1/16
2025 年 1 月第二次印刷　印张：16
字数：323 000
定价：128.00元
（如有印装质量问题，我社负责调换）

前　言

　　所有从事物理类学科的理论研究工作者难免需要求解各类数学物理方程，尤其是偏微分方程。直接求解偏微分方程是很困难的，但是，在一定条件下求解偏微分方程的问题可以简化为求解常微分方程，甚至是线性常微分方程问题。但这个常微分方程往往是变系数的奇异方程。我们知道历史上的"特殊函数"理论多是为构建奇异线性常微分方程的解而发展起来的。梳理前人的研究工作，不难看出，已有的工作是将方程的奇异解写为"奇异因子"与非奇异函数的乘积，这个非奇异函数习惯性地取为幂级数，且要求这个幂级数是一致收敛的。在没有计算机的时代，幂级数的系数需要通过递推公式得到，为此需要对方程的形式和方程中各系数的配置有很严格的要求［比如特定形式的贝塞尔（Bessel）方程和勒让德（Legendre）方程］，才有可能（得到递推关系式，从而）得到方程的解（当然也不排除借助更复杂的方法，比如复变函数的方法直接得到某些特定方程解的特例）。但是可以肯定的是，传统理论没有给出求解线性常微分方程的通用方法。

　　另外需要指出，在利用传统方法构建方程的非正则奇异解时，由于一直找不到一致收敛的幂级数，于是就确认非正则奇点邻域不存在一致收敛的解，只存在所谓渐近的"形式解"。但是现在回过头看，这一结论过于武断！只能说不能找到满足一致收敛条件的幂级数解，为什么非要是幂级数解呢！找到幂级数解不是必要条件，不能排除利用其他类型的级数作为基本函数是可以满足一致收敛条件的。以下我们将澄清这个问题。

　　我们知道 n-阶常微分方程的古典解，只需要该解是 n-阶可微的函数，对它是否存在更高阶的可微性，一般并没有要求。而前人的研究工作要求的在有界区间 $[a,b]$ 上一致收敛的幂级数（据 Weierstrass 的相关理论）是收敛到无穷次可微的函数，这不是方程的解所必须具有的性质，或者说，是对方程解的解析性的过分要求。

本书构建的改进傅里叶（Fourier）级数是在经典的周期性的 Fourier 级数上叠加修正项。据狄利克雷（Dirichlet）定理，为了一致收敛地逼近分段光滑连续的函数，0-阶修正项由阶梯函数与线性函数（1-次幂函数）组成；1-阶修正项由阶梯函数的 1-次积分与直到 2-次的幂函数（1-次和 2-次幂函数）组成；2-阶修正项由阶梯函数的 2-次积分与直到 3-次的幂函数（1-次、2-次和 3-次幂函数）组成。所以 2-阶改进 Fourier 级数是由经典的 Fourier 级数加上 2-阶修正项构成。2-阶改进 Fourier 级数是一致收敛的级数，它的 1-阶导数及 2-阶导数也都是一致收敛的级数。所以奇异的 2-阶线性常微分方程的解是由奇异因子与 2-阶可微的改进 Fourier 级数的乘积构成。可见，如果方程的系数（包括非齐次项）存在间断点（比如激波问题），修正项中需保留阶梯函数项；如果方程的系数是连续函数，修正项中只需保留（有限阶）幂函数。对于正则奇点或非正则奇点邻域内的解，除了奇异因子的形式不同以外，改进 Fourier 级数的构建方法是相同的。

如果 $\eta = 0$ 为正则奇点，那么正则奇异因子为 η^{ρ}，这里 ρ 为待定参数；如果 $\eta = 0$ 为非正则奇点，那么非正则奇异因子写为 $\eta^{\rho} \exp\{Q(\eta)\}$，其中 $Q(\eta) = \sum_{k=1}^{m} \sigma_k \eta^{-k}$，$\rho$ 和 σ_k 为待定参数。而代表最高的奇异阶次的数值 m 的确定，成为构建非正则奇异因子的关键！本书 3.4 节的附录中的引理 6 给出确定数值 m 的统一方法，没有见过这方面系统的研究工作。

另外，本书第 2 章中给出了存在间断点的方程的精确求解方法和算例，它明显优于前人的各种近似处理方法。

利用改进 Fourier 级数构建微分方程解的方法，我们简称为改进 Fourier 方法，本书共分五章。

第 1 章是预备知识，引进改进 Fourier 级数的概念和在求解非奇异方程中的应用。第 2 章是存在间断点的方程的求解。第 3 章是针对存在 1-阶、2-阶直至 5-阶奇点的奇异方程（这里包含正则奇点和非正则奇点问题），给出了构建奇异因子的原则和改进 Fourier 级数所需满足的相关约束条件。第 4 章给出了常见的六种类型（比如勒让德、贝塞尔、韦伯、合流 Lame、马蒂厄、合流超比等）方程在实数轴上所有奇异点邻域内的奇异解的求解方法，并给出了一些计算算例验证。第 5 章利用改进 Fourier 方法求解了与海洋内波、风浪生成有关的海洋动力学问题。

从本书的第 2 章开始的每一节都是独立而完备的数学体系，一般不需要参考其他章节的内容。如果你只对某一节的内容感兴趣，你尽可直接去读，如果确实需要参考前面的结果，我已明确指出它的出处（你尽可先直接引用，待有时间再去探求它的来龙去脉或详细证明）。

　　本书的读者并不需要具有多么高深的数学造诣，只要具有扎实的经典微积分知识就够了，但他需要具有严密的逻辑思维能力和仔细推导数学公式的耐心。这是一般数理学科的研究生应该具有的品质。

张庆华

2023 年 9 月于青岛

目　　录

第1章

预备知识

1.1 改进傅里叶（Fourier）级数的引进[1-3]

1.1.1 概念的引进

有限区间 $x \in [0, x_0]$ 上的"拟光滑"函数 $f(x)$ 是指分段光滑的有界函数，且只有有限个间断点：$x_k (k = 1, 2, \cdots, k_0)$。这里"光滑"是指只有"有限振荡频率"的连续函数。引进区间 $x \in [0, x_0]$ 上的 Fourier 因子：

$$\exp\{i\alpha_n x\} \equiv e^{i\alpha_n x} = \cos(\alpha_n x) + i\sin(\alpha_n x)$$

$$\alpha_n = \frac{2n\pi}{x_0}, \quad i = \sqrt{-1} \tag{1-1-1}$$

定义 Fourier 投影算子

$$F^{-1}\langle \ \rangle_{n_0} = \frac{1}{x_0} \int_0^{x_0} \langle \ \rangle \exp\{-i\alpha_{n_0} x\} dx \tag{1-1-2a}$$

不难验证 Fourier 因子满足正交性条件：

$$F^{-1}\langle \exp\{i\alpha_n x\} \rangle_{n_0} = \frac{1}{x_0} \int_0^{x_0} \exp\{i\alpha_n x - i\alpha_{n_0} x\} dx = \begin{cases} 1, & n = n_0 \\ 0, & n \neq n_0 \end{cases} \tag{1-1-2b}$$

形式上，我们总可以计算出函数 $f(x)$ 在区间 $x \in [0, x_0]$ 上的 Fourier 投影，得到一组"形式 Fourier 系数" $\{C_n\}$：

$$C_n = F^{-1}\langle f(x) \rangle_n \tag{1-1-3}$$

从而构造出"形式 Fourier 级数"

$$S_N(x) = \sum_{|n| < N} C_n \exp\{i\alpha_n x\} \qquad (1\text{-}1\text{-}4)$$

据狄利克雷(Dirichlet)定理，"形式 Fourier 级数"有如下极限关系：

$$\lim_{N \to \infty} S_N(x) = \begin{cases} \dfrac{\left[f(x-0)+f(x+0)\right]}{2}, & x \in (0, x_0) \\ \dfrac{\left[f(0)+f(x_0)\right]}{2}, & x = 0 \text{ 或 } x = x_0 \end{cases} \qquad (1\text{-}1\text{-}5)$$

可见，如果函数 $f(x)$ 在区间内存在间断点 x_1，即 $f(x_1-0) \neq f(x_1+0)$，那么 $\dfrac{\left[f(x_1-0)+f(x_1+0)\right]}{2}$ 既不等于 $f(x_1-0)$，也不等于 $f(x_1+0)$。所以"形式 Fourier 级数"在间断点 x_1 的邻域内，不可能是一致收敛的，"形式 Fourier 级数"曲线会剧烈振荡，呈现所谓吉布斯(Gibbs)现象。

如果函数 $f(x)$ 在区间 $x \in [0, x_0]$ 上不是周期函数，即 $f(0) \neq f(x_0)$，那么 $\dfrac{\left[f(0)+f(x_0)\right]}{2}$ 既不等于 $f(0)$，也不等于 $f(x_0)$。所以"形式 Fourier 级数"不可能一致收敛地逼近非周期函数，在端点附近"形式 Fourier 级数"曲线会剧烈振荡，呈现所谓 Gibbs 现象。

从 Dirichlet 定理得知，在有界区间上满足周期性条件的连续函数就可以被 Fourier 级数一致收敛地逼近。常识告诉我们只要减去（相应幅度的）阶梯函数，就可（消除函数的间断性）使其成为连续函数。该连续函数两端点的连线是线性函数，再减去该线性函数，就得到了连续的周期函数。

所以消除了函数 $f(x)$ 的间断点和非周期性，就可以被"标准 Fourier 级数"一致收敛地逼近。不失一般性，假设函数 $f(x)$ 在区间 $x \in (0, x_0)$ 内只有一个间断点 x_1，记该间断点的跃差 Δ_1 为

$$\Delta_1 = f(x)\Big|_{x_1-0}^{x_1+0} = f(x_1+0) - f(x_1-0) \qquad (1\text{-}1\text{-}6)$$

引进赫维塞德(Heaviside)阶梯函数：

$$H(x-x_1) = \begin{cases} 1, & x > x_1 \\ 0, & x < x_1 \end{cases} \qquad (1\text{-}1\text{-}7)$$

于是 1-次修正函数 $g_1(x)$ 取为如下形式：

$$g_1(x) = f(x) - \Delta_1 H(x-x_1) \qquad (1\text{-}1\text{-}8)$$

它在区间 $x \in (0, x_0)$ 内不再具有间断性，即

$$g_1(x)\Big|_{x_1-0}^{x_1+0} = \left[f(x) - \Delta_1 H(x-x_1)\right]_{x_1-0}^{x_1+0} = f(x)\Big|_{x_1-0}^{x_1+0} - \Delta_1 = 0 \qquad (1\text{-}1\text{-}9)$$

但 $g_1(x)$ 还不一定是周期函数，函数 $g_1(x)$ 的两端差值为

$$\Delta_2 = g_1(x)\Big|_{x=0}^{x=x_0} = \Big[f(x) - \Delta_1 H(x - x_1)\Big]_{x=0}^{x=x_0}$$

$$= \Big[f(x_0) - f(0)\Big] - \Delta_1 \qquad (1\text{-}1\text{-}10a)$$

$$= \Delta_0 - \Delta_1$$

这里

$$\Delta_0 = f(x)\Big|_{x=0}^{x=x_0} = f(x_0) - f(0) \qquad (1\text{-}1\text{-}10b)$$

于是 2-次修正函数 $g_2(x)$ 取为如下形式：

$$g_2(x) = g_1(x) - \Delta_2 \frac{x}{x_0} \qquad (1\text{-}1\text{-}11)$$

由于

$$g_2(x)\Big|_{x=0}^{x=x_0} = \left[g_1(x) - \Delta_2 \frac{x}{x_0}\right]_{x=0}^{x=x_0} = g_1(x)\Big|_{x=0}^{x=x_0} - \Delta_2 = 0 \qquad (1\text{-}1\text{-}12)$$

和

$$g_2(x)\Big|_{x_1-0}^{x_1+0} = \left[g_1(x) - \Delta_2 \frac{x}{x_0}\right]_{x_1-0}^{x_1+0} = g_1(x)\Big|_{x_1-0}^{x_1+0} = 0 \qquad (1\text{-}1\text{-}13)$$

可见 2-次修正函数 $g_2(x)$ 是闭区间 $x \in [0, x_0]$ 上光滑连续的周期函数。或者说拟光滑函数 $f(x)$ 总可以扣除一些修正项 $\Omega_0(x)$

$$g_2(x) = f(x) - \Omega_0(x) \qquad (1\text{-}1\text{-}14)$$

使其成为光滑的周期函数。这里

$$\Omega_0(x) = \Delta_1 H(x - x_1) + b_0 x$$
$$b_0 = (\Delta_0 - \Delta_1) / x_0 \qquad (1\text{-}1\text{-}15)$$

对函数 $g_2(x)$ 求 Fourier 投影，得到标准 Fourier 系数 B_n：

$$B_n = F^{-1}\langle g_2(x)\rangle_n \qquad (1\text{-}1\text{-}16)$$

据 Dirichlet 定理，光滑的周期函数可以被其对应的"标准 Fourier 级数"一致收敛地逼近

$$g_2(x) = \sum_{|n| \le N} B_n \exp\{i\alpha_n x\} \qquad (1\text{-}1\text{-}17)$$

据（1-1-14）式得到

$$f(x) = \sum_{|n| \le N} B_n \exp\{i\alpha_n x\} + \Omega_0(x)$$

$$= \sum_{|n| \le N} B_n \exp\{i\alpha_n x\} + bx + \Delta_1 H(x - x_1) \qquad (1\text{-}1\text{-}18)$$

（1-1-18）式右端称作"改进 Fourier 级数"，它是"标准 Fourier 级数"与修正项 $\Omega_0(x)$ 之和。这里修正项是由幂函数与阶梯函数组成（只是为简化起见，本文只考虑一个间断点）。显然函数 $f(x)$ 的一重积分 $f_1(x) = f^{(-1)}(x)$ 是 1-阶可微的函数：

$$f_1'(x) = f(x) \tag{1-1-19a}$$

而函数 $f(x)$ 的 k 重积分 $f_k(x) \equiv f^{(-k)}(x)$ 是 k 阶可微的函数：

$$f_k^{(k)}(x) = f(x) \tag{1-1-19b}$$

我们需要证明的命题是：m 阶可微的函数 $f_m(x)$ 可以展开为"m 阶可微的改进 Fourier 级数"——它是由标准 Fourier 级数 $\sum_{|n| \le N} A_n \exp\{i\alpha_n x\}$ 与直到 $m+1$ 阶的幂函数（之和）$\sum_{l=1}^{m+1} a_l \dfrac{x^l}{l!}$ 及阶梯函数的 m 重积分 $\dfrac{(x-x_1)^m}{m!} H(x-x_1)$ 三部分组合而成：

$$f_m(x) \equiv \sum_{|n| \le N} A_n \exp\{i\alpha_n x\} + \sum_{l=1}^{m+1} a_l \frac{x^l}{l!}$$
$$+ \varDelta \frac{(x-x_1)^m}{m!} H(x-x_1) \tag{1-1-20}$$

1.1.2 命题的证明

以下将用数学归纳法证明：

1）已知闭区间上分段光滑的函数 $f(x)$ 可以用"零阶改进 Fourier 级数"一致收敛地逼近，正如（1-1-18）式所示，这里将该式改写为如下形式：

$$f(x) = B_0 + \sum_{n \ne 0} B_n \exp\{i\alpha_n x\} + bx + \varDelta_1 H(x-x_1) \tag{1-1-21}$$

求积分得到

$$f_1(x) \equiv f^{(-1)}(x)$$
$$= B_0 x + \sum_{n \ne 0} \frac{B_n}{i\alpha_n} \exp\{i\alpha_n x\} + b\frac{x^2}{2!} + \varDelta_1 (x-x_1) H(x-x_1) + A_0$$
$$= A_0 + \sum_{n \ne 0} \frac{B_n}{i\alpha_n} \exp\{i\alpha_n x\} + B_0 x + b\frac{x^2}{2!} + \varDelta_1 (x-x_1) H(x-x_1) \tag{1-1-22}$$
$$= \sum_{|n| \le N} A_n \exp\{i\alpha_n x\} + \sum_{l=1}^{2} a_l \frac{x^l}{l!} + \varDelta_1 (x-x_1) H(x-x_1)$$

上式中 A_0 为积分常数；当 $n \neq 0$ 时，取 $A_n = \dfrac{B_n}{\mathrm{i}\alpha_n}$，且记 $a_1 = B_0, a_2 = b$。可见，一阶可微的函数 $f_1(x)$ 可以展开为标准的 Fourier 级数 $\displaystyle\sum_{|n| \leqslant N} A_n \exp\{\mathrm{i}\alpha_n x\}$ 与直到 2-阶的幂函数（之和）$\displaystyle\sum_{l=1}^{2} a_l \dfrac{x^l}{l!}$ 及阶梯函数的一重积分 $\varDelta(x - x_1) H(x - x_1)$ 组合而成。它是 1-阶可微的改进 Fourier 级数。所以 $m = 1$ 时命题成立。

2）如果对 k 阶可微的函数 $f_k(x)$ 命题成立，即函数 $f_k(x)$ 可以展开为如下 k 阶可微的改进 Fourier 级数：

$$f_k(x) = \sum_{|n| \leqslant N} B_n \exp\{\mathrm{i}\alpha_n x\} + \sum_{l=1}^{k+1} b_l \frac{x^l}{l!} \qquad (1\text{-}1\text{-}23)$$
$$+ \varDelta_1 \frac{(x - x_1)^k}{k!} H(x - x_1)$$

我们需要证明对 $k+1$ 阶可微的函数 $f_{k+1}(x)$ 命题仍然成立！为此改写（1-1-23）式为如下形式：

$$f_k(x) = B_0 + \sum_{n \neq 0} B_n \exp\{\mathrm{i}\alpha_n x\} + \sum_{l=1}^{k+1} b_l \frac{x^l}{l!} \qquad (1\text{-}1\text{-}24)$$
$$+ \varDelta_1 \frac{(x - x_1)^k}{k!} H(x - x_1)$$

求一次积分，得到

$$f_{k+1}(x) \equiv f_k^{(-1)}(x)$$
$$= B_0 x + \sum_{n \neq 0} \frac{B_n}{\mathrm{i}\alpha_n} \exp\{\mathrm{i}\alpha_n x\} + \sum_{l=1}^{k+1} b_l \frac{x^{l+1}}{(l+1)!} \qquad (1\text{-}1\text{-}25)$$
$$+ \varDelta_1 \frac{(x - x_1)^{k+1}}{(k+1)!} H(x - x_1) + A_0$$

这里 A_0 为积分常数，当 $n \neq 0$ 时，取 $A_n = \dfrac{B_n}{\mathrm{i}\alpha_n}$，那么

$$A_0 + \sum_{n \neq 0} \frac{B_n}{\mathrm{i}\alpha_n} \exp\{\mathrm{i}\alpha_n x\} = \sum_{|n| \leqslant N} A_n \exp\{\mathrm{i}\alpha_n x\} \qquad (1\text{-}1\text{-}26)$$

另外有关系式

$$\sum_{l=1}^{k+1} b_l \frac{x^{l+1}}{(l+1)!} = \sum_{l=2}^{k+2} b_{l-1} \frac{x^l}{l!} \qquad (1\text{-}1\text{-}27)$$

取

$$a_l = \begin{cases} B_0, & l=1 \\ b_{l-1}, & l \geqslant 2 \end{cases} \qquad (1\text{-}1\text{-}28a)$$

那么

$$B_0 x + \sum_{l=2}^{k+2} b_{l-1} \frac{x^l}{l!} = \sum_{l=1}^{k+2} a_l \frac{x^l}{l!} \qquad (1\text{-}1\text{-}28b)$$

3）于是 $k+1$ 阶可微函数写为标准 Fourier 级数 $\sum_{|n| \leqslant N} A_n \exp\{i\alpha_n x\}$，直到 $(k+1)+1$

阶的幂函数（之和） $\sum_{l=1}^{k+2} a_l \frac{x^l}{l!}$ 及阶梯函数的 $(k+1)$ 重积分 $\frac{(x-x_1)^{k+1}}{(k+1)!} H(x-x_1)$ 三

部分组合而成：

$$\begin{aligned} f_{k+1}(x) = \sum_{|n| \leqslant N} A_n \exp\{i\alpha_n x\} + \sum_{l=1}^{k+2} a_l \frac{x^l}{l!} \\ + \Delta_1 \frac{(x-x_1)^{k+1}}{(k+1)!} H(x-x_1) \end{aligned} \qquad (1\text{-}1\text{-}29)$$

它就是"$k+1$ 阶可微的改进 Fourier 级数"，于是命题成立。

1.1.3 举例

取

$$\psi_1(x) = \frac{x}{x_1} \sin\left(\frac{5\pi x}{2x_1}\right) H(x_1-x) + 2H(x-x_1) \qquad (1\text{-}1\text{-}30)$$

由于 $\psi_1(x_1-0)=1$，$\psi_1(x_1+0)=2$，于是

$$\psi_1(x)\big|_{x_1-0}^{x_1+0} = 2-1 = 1 \qquad (1\text{-}1\text{-}31)$$

所以 $x=x_1$ 为函数的间断点（图 1-1）。

或将函数 $\psi_1(x)$ 改写为如下形式：

$$\psi_1(x) = \psi_2(x) + H(x-x_1) \qquad (1\text{-}1\text{-}32)$$

这里

$$\psi_2(x) = \frac{x}{x_1} \sin\left(\frac{5\pi x}{2x_1}\right) H(x_1-x) + H(x-x_1) \qquad (1\text{-}1\text{-}33a)$$

$$\psi_2(x)\big|_{x_1-0}^{x_1+0} = 1-1 = 0 \qquad (1\text{-}1\text{-}33b)$$

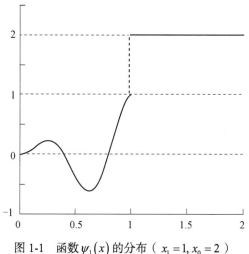

图 1-1 函数 $\psi_1(x)$ 的分布（$x_1 = 1, x_0 = 2$）

横坐标为 x，纵坐标为 $\psi_1(x)$

是区间 $[0, x_0]$ 上的连续函数（图 1-2），但它不是周期函数。进一步将 $\psi_2(x)$ 写为如下形式：

$$\psi_2(x) = \psi_3(x) + \frac{x}{x_0} \tag{1-1-34}$$

这里

$$\psi_3(x) = \psi_2(x) - \frac{x}{x_0}$$
$$= \frac{x}{x_1}\sin\left(\frac{5\pi x}{2x_1}\right)H(x_1 - x) + H(x - x_1) - \frac{x}{x_0} \tag{1-1-35a}$$

就是区间 $[0, x_0]$ 上的连续且满足周期性条件的函数（图 1-3）。

$$\psi_3(x)\big|_0^{x_0} = 0 \tag{1-1-35b}$$

所以函数 $\psi_3(x)$ 可以一致收敛地展开为如下 Fourier 级数：

$$\psi_3(x, N) = \sum_{|n| \leqslant N} A_n \exp\{i\alpha_n x\}, \quad N \gg 1 \tag{1-1-36}$$
$$\alpha_n = 2n\pi / x_0$$

这里系数 A_n 由如下 Fourier 投影定出：

$$A_n = \frac{1}{x_0}\int_0^{x_0} \psi_3(\eta)\exp\{-i\alpha_n \eta\}d\eta \tag{1-1-37}$$

于是，据（1-1-32）、（1-1-34）式得到

$$\psi_1(x) = \psi_2(x) + H(x - x_1)$$

$$= \psi_3(x) + \frac{x}{x_0} + H(x - x_1) \qquad (1\text{-}1\text{-}38)$$

$$= \sum_{|n| < N} A_n \exp\{i\alpha_n x\} + \frac{x}{x_0} + H(x - x_1)$$

以下将函数 $\psi_1(x)$、$\psi_2(x)$、$\psi_3(x)$ 的分布，分别由图 1-1、图 1-2 和图 1-3 给出。

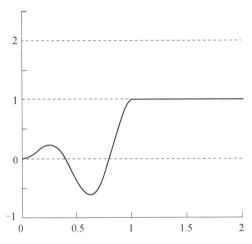

图 1-2　函数 $\psi_2(x)$ 的分布（ $x_1 = 1$, $x_0 = 2$ ）

横坐标为 x ，纵坐标为 $\psi_2(x)$

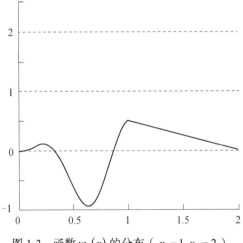

图 1-3　函数 $\psi_3(x)$ 的分布（ $x_1 = 1$, $x_0 = 2$ ）

横坐标为 x ，纵坐标为 $\psi_3(x)$

1.2 非奇异线性常微分方程的求解[4]

（注释：引理 1——相容性条件的引入，
引理 2——相对误差的引入）

考虑定义在闭区间 $[0, x_0]$ 上的 2-阶常微分方程：

$$L\{y(x)\} \equiv y''(x) + q_1(x)y'(x) + q_2(x)y(x) = -f(x) \qquad （1\text{-}2\text{-}1）$$

这里 $q_1(x)$、$q_2(x)$、$f(x)$ 为区间 $[0, x_0]$ 上的连续有界函数。本文只求方程的古典解，为此，将函数 $y(x)$ 展开为如下二阶可微的改进 Fourier 级数：

$$y(x) = \sum_{|n| \leqslant N} A_n \exp\{i\alpha_n x\} + \sum_{l=1}^{3} a_l Jee(l, x) \qquad （1\text{-}2\text{-}2a）$$

$$y^{(k)}(x) = \sum_{|n| \leqslant N} (i\alpha_n)^k A_n \exp\{i\alpha_n x\} + \sum_{l=1}^{3} a_l Jee(l-k, x), \quad k = 0,1,2 \qquad （1\text{-}2\text{-}2b）$$

这里

$$\alpha_n = \frac{2n\pi}{x_0}, \quad Jee(l, x) = \begin{cases} \dfrac{x^l}{l!}, & l \geqslant 0 \\[2mm] 0, & l < 0 \end{cases} \qquad （1\text{-}2\text{-}3a）$$

引进 Fourier 投影

$$F^{-1}\langle \ \rangle_{n_0} = \frac{1}{x_0} \int_0^{x_0} \langle \ \rangle \exp\{-i\alpha_{n_0} x\} \mathrm{d}x \qquad （1\text{-}2\text{-}3b）$$

将展式（1-2-2）代入方程（1-2-1）得到

$$\sum_{|n| \leqslant N} A_n GR(n, x) \exp\{i\alpha_n x\} + \sum_{l=1}^{3} a_l GS(l, x) = -f(x) \qquad （1\text{-}2\text{-}4）$$

这里

$$GR(n, x) = (i\alpha_n)^2 + (i\alpha_n)q_1(x) + q_2(x) \qquad （1\text{-}2\text{-}5a）$$

和

$$GS(l, x) = Jee(l-2, x) + q_1(x)Jee(l-1, x) + q_2(x)Jee(l, x) \qquad （1\text{-}2\text{-}5b）$$

对方程（1-2-4）求 Fourier 投影得到

$$\sum_{|n| \leqslant N} A_n R(n, n_0) = \sum_{l=1}^{3} a_l S(l, n_0) + S(0, n_0), \quad |n_0| \leqslant N \qquad （1\text{-}2\text{-}6）$$

这里（见附录 A）

$$R(n, n_0) = F^{-1} \langle GR(n, x) \rangle_{n_0 - n}$$
$$S(l, n_0) = -F^{-1} \langle GS(l, x) \rangle_{n_0}$$
$$S(0, n_0) = -F^{-1} \langle f(x) \rangle_{n_0}$$
（1-2-7）

由方程（1-2-6）可解出

$$A_n = \sum_{l=1}^{3} a_l Ae(l, n) + Ae(0, n)$$
（1-2-8）

这里 $Ae(l, n)$ 为如下方程的解：

$$\sum_{|n| \leqslant N} Ae(l, n) R(n, n_0) = S(l, n_0), \quad |n_0| \leqslant N; l = 0, 1, 2, 3$$
（1-2-9）

将解式（1-2-8）代入展式（1-2-2）得到

$$y^{(k)}(x) = \sum_{l=1}^{3} a_l Z(k, l, x) + Z(k, 0, x), \quad k = 0, 1, 2$$
（1-2-10）

这里

$$Z(k, l, x) = \sum_{|n| \leqslant N} (i\alpha_n)^k Ae(l, n) \exp\{i\alpha_n x\}$$
$$+ Jee(l - k, x), \quad l \neq 0$$
（1-2-11a）

$$Z(k, 0, x) = \sum_{|n| \leqslant N} (i\alpha_n)^k Ae(0, n) \exp\{i\alpha_n x\}$$
（1-2-11b）

另外，方程（1-2-1）应满足相容性条件（据引理 1，见附录 B）：

$$L\{y\}\big|_0^{x_0} = \left[y''(x) + q_1(x) y'(x) + q_2(x) y(x) \right]_0^{x_0} = -f(x)\big|_0^{x_0}$$
（1-2-12）

将解式（1-2-10）代入相容性条件（1-2-12），得到

$$\sum_{l=1}^{3} a_l \beta(l) + \beta(0) = 0$$
（1-2-13）

这里

$$\beta(l) = \left[Z(2, l, x) + q_1(x) Z(1, l, x) + q_2(x) Z(0, l, x) \right]_0^{x_0}, \quad l \neq 0$$
$$\beta(0) = \left[Z(2, 0, x) + q_1(x) Z(1, 0, x) + q_2(x) Z(0, 0, x) + f(x) \right]_0^{x_0}$$
（1-2-14）

可定出

$$a_3 = -\sum_{l=1}^{2} a_l \beta_0(l) - \beta_0(0)$$
$$\beta_0(l) = \beta(l) / \beta(3), \quad l = 0, 1, 2$$
（1-2-15）

改写解式（1-2-10）为

$$y^{(k)}(x) = \sum_{l=1}^{2} a_l Z(k,l,x) + a_3 Z(k,3,x) + Z(k,0,x)$$

$$= \sum_{l=1}^{2} a_l Z(k,l,x) - \left[\sum_{l=1}^{2} a_l \beta_0(l) + \beta_0(0) \right] Z(k,3,x) + Z(k,0,x)$$

（1-2-16）

进而得到

$$y^{(k)}(x) = \sum_{l=1}^{2} a_l \Pi(k,l,x) + \Pi(k,0,x) \qquad （1\text{-}2\text{-}17\text{a}）$$

这里

$$\Pi(k,l,x) = Z(k,l,x) - \beta_0(l) Z(k,3,x), \quad l = 0,1,2 \qquad （1\text{-}2\text{-}17\text{b}）$$

显然 $\Pi(0,0,x)$ 为非齐次方程的特解，而 $\Pi(0,l,x), l = 1,2$ 为齐次方程的两个通解。

1．误差的估计

（1）改进 Fourier 级数对方程解的逼近程度，取决于级数收敛的速度，它是评判级数所取项数 N 的一个重要准则。

（2）相对误差的引进——记作引理 2。

不难看出解式（1-2-17）中包括通解 $\Pi(k,l,x), l = 1,2$ 和特解 $\Pi(k,0,x)$，它们分别满足齐次方程

$$\Pi(2,l,x) + q_1(x)\Pi(1,l,x) + q_2(x)\Pi(0,l,x) = 0, \quad l = 1,2 \qquad （1\text{-}2\text{-}18）$$

和非齐次方程

$$\Pi(2,0,x) + q_1(x)\Pi(1,0,x) + q_2(x)\Pi(0,0,x) = -f(x) \qquad （1\text{-}2\text{-}19）$$

1）齐次方程（1-2-18）共三项

$$\begin{cases} g_1(x,l) = \Pi(2,l,x) \\ g_2(x,l) = q_1(x)\Pi(1,l,x), \quad l = 1,2 \\ g_3(x,l) = q_2(x)\Pi(0,l,x) \end{cases} \qquad （1\text{-}2\text{-}20）$$

要求

$$g_0(x,l) = g_1(x,l) + g_2(x,l) + g_3(x,l) = 0 \qquad （1\text{-}2\text{-}21）$$

由于它们可能是复数，所以引进膜函数

$$\text{Mo}(x,l_0,l) = \| g_{l_0}(x,l) \|, \quad l_0 = 0,1,2,3; \; l = 1,2 \qquad （1\text{-}2\text{-}22）$$

所谓三项之和 $g_1(x) + g_2(x) + g_3(x)$ 尽量接近零，是个相对概念，所以在同一点

上，$g_0(x,l)$ 应该与这三项中的最大值对比。

首先将区间 $[0,x_0]$ 做 j_0 等分，其分割点为

$$x(j) = \frac{j}{j_0} x_0, \quad j = 0,1,2,\cdots,j_0 \qquad (1\text{-}2\text{-}23)$$

这三项在该点（复数）膜 $\mathrm{Mo}(x(j),l_0,l)$ 的最大值为

$$Q(j,l) = \max \left\{ \begin{matrix} \mathrm{Mo}(x(j),l_0,l) \\ l_0 = 0,1,2 \end{matrix} \right\}, \quad l = 1,2 \qquad (1\text{-}2\text{-}24)$$

于是在区间 $[0,x_0]$ 中相对误差的分布为

$$\mathrm{Error}(j,l) = \frac{\mathrm{Mo}(x(j),0,l)}{Q(j,l)}, \quad j = 0,1,2,\cdots,j_0; \quad l = 1,2 \qquad (1\text{-}2\text{-}25)$$

这里 $\mathrm{Mo}(x(j),0,l)$ 是 $g_0(x(j),l)$ 的膜。

2）非齐次方程（1-2-19）共四项

$$\begin{cases} g_1(x,0) = \Pi(2,0,x) \\ g_2(x,0) = q_1(x)\Pi(1,0,x) \\ g_3(x,0) = q_2(x)\Pi(0,0,x) \\ g_4(x,0) = f(x) \end{cases} \qquad (1\text{-}2\text{-}26)$$

要求

$$g_0(x,0) = g_1(x,0) + g_2(x,0) + g_3(x,0) + g_4(x,0) = 0 \qquad (1\text{-}2\text{-}27)$$

由于它们可能是复数，所以引进膜函数

$$\mathrm{Mo}(x,l_0,0) = \left\| g_{l_0}(x,0) \right\|, \quad l_0 = 0,1,2,3,4 \qquad (1\text{-}2\text{-}28)$$

（1-2-26）式中这四项在该点 $x(j)$ 上的最大膜为

$$Q(j,0) = \max \left\{ \begin{matrix} \mathrm{Mo}(x(j),l_0,0) \\ l_0 = 1,2,3,4 \end{matrix} \right\} \qquad (1\text{-}2\text{-}29)$$

于是在区间 $[0,x_0]$ 中相对误差的分布为

$$\mathrm{Error}(j,0) = \frac{\mathrm{Mo}(x(j),0,0)}{Q(j,0)}, \quad j = 0,1,2,\cdots,j_0 \qquad (1\text{-}2\text{-}30)$$

这里 $\mathrm{Mo}(x(j),0,0)$ 是 $g_0(x(j),0)$ 的膜。

注释：这种计算相对误差的方法有时在区域两端不一定适用（比如，在端点方程三项中如果只有一项不为零）。所以，检验级数的收敛速度仍是最基本的检验标准。

2. 算例与讨论

算例 1 取

$$x_0 = 1, q_1(x) = \text{th}(x), q_2(x) = \sin(\pi x), f(x) = x^2, \ N = 100$$

计算出解的分布 $\Pi(k, l, x)$，$l = 1, 2$ 和解满足方程的相对误差 $\text{Error}(l, x) \equiv \text{Err}(l, x)$，列于表 1-1 中。

表 1-1 $\Pi_0(0, l, x)$ 与 **Err**(l, x) 的分布 $(l = 0, 1, 2)$

$$\left(x_0 = 1, q_1(x) = \text{th}(x), q_2(x) = \sin(\pi x), f(x) = x^2, N = 100 \right)$$

x / x_0	$\Pi_0(0,0,x)$	Err$(0,x)$	$\Pi_0(0,1,x)$	Err$(1,x)$	$\Pi_0(0,2,x)$	Err$(2,x)$
0.0	0.1878	3.2×10^{-3}	0.0021	5.6×10^{-4}	0.0003	8.0×10^{-3}
0.1	0.1876	1.4×10^{-5}	-0.0012	4.4×10^{-7}	-0.0679	3.6×10^{-5}
0.2	0.1873	4.3×10^{-6}	-0.0119	4.1×10^{-7}	-0.1477	1.9×10^{-5}
0.3	0.1852	6.9×10^{-6}	-0.0308	1.3×10^{-7}	-0.2308	1.4×10^{-5}
0.4	0.1808	4.0×10^{-6}	-0.0579	4.1×10^{-7}	-0.3100	1.1×10^{-5}
0.5	0.1734	4.4×10^{-6}	-0.0925	4.8×10^{-7}	-0.3806	1.3×10^{-5}
0.6	0.1621	3.5×10^{-6}	-0.1337	1.4×10^{-7}	-0.4423	1.2×10^{-5}
0.7	0.1464	3.9×10^{-6}	-0.1808	1.3×10^{-6}	-0.4991	1.6×10^{-5}
0.8	0.1257	2.8×10^{-6}	-0.2337	1.4×10^{-6}	-0.5587	2.3×10^{-5}
0.9	0.0995	1.7×10^{-6}	-0.2930	2.0×10^{-7}	-0.6308	3.4×10^{-5}
1.0	0.0669	2.5×10^{-4}	-0.3606	1.8×10^{-4}	-0.7251	8.0×10^{-3}

算例 2 取

$$x_0 = 1, q_1(x) = \text{th}(x), q_2(x) = \cos(\pi x), f(x) = x^3, \ N = 100$$

计算出解的分布 $\Pi_0(0, l, x)$ 和解满足方程的相对误差 $\text{Err}(l, x)$，列于表 1-2 中。

表 1-2 $\Pi_0(0, l, x)$ 与 **Err**(l, x) 的分布 $(l = 0, 1, 2)$

$$\left(x_0 = 1, q_1(x) = \text{th}(x), q_2(x) = \cos(\pi x), f(x) = x^2, N = 100 \right)$$

x	$\Pi_0(0,0,x)$	Err$(0,x)$	$\Pi_0(0,1,x)$	Err$(1,x)$	$\Pi_0(0,2,x)$	Err$(2,x)$
0.0	0.2370	5.8×10^{-3}	0.1544	5.0×10^{-3}	-0.2357	2.6×10^{-4}
0.1	0.2374	5.8×10^{-5}	-0.0793	6.0×10^{-5}	-0.2260	5.2×10^{-5}
0.2	0.2355	4.1×10^{-5}	-0.2901	1.5×10^{-4}	-0.1928	6.6×10^{-6}
0.3	0.2317	3.4×10^{-5}	-0.4612	3.3×10^{-5}	-0.1497	8.7×10^{-6}
0.4	0.2264	4.7×10^{-5}	-0.5912	1.6×10^{-5}	-0.1115	3.0×10^{-5}
0.5	0.2200	6.0×10^{-5}	-0.6913	1.2×10^{-5}	-0.0931	6.0×10^{-5}
0.6	0.2126	3.7×10^{-5}	-0.7885	8.4×10^{-6}	-0.1079	4.2×10^{-5}
0.7	0.2041	1.5×10^{-5}	-0.9220	2.6×10^{-5}	-0.1673	4.5×10^{-5}

续表

x	$\Pi_0(0,0,x)$	Err$(0,x)$	$\Pi_0(0,1,x)$	Err$(1,x)$	$\Pi_0(0,2,x)$	Err$(2,x)$
0.8	0.1939	4.2×10^{-5}	-1.1141	1.4×10^{-5}	-0.2794	2.2×10^{-5}
0.9	0.1808	2.2×10^{-5}	-1.5000	1.5×10^{-5}	-0.4496	3.6×10^{-5}
1.0	0.1632	1.3×10^{-3}	-2.0600	2.0×10^{-3}	-0.6786	2.9×10^{-4}

从以上计算结果可以看出只要取 $N=100$，方程的解满足方程的相对误差不超过 10^{-4} 的量级。说明本文给出的求解方法是有效的。

附录 A

据（1-2-7）式

$$R(n,n_0) = \frac{1}{x_0}\int_0^{x_0} GR(n,x)\exp\left\{-\mathrm{i}\alpha_{n_0-n}x\right\}\mathrm{d}x$$

$$S(l,n_0) = \frac{-1}{x_0}\int_0^{x_0} GS(l,x)\exp\left\{-\mathrm{i}\alpha_{n_0}x\right\}\mathrm{d}x \qquad （A\text{-}1）$$

$$S(0,n_0) = \frac{-1}{x_0}\int_0^{x_0} f(x)\exp\left\{-\mathrm{i}\alpha_{n_0}x\right\}\mathrm{d}x$$

于是有

$$R(n,n_0) = F^{-1}\left\langle GR(n,x)\right\rangle_{n_0-n} = \frac{1}{x_0}\int_0^{x_0} GR(n,x)\exp\left\{-\mathrm{i}\alpha_{n_0-n}x\right\}\mathrm{d}x$$

$$= \sum_{m=1}^{M} \frac{GR\left(n,\overline{x}(m)\right)}{x_0}\int_{x(m)}^{x(m+1)}\exp\left\{-\mathrm{i}\alpha_{n_0-n}x\right\}\mathrm{d}x \qquad （A\text{-}2）$$

$$= \sum_{m=1}^{M} GR\left(n,\overline{x}(m)\right)\omega_1(m,n,n_0)$$

其中

$$\omega_1(m,n,n_0) = \frac{1}{x_0}\int_{x(m)}^{x(m+1)}\exp\left\{-\mathrm{i}\alpha_{n_0-n}x\right\}\mathrm{d}x \qquad （A\text{-}3）$$

显然

$$\omega_1(m,n,n_0) = \begin{cases} \left.\dfrac{\exp\left\{-\mathrm{i}\alpha_{n_0-n}x\right\}}{-\mathrm{i}\alpha_{n_0-n}x_0}\right|_{x(m)}^{x(m+1)}, & n \neq n_0 \\[4mm] \left.\dfrac{x}{x_0}\right|_{x(m)}^{x(m+1)}, & n = n_0 \end{cases} \qquad （A\text{-}4）$$

这里

$$x(m) = \frac{m-1}{M} x_0, \quad M \gg 1 \tag{A-5}$$

$$\overline{x}(m) = \left[x(m) + x(m+1) \right] / 2$$

$$S(l, n_0) = -F^{-1} \langle GS(l, x) \rangle_{n_0} = \frac{-1}{x_0} \int_0^{x_0} GS(l, x) \exp\{-i\alpha_{n_0} x\} dx$$

$$= -\sum_{m=1}^{M} \frac{GS(l, \overline{x}(m))}{x_0} \int_{x(m)}^{x(m+1)} \exp\{-i\alpha_{n_0} x\} dx \tag{A-6}$$

$$= -\sum_{m=1}^{M} GS(l, \overline{x}(m)) \omega_2(m, n_0)$$

这里

$$\omega_2(m, n_0) = \begin{cases} \left. \dfrac{\exp\{-i\alpha_{n_0} x\}}{-i\alpha_{n_0} x_0} \right|_{x(m)}^{x(m+1)}, & n_0 \neq 0 \\ \left. \dfrac{x}{x_0} \right|_{x(m)}^{x(m+1)}, & n_0 = 0 \end{cases} \tag{A-7}$$

附录 B 相容性条件的引进——引理 1

改写方程（1-2-1）为如下形式：

$$L_0\{y(x)\} = L\{y(x)\} + f(x) = 0, \quad x \in [0, x_0] \tag{B-1}$$

算子函数 $L_0\{y(x)\}$ 恒等于零，所以它是连续函数。以下给出该命题的证明：

1）充分性

显然算子函数是满足周期性条件

$$L_0\{y(x)\}\big|_0^{x_0} = 0 \tag{B-2}$$

的连续函数，所以可以展开为一致收敛的 Fourier 级数：

$$L_0\{y(x)\} \equiv \sum_{|n| < N} A_n \exp\{i\alpha_n x\} = 0 \tag{B-3}$$

所以才有如下 Fourier 投影关系式：

$$F^{-1} \langle L_0\{y(x)\} \rangle_n = A_n = 0 \tag{B-4}$$

所以由原方程（1-2-1）可导出 Fourier 投影方程（B-4）与相容性条件（B-2）之组合。

2）必要性

算子函数 $L_0\{y(x)\}$ 作为连续函数，形式上可得到 Fourier 投影

$$A_n = F^{-1}\langle L_0\{y(x)\}\rangle_n = 0$$

同时构建成形式上的 Fourier 展开式

$$L_0\{y(x)\} = \sum_{|n|<N} A_n \exp\{\mathrm{i}\alpha_n x\}$$

该等式变为恒等式的充分必要条件是算子函数 $L_0\{y(x)\}$ 满足周期性条件

$$L_0\{y(x)\}\big|_0^{x_0} = 0 \qquad\qquad （B\text{-}5）$$

所以周期性条件（或相容性条件）是保障投影方程等价于原方程（1-2-1）成立的必要条件。

3）命题成立

于是得到：

引理 1 在有界区间上，非奇异解所满足的线性常微分方程等价于该方程的 Fourier 投影与该方程满足的相容性条件的组合。

第 2 章

存在间断点的线性（二阶）常微分方程的求解

2.1 存在间断点的齐次方程的求解[4]

为了简化起见，考虑区间 $[0, x_0]$ 中只存在一个间断点 $x = x_1$ 的 2-阶非奇异方程，且间断只出现在某阶导数的系数函数中。

2.1.1 0-阶导数项的系数为间断函数的方程的求解

此时方程如下：

$$L_1\{y(x)\} = b_0(x)y''(x) + b_1(x)y'(x)$$
$$+ [2H(x - x_1) - 1]b_2(x)y(x) = 0, \quad 0 < x_1 < x_0 \quad (2\text{-}1\text{-}1)$$

这里

$$2H(x - x_1) - 1 = \begin{cases} 1, & x > x_1 \\ -1, & x < x_1 \end{cases} \quad (2\text{-}1\text{-}2)$$

1. 方程的求解

为求解此方程，将函数 $y(x)$ 写为如下两部分：

$$y(x) = Y_1(x) + \text{be} \cdot Y_2(x) \quad (2\text{-}1\text{-}3)$$

这里 be 为待定常数。其中 $Y_1(x)$ 展为如下 2-阶可微的改进 Fourier 级数：

$$Y_1^{(k)}(x) = \sum_{|n| \le N} A_n (\mathrm{i}\alpha_n)^k \exp\{\mathrm{i}\alpha_n x\} + \sum_{l=1}^{3} d_l Jee(l-k, x), \quad k = 0,1,2 \quad (2\text{-}1\text{-}4)$$

而 $Y_2(x)$ 为阶梯函数 $H(x-x_1)$ 的二重积分：

$$Y_2(x) = \left[H(x-x_1)\right]^{(-2)} = \frac{(x-x_1)^2}{2!}H(x-x_1) \tag{2-1-5}$$

将（2-1-3）式代入方程（2-1-1）得到

$$L_1\{Y_1(x)\} + \text{be}\cdot L_1\{Y_2(x)\} = 0 \tag{2-1-6}$$

其中

$$L_1\{Y_1(x)\} = \sum_{|n|\leqslant N} A_n GR(n,x)\exp\{i\alpha_n x\} + \sum_{l=1}^{3} d_l GS(l,x) \tag{2-1-7}$$

这里

$$GR(n,x) = \begin{Bmatrix} (i\alpha_n)^2 b_0(x) + (i\alpha_n)b_1(x) \\ +\left[2H(x-x_1)-1\right]b_2(x) \end{Bmatrix}$$

$$GS(l,x) = \begin{Bmatrix} b_0(x)Jee(l-2,x) + b_1(x)Jee(l-1,x) \\ +\left[2H(x-x_1)-1\right]b_2(x)Jee(l,x) \end{Bmatrix} \tag{2-1-8}$$

和

$$L_1\{Y_2(x)\} = b_0(x)H(x-x_1) + b_1(x)(x-x_1)H(x-x_1)$$

$$+ b_2(x)\left[2H(x-x_1)-1\right]\frac{(x-x_1)^2}{2!}H(x-x_1) \tag{2-1-9}$$

$$= GT(x)$$

进一步简写为

$$GT(x) = \left[b_0(x) + (x-x_1)b_1(x) + \frac{(x-x_1)^2}{2!}b_2(x)\right]H(x-x_1) \tag{2-1-10}$$

要求方程（2-1-6）左端没有间断点，即

$$L_1\{Y_1(x)\}\Big|_{x_1-0}^{x_1+0} + \text{be}\cdot L_1\{Y_2(x)\}\Big|_{x_1-0}^{x_1+0} = 0 \tag{2-1-11}$$

由（2-1-7）～（2-1-9）式得到

$$L_1\{Y_1(x)\}\Big|_{x_1-0}^{x_1+0} = 2\left[\sum_{|n|\leqslant N} A_n b_2(x_1)\exp\{i\alpha_n x_1\} + \sum_{l=1}^{3} d_l b_2(x_1)Jee(l,x_1)\right] \tag{2-1-12}$$

$$L_1\{Y_2(x)\}\Big|_{x_1-0}^{x_1+0} = b_0(x_1) \tag{2-1-13}$$

所以得到

$$\mathrm{be} = -\left\{ \sum_{|n|\leqslant N} A_n pp_0(n) + \sum_{l=1}^{3} d_l qq_0(l) \right\} \tag{2-1-14}$$

这里

$$\begin{aligned} pp_0(n) &= 2b_2(x_1)\exp\{i\alpha_n x_1\} / b_0(x_1) \\ qq_0(l) &= 2b_2(x_1)Jee(l,x_1) / b_0(x_1) \end{aligned} \tag{2-1-15}$$

对方程（2-1-6）求 Fourier 投影得到

$$F^{-1}\langle L_1\{Y_1(x)\}\rangle_{n_0} + \mathrm{be}\cdot F^{-1}\langle L_1\{Y_2(x)\}\rangle_{n_0} = 0 \tag{2-1-16}$$

其中

$$\begin{aligned} F^{-1}\langle L_1\{Y_1(x)\}\rangle_{n_0} &= \sum_{|n|\leqslant N} A_n R(n,n_0) - \sum_{l=1}^{3} d_l S(l,n_0) \\ F^{-1}\langle L_1\{Y_2(x)\}\rangle_{n_0} &= G(n_0) \end{aligned} \tag{2-1-17}$$

这里

$$\begin{aligned} R(n,n_0) &= F^{-1}\langle GR(n,x)\rangle_{n_0-n} \\ S(l,n_0) &= -F^{-1}\langle GS(l,x)\rangle_{n_0} \\ G(n_0) &= F^{-1}\langle GT(x)\rangle_{n_0} \end{aligned} \tag{2-1-18}$$

代入方程（2-1-16），利用关系式（2-1-14）得到

$$\begin{aligned} &\sum_{|n|\leqslant N} A_n R(n,n_0) - \sum_{l=1}^{3} d_l S(l,n_0) \\ &- \left\{ \sum_{|n|\leqslant N} A_n pp_0(n) + \sum_{l=1}^{3} d_l qq_0(l) \right\} G(n_0) = 0 \end{aligned} \tag{2-1-19}$$

整理后得到

$$\sum_{|n|\leqslant N} A_n R_0(n,n_0) = \sum_{l=1}^{3} d_l S_0(l,n_0) \tag{2-1-20}$$

这里

$$\begin{aligned} R_0(n,n_0) &= R(n,n_0) - pp_0(n)G(n_0) \\ S_0(l,n_0) &= S(l,n_0) + qq_0(l)G(n_0) \end{aligned} \tag{2-1-21}$$

由方程（2-1-20）可解出

$$A_n = \sum_{l=1}^{3} d_l Ae(l,n) \tag{2-1-22}$$

这里 $Ae(l,n)$ 是如下方程的解：

$$\sum_{|n|\leqslant N} Ae(l,n)R_0(n,n_0)=S_0(l,n_0), \quad |n_0|\leqslant N \tag{2-1-23}$$

将解式（2-1-22）代入展式（2-1-4）得到

$$Y_1^{(k)}(x)=\sum_{l=1}^{3}d_l Z(k,l,x)$$

$$Z(k,l,x)=\sum_{|n|\leqslant N}(\mathrm{i}\alpha_n)^k Ae(l,n)\exp\{\mathrm{i}\alpha_n x\}+Jee(l-k,x) \tag{2-1-24}$$

将解式（2-1-22）代入（2-1-14）式得到

$$\mathrm{be}=\sum_{l=1}^{3}d_l BBe(l)$$

$$BBe(l)=-\left\{\sum_{|n|\leqslant N} Ae(l,n)pp_0(n)+qq_0(l)\right\} \tag{2-1-25}$$

于是，据（2-1-3）式

$$y^{(k)}(x)=Y_1^{(k)}(x)+\mathrm{be}\cdot Y_2^{(k)}(x)=\sum_{l=1}^{3}d_l Z_0(k,l,x) \tag{2-1-26a}$$

这里

$$Z_0(k,l,x)=Z(k,l,x)+BBe(l)Y_2^{(k)}(x) \tag{2-1-26b}$$

方程（2-1-1）需满足相容性条件（引理1）

$$L_1\{y_0(x)\}\big|_0^{x_0}=\begin{bmatrix}b_0(x_0)y_0''(x_0)-b_0(0)y_0''(0)\\+b_1(x_0)y_0'(x_0)-b_1(0)y_0'(0)\\+b_2(x_0)y_0(x_0)+b_2(0)y_0(0)\end{bmatrix}=0 \tag{2-1-27}$$

利用解式（2-1-26），进而得到

$$\sum_{l=1}^{3}d_l\beta(l)=0 \tag{2-1-28}$$

这里

$$\beta(l)=b_0(x_0)Z_0(2,l,x_0)-b_0(0)Z_0(2,l,0)$$
$$+b_1(x_0)Z_0(1,l,x_0)-b_1(0)Z_0(1,l,0)$$
$$+b_2(x_0)Z_0(0,l,x_0)+b_2(0)Z_0(0,l,0) \tag{2-1-29}$$

定出

$$d_3=-d_1\gamma(1)-d_2\gamma(2)$$
$$\gamma(l)=\beta(l)/\beta(3) \tag{2-1-30}$$

代入解式（2-1-26），得到

$$y_0^{(k)}(x) = \sum_{l=1}^{2} d_l \Pi_0(k,l,x)$$

$$\Pi_0(k,l,x) = Z_0(k,l,x) - \gamma(l) Z_0(k,3,x)$$

（2-1-31）

2. 方程解的分布 $\Pi_0(k,l,x)$ 及满足方程的相对误差（引理 2）Error(l,x)

算例 1　方程（2-1-1）中取

$$b_0(x) \equiv 1, \quad b_1(x) = b_2(x) \equiv 2, \quad x_1 = 0.45x_0, \quad N = 300$$

计算出解的分布结果见表 2-1。

表 2-1　解式 $\Pi_0(k,l,x), k=0,1,2$ 的分布

$$\left(b_0(x) \equiv 1, b_1(x) = b_2(x) \equiv 2, x_1 = 0.45x_0, N = 300\right)$$

x/x_0	$\Pi_0(0,1,x)$	$\Pi_0(1,1,x)$	$\Pi_0(2,1,x)$	$\Pi_0(0,2,x)$	$\Pi_0(1,2,x)$	$\Pi_0(2,2,x)$
0.0	1.5099	1.0473	0.9242	0.8987	0.0385	1.7194
0.1	1.6194	1.1413	0.9562	0.9107	0.1953	1.4308
0.2	1.7384	1.2389	0.9988	0.9370	0.3272	1.2195
0.3	1.8673	1.3414	1.0518	0.9755	0.4412	1.0686
0.4	2.0068	1.4496	1.1144	1.0248	0.5425	0.9646
0.5	2.1473	1.1615	−6.6177	1.0786	0.4321	−3.0215
0.6	2.2321	0.5528	−5.5700	1.1075	0.1551	−2.5255
0.7	2.2612	0.0445	−4.6115	1.0941	−0.0744	−2.0736
0.8	2.2441	−0.3724	−3.7433	1.0941	−0.2610	−1.6661
0.9	2.1895	−0.7071	−2.9647	1.0603	−0.4091	−1.3024
1.0	2.1051	−0.9683	−2.2748	1.0134	−0.5229	−0.9821

方程共有两个线性无关的解：$\Pi_0(0,l,x), l=1$ 或 2，它们的 1-阶、2-阶导数分别为 $\Pi_0(1,l,x)$、$\Pi_0(2,l,x)$。

我们知道方程的系数在 $x = x_1 = 0.45$ 处存在间断，但不难看出方程的解及解的 1-阶导数在 $x = 0.45$ 附近仍是连续的，只有 2-阶导数 $\Pi_0(2,l,x)$ 才在 $x = 0.45$ 附近存在明显的间断。计算结果表明解式满足方程的相对误差均满足：$\text{Error}(l,x) < 10^{-4}$。

2.1.2　1-阶导数项的系数为间断函数的方程的求解

此时方程如下：

$$L_2\{y(x)\} = b_0(x)y''(x) + \left[2H(x-x_1)-1\right]b_1(x)y'(x)$$
$$+ b_2(x)y(x) = 0, \quad x \in [0,x_0]; \ 0 < x_1 < x_0 \tag{2-1-32}$$

这里

$$2H(x-x_1)-1 = \begin{cases} 1, & x > x_1 \\ -1, & x < x_1 \end{cases} \tag{2-1-33}$$

这里 $b_0(x)$、$b_1(x)$、$b_2(x)$ 为区间 $[0,x_0]$ 上的连续函数，且满足如下条件：$b_0(x) \neq 0,\ b_1(x_1) \neq 0$。

1. 方程的求解

将函数 $y(x)$ 写为如下两部分：

$$y(x) = Y_1(x) + be \cdot Y_2(x) \tag{2-1-34}$$

这里 be 为待定常数。将 $Y_1(x)$ 展开为如下 2-阶可微的改进 Fourier 级数：

$$Y_1^{(k)}(x) = \sum_{|n| \leqslant N} A_n (i\alpha_n)^k \exp\{i\alpha_n x\} + \sum_{l=1}^{3} d_l Jee(l-k, x), \quad k = 0,1,2 \tag{2-1-35}$$

这里

$$\alpha_n = \frac{2n\pi}{x_0}, \quad Jee(l,x) = \begin{cases} \dfrac{x^l}{l!}, & l \geqslant 0 \\ 0, & l < 0 \end{cases} \tag{2-1-36}$$

而 $Y_2(x)$ 为阶梯函数 $H(x-x_1)$ 的二重积分：

$$Y_2(x) = \left[H(x-x_1)\right]^{(-2)} = \frac{(x-x_1)^2}{2!} H(x-x_1) \tag{2-1-37}$$

于是

$$Y_2'(x) = (x-x_1)H(x-x_1)$$
$$Y_2''(x) = H(x-x_1) \tag{2-1-38}$$

同时引进 Fourier 投影

$$F^{-1}\langle\ \rangle_{n_0} = \frac{1}{x_0} \int_0^{x_0} \langle\ \rangle \exp\{-i\alpha_{n_0} x\}dx \tag{2-1-39}$$

将（2-1-34）式代入方程（2-1-32）得到

$$L_2\{Y_1(x)\} + be \cdot L_2\{Y_2(x)\} = 0 \tag{2-1-40}$$

其中

$$L_2\{Y_1(x)\} = \sum_{|n| \leqslant N} A_n GR(n,x) \exp\{i\alpha_n x\} + \sum_{l=1}^{3} d_l GS(l,x) \tag{2-1-41}$$

这里

$$GR(n,x) = \left\{ (i\alpha_n)^2 b_0(x) + b_2(x) + (i\alpha_n)[2H(x-x_1)-1]b_1(x) \right\}$$

$$GS(l,x) = \left\{ b_0(x)Jee(l-2,x) + b_2(x)Jee(l,x) + [2H(x-x_1)-1]b_1(x)Jee(l-1,x) \right\}$$

$$(2-1-42)$$

而

$$L_2\{Y_2(x)\} = b_0(x)H(x-x_1) + b_2(x)\frac{(x-x_1)^2}{2!}H(x-x_1)$$

$$+ b_1(x)[2H(x-x_1)-1](x-x_1)H(x-x_1) \qquad (2-1-43)$$

$$\equiv GT(x)$$

可改写为如下形式：

$$GT(x) = \left[b_0(x) + (x-x_1)b_1(x) + \frac{(x-x_1)^2}{2!}b_2(x) \right]H(x-x_1) \qquad (2-1-44)$$

要求方程（2-1-40）左端没有间断点，即

$$L_2\{Y_1(x)\}\Big|_{x_1-0}^{x_1+0} + be \cdot L_2\{Y_2(x)\}\Big|_{x_1-0}^{x_1+0} = 0 \qquad (2-1-45)$$

由（2-1-41）、（2-1-42）式得到

$$L_2\{Y_1(x)\}\Big|_{x_1-0}^{x_1+0} = 2\left[\sum_{|n|\leqslant N} A_n b_1(x_1)(i\alpha_n)\exp\{i\alpha_n x_1\} + \sum_{l=1}^{3} d_l b_1(x_1)Jee(l-1,x_1) \right]$$

$$(2-1-46)$$

由（2-1-43）、（2-1-44）式得到

$$L_2\{Y_2(x)\}\Big|_{x_1-0}^{x_1+0} = b_0(x_1) \qquad (2-1-47)$$

所以定出

$$be = -\left\{ \sum_{|n|\leqslant N} A_n pp_0(n) + \sum_{l=1}^{3} d_l qq_0(l) \right\} \qquad (2-1-48)$$

这里

$$pp_0(n) = 2(i\alpha_n)b_1(x_1)\exp\{i\alpha_n x_1\}/b_0(x_1)$$

$$qq_0(l) = 2b_1(x_1)Jee(l-1,x_1)/b_0(x_1) \qquad (2-1-49)$$

对方程（2-1-40）求 Fourier 投影得到

$$F^{-1}\langle L_2\{Y_1(x)\}\rangle_{n_0} + be \cdot F^{-1}\langle L_2\{Y_2(x)\}\rangle_{n_0} = 0 \qquad (2-1-50)$$

其中

$$F^{-1}\left\langle L_2\left\{Y_1(x)\right\}\right\rangle_{n_0} = \sum_{|n|<N} A_n R(n,n_0) - \sum_{l=1}^{3} d_l S(l,n_0) \qquad (2\text{-}1\text{-}51)$$

$$F^{-1}\left\langle L_2\left\{Y_2(x)\right\}\right\rangle_{n_0} = T(n_0)$$

这里

$$R(n,n_0) = F^{-1}\left\langle GR(n,x)\right\rangle_{n_0-n}$$

$$S(l,n_0) = -F^{-1}\left\langle GS(l,x)\right\rangle_{n_0} \qquad (2\text{-}1\text{-}52)$$

$$T(n_0) = F^{-1}\left\langle GT(x)\right\rangle_{n_0}$$

于是，利用关系式（2-1-48），方程（2-1-50）写为如下形式：

$$\sum_{|n|<N} A_n R(n,n_0) - \sum_{l=1}^{3} d_l S(l,n_0)$$

$$-\left\{\sum_{|n|<N} A_n pp_0(n) + \sum_{l=1}^{3} d_l qq_0(l)\right\} T(n_0) = 0 \qquad (2\text{-}1\text{-}53)$$

整理后得到

$$\sum_{|n|<N} A_n R_0(n,n_0) = \sum_{l=1}^{3} d_l S_0(l,n_0) \qquad (2\text{-}1\text{-}54)$$

这里

$$R_0(n,n_0) = R(n,n_0) - pp_0(n)T(n_0)$$

$$S_0(l,n_0) = S(l,n_0) + qq_0(l)T(n_0) \qquad (2\text{-}1\text{-}55)$$

由方程（2-1-54）可解出

$$A_n = \sum_{l=1}^{3} d_l Ae(l,n) \qquad (2\text{-}1\text{-}56)$$

这里 $Ae(l,n)$ 是如下方程的解：

$$\sum_{|n|<N} Ae(l,n)R_0(n,n_0) = S_0(l,n_0), \quad |n_0| \leqslant N \qquad (2\text{-}1\text{-}57)$$

将解式（2-1-56）代入展式（2-1-35）得到

$$Y_1^{(k)}(x) = \sum_{l=1}^{3} d_l Z(k,l,x)$$

$$Z(k,l,x) = \sum_{|n|<N} (i\alpha_n)^k Ae(l,n)\exp\{i\alpha_n x\} + Jee(l-k,x) \qquad (2\text{-}1\text{-}58)$$

将解式（2-1-56）代入（2-1-48）式得到

$$\text{be} = \sum_{l=1}^{3} d_l BBe(l)$$

$$BBe(l) = -\left[\sum_{|n| \leqslant N} Ae(l,n)\, pp_0(n) + qq_0(l) \right] \qquad (2\text{-}1\text{-}59)$$

于是，据（2-1-34）式

$$y_0^{(k)}(x) = Y_1^{(k)}(x) + \text{be} \cdot Y_2^{(k)}(x) = \sum_{l=1}^{3} d_l Z_0(k,l,x) \qquad (2\text{-}1\text{-}60\text{a})$$

这里

$$Z_0(k,l,x) = Z(k,l,x) + BBe(l) Y_2^{(k)}(x) \qquad (2\text{-}1\text{-}60\text{b})$$

方程（2-1-32）需满足相容性条件（引理 1）

$$L_2\{y(x)\}\big|_0^{x_0} = \begin{bmatrix} b_0(x_0) y''(x_0) - b_0(0) y''(0) \\ + b_1(x_0) y'(x_0) + b_1(0) y'(0) \\ + b_2(x_0) y(x_0) - b_2(0) y(0) \end{bmatrix} = 0 \qquad (2\text{-}1\text{-}61)$$

进而得到

$$\sum_{l=1}^{3} d_l \beta(l) = 0 \qquad (2\text{-}1\text{-}62)$$

这里

$$\begin{aligned} \beta(l) = {} & b_0(x_0) Z_0(2,l,x_0) - b_0(0) Z_0(2,l,0) + b_1(x_0) Z_0(1,l,x_0) \\ & + b_1(0) Z_0(1,l,0) + b_2(x_0) Z_0(0,l,x_0) - b_2(0) Z_0(0,l,0) \end{aligned} \qquad (2\text{-}1\text{-}63)$$

定出

$$\begin{aligned} d_3 &= -d_1 \gamma(1) - d_2 \gamma(2) \\ \gamma(l) &= \beta(l) / \beta(3) \end{aligned} \qquad (2\text{-}1\text{-}64)$$

代入解式（2-1-60），得到

$$\begin{aligned} y_0^{(k)}(x) &= \sum_{l=1}^{2} d_l \Pi_0(k,l,x) \\ \Pi_0(k,l,x) &= Z_0(k,l,x) - \gamma(l) Z_0(k,3,x) \end{aligned} \qquad (2\text{-}1\text{-}65)$$

2. 方程解的分布 $\Pi_0(k,l,x)$ 及满足方程的相对误差 Error(l, x)

算例 2　方程（2-1-32）中取

$$b_0(x) \equiv 1, \quad b_1(x) = b_2(x) \equiv 2, \quad x_1 = 0.45 x_0, \quad N = 300$$

计算出解的分布结果见表 2-2。

表 2-2 解式 $\Pi_0(k,l,x), k=0,1,2$ 的分布

$\left(b_0(x)\equiv1, b_1(x)=b_2(x)\equiv2, x_1=0.45x_0, N=300\right)$

x/x_0	$\Pi_0(0,1,x)$	$\Pi_0(1,1,x)$	$\Pi_0(2,1,x)$	$\Pi_0(0,2,x)$	$\Pi_0(1,2,x)$	$\Pi_0(2,2,x)$
0.0	0.6400	1.0238	0.7666	−0.4008	−0.0026	0.7967
0.1	0.7461	1.0976	0.7028	−0.3968	0.0853	0.9643
0.2	0.8593	1.1634	0.6082	−0.3832	0.1908	1.1480
0.3	0.9784	1.2380	0.4792	−0.3580	0.3154	1.3469
0.4	1.1024	1.2579	0.3110	−0.3194	0.4606	1.5601
0.5	1.2232	1.0362	−4.5190	−0.2679	0.5166	−0.4974
0.6	1.3054	0.6183	−3.8475	−0.2187	0.4669	−0.4962
0.7	1.3491	0.2650	−3.2282	−0.1745	0.4177	−0.4863
0.8	1.3604	−0.0291	−2.6626	−0.1351	0.3698	−0.4693
0.9	1.3450	−0.2693	−2.1514	−0.1005	0.3240	−0.4470
1.0	1.3081	−0.4611	−1.6949	−0.0703	0.2806	−0.4203

方程共有两个线性无关的解：$\Pi_0(0,l,x), l=1$ 或 2，它们的 1-阶、2-阶导数分别为 $\Pi_0(1,l,x)$、$\Pi_0(2,l,x)$。

我们知道方程的系数在 $x=x_1=0.45$ 处存在间断，但不难看出方程的解及解的 1-阶导数在 $x=0.45$ 附近仍是连续的，只有 2-阶导数 $\Pi_0(2,l,x)$ 才在 $x=0.45$ 附近存在明显的间断。计算结果表明解式满足方程的相对误差均满足：

$$\text{Error}(l,x)<10^{-4}$$

2.1.3 2-阶导数项的系数为间断函数的方程的求解

方程写为如下形式：

$$L_3\{y(x)\}=\left[H(x-x_1)+a_0\right]b_0(x)y''(x)$$
$$+b_1(x)y'(x)+b_2(x)y(x)=0, \quad a_0>0, 0<x_1<x_0 \tag{2-1-66}$$

于是（不失一般性，这里取 a_0 为正实数）

$$H(x-x_1)+a_0=\begin{cases}1+a_0>0, & x>x_1\\ a_0>0, & x<x_1\end{cases} \tag{2-1-67}$$

这里 $b_0(x)$、$b_1(x)$、$b_2(x)$ 为区间 $[0,x_0]$ 上的连续函数，且 $b_0(x)\neq0$, $b_1(x_1)\neq0$, $b_2(x_1)\neq0$。

将函数 $y(x)$ 写为如下两部分：

$$y(x) = Y_1(x) + \text{be} \cdot Y_2(x) \qquad (2\text{-}1\text{-}68)$$

这里 be 为待定常数。其中 $Y_1(x)$ 展为如下 2-阶可微的改进 Fourier 级数：

$$Y_1^{(k)}(x) = \sum_{|n| \leqslant N} A_n (\mathrm{i}\alpha_n)^k \exp\{\mathrm{i}\alpha_n x\} + \sum_{l=1}^{3} d_l Jee(l-k, x), \quad k = 0,1,2 \qquad (2\text{-}1\text{-}69)$$

而 $Y_2(x)$ 为阶梯函数 $H(x - x_1)$ 的二重积分：

$$Y_2(x) = \left[H(x - x_1) \right]^{(-2)} = \frac{(x - x_1)^2}{2!} H(x - x_1) \qquad (2\text{-}1\text{-}70)$$

将（2-1-68）式代入方程（2-1-66）得到

$$L_3\{Y_1(x)\} + \text{be} \cdot L_3\{Y_2(x)\} = 0 \qquad (2\text{-}1\text{-}71)$$

其中

$$L_3\{Y_1(x)\} = \sum_{|n| \leqslant N} A_n GR(n,x) \exp\{\mathrm{i}\alpha_n x\} + \sum_{l=1}^{3} d_l GS(l,x) \qquad (2\text{-}1\text{-}72)$$

这里

$$GR(n,x) = \left\{ (\mathrm{i}\alpha_n)^2 \left[H(x - x_1) + a_0 \right] b_0(x) + (\mathrm{i}\alpha_n) b_1(x) + b_2(x) \right\}$$

$$GS(l,x) = \left\{ \begin{array}{l} \left[H(x - x_1) + a_0 \right] b_0(x) Jee(l-2, x) \\ + b_1(x) Jee(l-1, x) + b_2(x) Jee(l, x) \end{array} \right\} \qquad (2\text{-}1\text{-}73)$$

和

$$L_3\{Y_2(x)\} = \left[H(x - x_1) + a_0 \right] b_0(x) H(x - x_1)$$

$$+ b_1(x)(x - x_1) H(x - x_1) + b_2(x) \frac{(x - x_1)^2}{2!} H(x - x_1) \qquad (2\text{-}1\text{-}74)$$

$$= GT(x)$$

可进一步整理为如下形式：

$$GT(x) = \left[(1 + a_0) b_0(x) + (x - x_1) b_1(x) + \frac{(x - x_1)^2}{2!} b_2(x) \right] H(x - x_1) \qquad (2\text{-}1\text{-}75)$$

要求方程（2-1-71）左端没有间断点，即

$$L_3\{Y_1(x)\}\Big|_{x_1-0}^{x_1+0} + \text{be} \cdot L_3\{Y_2(x)\}\Big|_{x_1-0}^{x_1+0} = 0 \qquad (2\text{-}1\text{-}76)$$

由（2-1-72）、（2-1-73）式得到

$$L_3\{Y_1(x)\}\Big|_{x_1-0}^{x_1+0} = \left[\sum_{|n| \leqslant N} A_n (\mathrm{i}\alpha_n)^2 b_0(x_1) \exp\{\mathrm{i}\alpha_n x_1\} + \sum_{l=1}^{3} d_l b_0(x_1) Jee(l-2, x_1) \right]$$

$$(2\text{-}1\text{-}77)$$

由（2-1-74）、（2-1-75）式得到

$$L_3\left\{Y_2\left(x\right)\right\}\Big|_{x_1-0}^{x_1+0}=\left(1+a_0\right)b_0\left(x_1\right) \tag{2-1-78}$$

所以得到

$$be=-\left\{\sum_{|n|\leqslant N}A_npp_0\left(n\right)+\sum_{l=1}^{3}d_lqq_0\left(l\right)\right\} \tag{2-1-79}$$

这里

$$\begin{aligned}pp_0\left(n\right)&=\left(\mathrm{i}\alpha_n\right)^2\exp\left\{\mathrm{i}\alpha_nx_1\right\}/\left(1+a_0\right)\\qq_0\left(l\right)&=Jee\left(l-2,x_1\right)/\left(1+a_0\right)\end{aligned} \tag{2-1-80}$$

对方程（2-1-69）求 Fourier 投影得到

$$F^{-1}\left\langle L_3\left\{Y_1\left(x\right)\right\}\right\rangle_{n_0}+\mathrm{be}\cdot F^{-1}\left\langle L_3\left\{Y_2\left(x\right)\right\}\right\rangle_{n_0}=0 \tag{2-1-81}$$

其中

$$\begin{aligned}F^{-1}\left\langle L_3\left\{Y_1\left(x\right)\right\}\right\rangle_{n_0}&=\sum_{|n|\leqslant N}A_nR\left(n,n_0\right)-\sum_{l=1}^{3}d_lS\left(l,n_0\right)\\F^{-1}\left\langle L_3\left\{Y_2\left(x\right)\right\}\right\rangle_{n_0}&=T\left(n_0\right)\end{aligned} \tag{2-1-82}$$

这里

$$\begin{aligned}R\left(n,n_0\right)&=F^{-1}\left\langle GR\left(n,x\right)\right\rangle_{n_0-n}\\S\left(l,n_0\right)&=-F^{-1}\left\langle GS\left(l,x\right)\right\rangle_{n_0}\\T\left(n_0\right)&=F^{-1}\left\langle GT\left(x\right)\right\rangle_{n_0}\end{aligned} \tag{2-1-83}$$

改写（2-1-81）式得到

$$\begin{aligned}&\sum_{|n|\leqslant N}A_nR\left(n,n_0\right)-\sum_{l=1}^{3}d_lS\left(l,n_0\right)\\&-\left\{\sum_{|n|\leqslant N}A_npp_0\left(n\right)+\sum_{l=1}^{3}d_lqq_0\left(l\right)\right\}T\left(n_0\right)=0\end{aligned} \tag{2-1-84}$$

整理后得到

$$\sum_{|n|\leqslant N}A_nR_0\left(n,n_0\right)=\sum_{l=1}^{3}d_lS_0\left(l,n_0\right) \tag{2-1-85}$$

这里

$$\begin{aligned}R_0\left(n,n_0\right)&=R\left(n,n_0\right)-pp_0\left(n\right)T\left(n_0\right)\\S_0\left(l,n_0\right)&=S\left(l,n_0\right)+qq_0\left(l\right)T\left(n_0\right)\end{aligned} \tag{2-1-86}$$

由方程（2-1-85）可解出

$$A_n = \sum_{l=1}^{3} d_l Ae(l,n) \qquad (2\text{-}1\text{-}87)$$

$Ae(l,n)$ 是如下方程的解：

$$\sum_{|n| \leqslant N} Ae(l,n) R_0(n,n_0) = S_0(l,n_0), \qquad |n_0| \leqslant N \qquad (2\text{-}1\text{-}88)$$

将解式（2-1-87）代入展式（2-1-69）得到

$$Y_1^{(k)}(x) = \sum_{l=1}^{3} d_l Z(k,l,x)$$

$$Z(k,l,x) = \sum_{|n| \leqslant N} (\mathrm{i}\alpha_n)^k Ae(l,n) \exp\{\mathrm{i}\alpha_n x\} + Jee(l-k,x) \qquad (2\text{-}1\text{-}89)$$

将解式（2-1-87）代入（2-1-79）式得到

$$be = \sum_{l=1}^{3} d_l BBe(l)$$

$$BBe(l) = -\left\{ \sum_{|n| \leqslant N} Ae(l,n) pp_0(n) + qq_0(l) \right\} \qquad (2\text{-}1\text{-}90)$$

于是，据（2-1-68）式

$$y^{(k)}(x) = Y_1^{(k)}(x) + be \cdot Y_2^{(k)}(x) = \sum_{l=1}^{3} d_l Z_0(k,l,x) \qquad (2\text{-}1\text{-}91a)$$

这里

$$Z_0(k,l,x) = Z(k,l,x) + BBe(l) Y_2^{(k)}(x) \qquad (2\text{-}1\text{-}91b)$$

方程（2-1-66）需满足相容性条件（引理 1）

$$L_3\{y(x)\}\big|_0^{x_0} = \begin{bmatrix} (1+a_0)b_0(x_0)y''(x_0) - a_0 b_0(0)y''(0) \\ +b_1(x_0)y'(x_0) - b_1(0)y'(0) \\ +b_2(x_0)y(x_0) - b_2(0)y(0) \end{bmatrix} = 0 \qquad (2\text{-}1\text{-}92)$$

进而得到

$$\sum_{l=1}^{3} d_l \beta(l) = 0 \qquad (2\text{-}1\text{-}93)$$

这里

$$\beta(l) = (1+a_0)b_0(x_0)Z_0(2,l,x_0) - a_0 b_0(0)Z_0(2,l,0)$$
$$+ b_1(x_0)Z_0(1,l,x_0) - b_1(0)Z_0(1,l,0) \qquad (2\text{-}1\text{-}94)$$
$$+ b_2(x_0)Z_0(0,l,x_0) - b_2(0)Z_0(0,l,0)$$

定出

$$d_3 = -d_1\gamma(1) - d_2\gamma(2)$$
$$\gamma(l) = \beta(l)/\beta(3)$$

（2-1-95）

代入解式（2-1-91），得到

$$y^{(k)}(x) = \sum_{l=1}^{2} d_l \Pi_0(k,l,x)$$

（2-1-96）

$$\Pi_0(k,l,x) = Z_0(k,l,x) - \gamma(l)Z_0(k,3,x)$$

算例3 方程（3-1）中取

$$b_0(x) \equiv 4, \quad b_1(x) = b_2(x) \equiv 1, \quad a_0 = 0.2, \quad x_1 = 0.45x_0, \quad N = 400$$

计算出解的分布 $\Pi_0(k,l,x)$ 见表 2-3。

表 2-3　解式 $\Pi_0(k,l,x), k = 0,1,2$ 的分布

$$\left(b_0(x) \equiv 4, b_1(x) = b_2(x) \equiv 1, a_0 = 0.2, x_1 = 0.45x_0, N = 400\right)$$

x/x_0	$\Pi_0(0,1,x)$	$\Pi_0(1,1,x)$	$\Pi_0(2,1,x)$	$\Pi_0(0,2,x)$	$\Pi_0(1,2,x)$	$\Pi_0(2,2,x)$
0.0	−11.032	10.048	1.2257	−9.2968	0.0375	11.570
0.1	−10.023	10.103	−0.1004	−9.2376	1.1230	10.143
0.2	−9.0151	10.033	−1.2727	−9.0769	2.0678	8.7613
0.3	−8.0198	9.8537	−2.2923	−8.8285	2.8773	7.4390
0.4	−7.0475	9.5796	−3.1652	−8.5057	3.5579	6.1848
0.5	−6.1028	9.3798	−0.6827	−8.1266	3.8973	0.8810
0.6	−5.1685	9.3025	−0.8612	−7.7326	3.9805	0.7817
0.7	−4.2429	9.2077	−1.0343	−7.3309	4.0537	0.6827
0.8	−3.3276	9.0959	−1.2017	−6.9222	4.1170	0.5844
0.9	−2.4242	8.9676	−1.3632	−6.5078	4.1706	0.4849
1.0	−1.5346	8.8234	−1.5191	−6.0884	4.2145	0.3897

　　方程共有两个线性无关的解：$\Pi_0(0,l,x), l = 1$ 或 2 ，它们的 1-阶、2-阶导数分别为 $\Pi_0(1,l,x)$、$\Pi_0(2,l,x)$。

　　我们知道方程的系数在 $x = x_1 = 0.45$ 处存在间断，但不难看出方程的解及解的 1-阶导数在 $x = 0.45$ 附近仍是连续的，只有 2-阶导数 $\Pi_0(2,l,x)$ 才在 $x = 0.45$ 附近存在明显的间断。计算结果表明解式满足方程的相对误差均满足：
$\text{Error}(l,x) < 10^{-4}$。

2.2　存在间断点的非齐次方程的求解[2]

考虑如下非齐次方程，只有右端非齐次项为间断函数：

$$L\{y(x)\} = b_0(x)y''(x) + b_1(x)y'(x) + b_2(x)y(x)$$
$$= [b_3(x)H(x-x_1) + b_4(x)] \tag{2-2-1}$$
$$b_3(x_1) \neq 0$$

显然方程右端非齐次项为间断函数，这里 $b_0(x)$、$b_1(x)$、$b_2(x)$ 和 $b_3(x)$、$b_4(x)$ 均为连续函数，且 $b_0(x) \neq 0$，$x \in [0, x_0]$。

1. 在区间 $[0, x_0]$ 上求方程（2-2-1）的特解

将函数 $y(x)$ 写为如下两部分：

$$y(x) = Y_1(x) + \text{be} \cdot Y_2(x) \tag{2-2-2}$$

这里 be 为待定常数。将 $Y_1(x)$ 展开为如下 2-阶可微的改进 Fourier 级数：

$$Y_1^{(k)}(x) = \sum_{|n| \leqslant N} A_n(i\alpha_n)^k \exp\{i\alpha_n x\} + \sum_{l=1}^{3} d_l Jee(l-k, x), \quad k = 0,1,2 \tag{2-2-3}$$

这里

$$\alpha_n = \frac{2n\pi}{x_0}, \quad Jee(l, x) = \begin{cases} \dfrac{x^l}{l!}, & l \geqslant 0 \\ 0, & l < 0 \end{cases} \tag{2-2-4}$$

而 $Y_2(x)$ 为阶梯函数 $H(x-x_1)$ 的二重积分：

$$Y_2(x) = [H(x-x_1)]^{(-2)} = \frac{(x-x_1)^2}{2!}H(x-x_1) \tag{2-2-5}$$

于是

$$Y_2'(x) = (x-x_1)H(x-x_1)$$
$$Y_2''(x) = H(x-x_1) \tag{2-2-6}$$

同时引进 Fourier 投影

$$F^{-1}\langle\ \rangle_{n_0} = \frac{1}{x_0}\int_0^{x_0}\langle\ \rangle\exp\{-i\alpha_{n_0}x\}\mathrm{d}x \tag{2-2-7}$$

将（2-2-2）式代入方程（2-2-1）得到

$$L\{Y_1(x)\} + \mathrm{be} \cdot L\{Y_2(x)\} = \left[b_3(x)H(x-x_1)+b_4(x)\right] \qquad (2\text{-}2\text{-}8)$$

其中

$$L\{Y_1(x)\} = \sum_{|n|\le N} A_n GR(n,x)\exp\{\mathrm{i}\alpha_n x\} + \sum_{l=1}^{3} d_l GS(l,x) \qquad (2\text{-}2\text{-}9)$$

这里

$$GR(n,x) = \left\{(\mathrm{i}\alpha_n)^2 b_0(x) + (\mathrm{i}\alpha_n)b_1(x) + b_2(x)\right\}$$
$$GS(l,x) = \left\{b_0(x)Jee(l-2,x) + b_1(x)Jee(l-1,x) + b_2(x)Jee(l,x)\right\} \qquad (2\text{-}2\text{-}10)$$

而

$$L\{Y_2(x)\} = b_0(x)H(x-x_1) + b_1(x)(x-x_1)H(x-x_1)$$
$$+ b_2(x)\frac{(x-x_1)^2}{2!}H(x-x_1) \qquad (2\text{-}2\text{-}11)$$

要求方程（2-2-8）左右两端间断项相互抵消，即

$$L\{Y_1(x)\}\Big|_{x_1-0}^{x_1+0} + \mathrm{be} \cdot L\{Y_2(x)\}\Big|_{x_1-0}^{x_1+0} = \left[b_3(x)H(x-x_1)+b_4(x)\right]_{x_1-0}^{x_1+0} \quad (2\text{-}2\text{-}12)$$

得到

$$\mathrm{be} = b_3(x_1)/b_0(x_1) \qquad (2\text{-}2\text{-}13)$$

改写方程(2-2-8)为如下形式：

$$L\{Y_1(x)\} = -\mathrm{be} \cdot L\{Y_2(x)\} + \left[b_3(x)H(x-x_1)+b_4(x)\right] \equiv f(x) \quad (2\text{-}2\text{-}14)$$

求 Fourier 投影得到

$$F^{-1}\left\langle L\{Y_1(x)\}\right\rangle_{n_0} = F^{-1}\left\langle f(x)\right\rangle_{n_0} \qquad (2\text{-}2\text{-}15)$$

其中

$$F^{-1}\left\langle L\{Y_1(x)\}\right\rangle_{n_0} = \sum_{|n|\le N} A_n R(n,n_0) - \sum_{l=1}^{3} d_l S(l,n_0)$$
$$F^{-1}\left\langle f(x)\right\rangle_{n_0} = S(0,n_0) \qquad (2\text{-}2\text{-}16)$$

这里

$$R(n,n_0) = F^{-1}\left\langle GR(n,x)\right\rangle_{n_0-n}$$
$$S(l,n_0) = -F^{-1}\left\langle GS(l,x)\right\rangle_{n_0}, \quad l=1,2,3 \qquad (2\text{-}2\text{-}17)$$

于是，方程（2-2-15）进一步写为如下形式：

$$\sum_{|n|\le N} A_n R(n,n_0) = \sum_{l=1}^{3} d_l S(l,n_0) + S(0,n_0) \qquad (2\text{-}2\text{-}18)$$

可解出

$$A_n = \sum_{l=1}^{3} d_l Ae(l,n) + Ae(0,n)\qquad（2\text{-}2\text{-}19）$$

这里 $Ae(l,n)$ 是如下方程的解：

$$\sum_{|n| \leqslant N} Ae(l,n) R(n,n_0) = S(l,n_0), \quad |n_0| \leqslant N; \; l = 0,1,2,3\qquad（2\text{-}2\text{-}20）$$

将解式（2-2-19）代入展式（2-2-3），得到

$$Y_1^{(k)}(x) = \sum_{l=1}^{3} d_l \cdot Z(k,l,x) + Z(k,0,x)\qquad（2\text{-}2\text{-}21）$$

这里

$$Z(k,l,x) = \sum_{|n| \leqslant N} (\mathrm{i}\alpha_n)^k Ae(l,n) \exp\{\mathrm{i}\alpha_n x\} + Jee(l-k,x), \quad l \neq 0$$

$$Z(k,0,x) = \sum_{|n| \leqslant N} (\mathrm{i}\alpha_n)^k Ae(0,n) \exp\{\mathrm{i}\alpha_n x\}$$

$$（2\text{-}2\text{-}22）$$

方程（2-2-1）需满足相容性条件（引理 1）

$$L\{y(x)\}\big|_0^{x_0} = \left[b_3(x) H(x-x_1) + b_4(x) \right]_0^{x_0}\qquad（2\text{-}2\text{-}23）$$

或

$$\begin{bmatrix} b_0(x_0)y''(x_0) - b_0(0)y''(0) \\ + b_1(x_0)y'(x_0) - b_1(0)y'(0) \\ + b_2(x_0)y(x_0) - b_2(0)y(0) \end{bmatrix} = b_3(x_0) + b_4(x_0) - b_4(0)\qquad（2\text{-}2\text{-}24）$$

据（2-2-2）、（2-2-21）和（2-2-5）式可得到如下方程：

$$\sum_{l=1}^{3} d_l \beta(l) = -\beta(0)\qquad（2\text{-}2\text{-}25）$$

这里

$$\beta(l) = b_0(x_0)Z(2,l,x_0) - b_0(0)Z(2,l,0) + b_1(x_0)Z(1,l,x_0)$$
$$- b_1(0)Z(1,l,0) + b_2(x_0)Z(0,l,x_0) - b_2(0)Z(0,l,0), \quad l \neq 0$$

$$（2\text{-}2\text{-}26\text{a}）$$

和

$$\beta(0) = -b_3(x_0) - \left[b_4(x_0) - b_4(0) \right]$$
$$+ \mathrm{be}\left[b_0(x_0) + b_1(x_0)(x_0 - x_1) + b_2(x_0)(x_0 - x_1)^2 / 2 \right]$$
$$+ \begin{bmatrix} b_0(x_0)Z_0(2,0,x_0) - b_0(0)Z_0(2,0,0) \\ + b_1(x_0)Z_0(1,0,x_0) - b_1(0)Z_0(1,0,0) \\ + b_2(x_0)Z_0(0,0,x_0) - b_2(0)Z_0(0,0,0) \end{bmatrix}\qquad（2\text{-}2\text{-}26\text{b}）$$

由方程（2-2-25）定出

$$d_3 = -d_1\gamma(1) - d_2\gamma(2) - \gamma(0)$$
$$\gamma(l) = \beta(l)/\beta(3), \quad l = 0,1,2 \qquad (2\text{-}2\text{-}27)$$

代入（2-2-21）式，得到

$$Y_1^{(k)}(x) = \sum_{l=1}^{2} d_l Z(k,l,x) - \left[\sum_{l=1}^{2} d_l\gamma(l) + \gamma(0)\right] Z(k,3,x) + Z(k,0,x)$$

$$= \sum_{l=1}^{2} d_l \left[Z(k,l,x) - \gamma(l)Z(k,3,x)\right] + \left[Z(k,0,x) - \gamma(0)Z(k,3,x)\right]$$

$$(2\text{-}2\text{-}28)$$

代入（2-2-2）式，得到

$$y^{(k)}(x) = Y_1^{(k)}(x) + \mathrm{be} \cdot Y_2^{(k)}(x)$$

$$= \sum_{l=1}^{2} d_l \Pi_0(k,l,x) + \Pi_0(k,0,x) \qquad (2\text{-}2\text{-}29)$$

这里

$$\Pi_0(k,l,x) = Z(k,l,x) - \gamma(l)Z(k,3,x), \quad l = 1,2$$
$$\Pi_0(k,0,x) = Z(k,0,x) - \gamma(0)Z(k,3,x) + \mathrm{be} \cdot Y_2^{(k)}(x) \qquad (2\text{-}2\text{-}30)$$

2. 算例

方程（2-2-1）的特解 $\Pi_0(k,0,x)$ 的分布见表 2-4a、表 2-4b。

表 2-4a　方程的特解 $\Pi_0(k,0,x)$ 的分布

$$\begin{pmatrix} b_0(x) \equiv x+5, b_1(x) = -(x+3)^3, b_2(x) = x^3, \\ b_3(x) = 10\sqrt{x}, b_4(x) = 1, x_1 = 0.45x_0, N = 400 \end{pmatrix}$$

x/x_0	$\Pi(0,0,x)$	$\Pi(1,0,x)$	$\Pi(2,0,x)$
0.0	−147.5150	+0.07045	+0.8058
0.1	−147.5087	+0.04501	−0.5223
0.2	−147.5077	−0.03243	−1.0285
0.3	−147.5170	−0.16215	−1.5686
0.4	−147.5419	−0.34729	−2.1322
0.45	−147.5621	−0.46108	−0.5759
0.5	−147.5852	−0.46643	−0.2500
0.6	−147.6341	−0.51939	−0.8093
0.7	−147.6909	−0.62674	−1.3288

续表

x/x_0	$\Pi(0,0,x)$	$\Pi(1,0,x)$	$\Pi(2,0,x)$
0.8	−147.7610	−0.78158	−1.7422
0.9	−147.8483	−0.96572	−1.8653
1.0	−147.9535	−1.12651	−1.7112

表 2-4b　方程的特解 $\Pi_0(k,0,x)$ 的分布

$$\begin{pmatrix} b_0(x) \equiv x+5, b_1(x) = -(x+3)^3, b_2(x) = x^3, \\ b_3(x) = 10\sqrt{x}, b_4(x) = 1, x_1 = 0.45x_0, N = 500 \end{pmatrix}$$

x/x_0	$\Pi(0,0,x)$	$\Pi(1,0,x)$	$\Pi(2,0,x)$
0.0	−147.5150	+0.07048	+0.8077
0.1	−147.5087	+0.04501	−0.5227
0.2	−147.5076	−0.03243	−1.0287
0.3	−147.5169	−0.16215	−1.5689
0.4	−147.5419	−0.34729	−2.1328
0.45	−147.5620	−0.46111	−0.5760
0.5	−147.5852	−0.46643	−0.2494
0.6	−147.6340	−0.51939	−0.8091
0.7	−147.6909	−0.62674	−1.3287
0.8	−147.7609	−0.78158	−1.7421
0.9	−147.8482	−0.96571	−1.8650
1.0	−147.9534	−1.12647	−1.7093

这里 $\Pi_0(0,0,x)$、$\Pi_0(1,0,x)$、$\Pi_0(2,0,x)$ 分别为非齐次方程的特解及其 1-阶导数和 2-阶导数的分布。我们知道方程的右端非齐次项在 $x=0.45$ 处存在间断，但不难看出方程（满足非齐次方程）的特解及其 1-阶导数在 $x=0.45$ 附近仍是连续的，只有 2-阶导数 $\Pi_0(2,0,x)$ 的分布才在 $x=0.45$ 附近存在明显的间断。

比较 $N=400$ 和 $N=500$ 可看出其计算结果的误差只出现在有效数值第 4 位上，所以取 $N=500$ 时，其计算结果真实可信。

第3章

奇异的线性常微分方程解的构建

3.1　奇异方程的非奇异解

［注释：引理 3（关于奇异解分类）的引进，
引理 4（关于约束条件）的引进］

考虑区间 $[0, x_0]$ 上的方程

$$x^m y''(x) + p_1(x) y'(x) + p_2(x) y(x) = 0, \quad m \geqslant 1 \qquad （3-1-1）$$

这里 $p_1(x)$、$p_2(x)$ 为区间 $[0, x_0]$ 上的连续函数，且 $p_1(0)$、$p_2(0)$ 不同时等于零，由于 $x = 0$ 为方程的奇点，所以方程（3-1-1）称作 m 阶奇异方程。

1. 奇异方程的分类（引理 3）

当 $x \to 0$ 时

$$\left\| \frac{p_1(x)}{x^{m-1}} \right\| < \infty, \quad \left\| \frac{p_2(x)}{x^{m-2}} \right\| < \infty \qquad （3-1-2）$$

同时成立时，方程（3-1-1）称作"正则"奇异方程，否则称作"非正则"奇异方程。它们的奇异解分别称作"正则奇异解"和"非正则奇异解"。

奇异解可以分解为奇异因子 $R(x)$ 与一致收敛的非奇异函数 $U(x)$ 的乘积

$$y(x) = R(x) U(x) \qquad （3-1-3）$$

正则奇异因子为

$$R_1(x) = x^\rho \qquad （3-1-4）$$

非正则奇异因子为

$$R_2(x) = x^\rho \exp\left\{\sum_{k=1}^m \sigma_k x^{-k}\right\} \tag{3-1-5}$$

以上这一段叙述统称作引理 3。

2. 奇异方程的非奇异解

为讨论方便，将系数函数 $p_1(x)$、$p_2(x)$ 写为如下形式：

$$\begin{aligned} p_1(x) &= \lambda_0 + x\lambda(x) \\ p_2(x) &= \mu_0 + x\mu(x) \end{aligned} \tag{3-1-6}$$

方程（3-1-1）改写为如下形式：

$$\begin{aligned} L\{y(x)\} &\equiv x^m y''(x) + \left[\lambda_0 + x\lambda(x)\right]y'(x) \\ &+ \left[\mu_0 + x\mu(x)\right]y(x) = 0, \quad m \geqslant 1 \end{aligned} \tag{3-1-7}$$

形式上，我们可以将函数 $y(x)$ 展开为如下 2-阶可微的改进 Fourier 级数：

$$y(x) = \sum_{|n| \leqslant N} A_n \exp\{i\alpha_n x\} + \sum_{l=1}^3 a_l Jee(l, x) \tag{3-1-8a}$$

和

$$y^{(k)}(x) = \sum_{|n| \leqslant N} (i\alpha_n)^k A_n \exp\{i\alpha_n x\} + \sum_{l=1}^3 a_l Jee(l-k, x), \quad k = 0, 1, 2 \tag{3-1-8b}$$

这里

$$\alpha_n = \frac{2n\pi}{x_0}, \quad Jee(l, x) = \begin{cases} \dfrac{x^l}{l!}, & l \geqslant 0 \\ 0, & l < 0 \end{cases} \tag{3-1-9a}$$

引进 Fourier 投影

$$F^{-1}\langle\ \rangle_{n_0} = \frac{1}{x_0}\int_0^{x_0} \langle\ \rangle \exp\{-i\alpha_{n_0} x\}\mathrm{d}x \tag{3-1-9b}$$

将展式（3-1-8）代入方程（3-1-7）得到

$$\sum_{|n| \leqslant N} A_n GR(n, x)\exp\{i\alpha_n x\} + \sum_{l=1}^3 a_l GS(l, x) = 0 \tag{3-1-10}$$

这里

$$\begin{aligned} GR(n, x) &= (i\alpha_n)^2 x^m + (i\alpha_n)\left[\lambda_0 + x\lambda(x)\right] + \left[\mu_0 + x\mu(x)\right] \\ GS(l, x) &= x^m Jee(l-2, x) + \left[\lambda_0 + x\lambda(x)\right]Jee(l-1, x) + \left[\mu_0 + x\mu(x)\right]Jee(l, x) \end{aligned}$$

$$\tag{3-1-11}$$

对方程（3-1-10）求 Fourier 投影得到

$$\sum_{|n| \leqslant N} A_n R(n, n_0) = \sum_{l=1}^{3} a_l S(l, n_0) \qquad (3\text{-}1\text{-}12)$$

这里

$$R(n, n_0) = F^{-1} \langle GR(n, x) \rangle_{n_0 - n}$$
$$S(l, n_0) = -F^{-1} \langle GS(l, x) \rangle_{n_0} \qquad (3\text{-}1\text{-}13)$$

由方程（3-1-12）可解出

$$A_n = \sum_{l=1}^{3} a_l Ae(l, n) \qquad (3\text{-}1\text{-}14)$$

这里 $Ae(l,n)$ 为如下代数方程的解：

$$\sum_{|n| \leqslant N} Ae(l, n) R(n, n_0) = S(l, n_0), \quad |n_0| \leqslant N \qquad (3\text{-}1\text{-}15)$$

将解式（3-1-14）代入展式（3-1-8）得到

$$y^{(k)}(x) = \sum_{l=1}^{3} a(l) Z(k, l, x), \quad k = 0, 1, 2 \qquad (3\text{-}1\text{-}16\text{a})$$

这里

$$Z(k, l, x) = \sum_{|n| \leqslant N} (\mathrm{i}\alpha_n)^k Ae(l, n) \exp\{\mathrm{i}\alpha_n x\} + Jee(l - k, x) \qquad (3\text{-}1\text{-}16\text{b})$$

方程（3-1-7）需满足相容性条件（引理 1）

$$\begin{aligned} L\{y(x)\}\big|_0^{x_0} &= x_0^m\, y''(x_0) + \left[\lambda_0 + x_0 \lambda(x_0)\right] y'(x_0) \\ &\quad + \left[\mu_0 + x_0 \mu(x_0)\right] y(x_0) - \lambda_0 y'(0) - \mu_0 y(0) = 0 \end{aligned} \qquad (3\text{-}1\text{-}17\text{a})$$

和约束条件（据引理 4，见附录 A）

$$L'\{y(x)\}_{x=0} = \left[\delta(m-1) + \lambda_0\right] y''(0) + \left[\lambda(0) + \mu_0\right] y'(0) + \mu(0) y(0) = 0 \qquad (3\text{-}1\text{-}17\text{b})$$

将解式（3-1-16）代入（3-1-17）式可得到如下确定系数 $a(l)$ 的方程：

$$\sum_{l=1}^{2} a(l) \beta(l, l_0) = -a(3) \beta(3, l_0), \quad l_0 = 1, 2 \qquad (3\text{-}1\text{-}18)$$

这里

$$\begin{aligned} \beta(l, 1) &= x_0^m\, Z(2, l, x_0) + \left[\lambda_0 + x_0 \lambda(x_0)\right] Z(1, l, x_0) \\ &\quad + \left[\mu_0 + x_0 \mu(x_0)\right] Z(0, l, x_0) - \lambda_0 Z_1(1, l, 0) - \mu_0 Z_1(0, l, 0) \end{aligned} \qquad (3\text{-}1\text{-}19\text{a})$$

$$\begin{aligned}
\beta(l,2) = &\left[\delta(m-1)+\lambda_0\right]Z(2,l,0) \\
&+\left[\lambda(0)+\mu_0\right]Z(1,l,0)+\mu(0)Z(0,l,0)
\end{aligned} \tag{3-1-19b}$$

其中

$$\delta(m-1) = \begin{cases} 1, & m=1 \\ 0, & m \neq 1 \end{cases} \tag{3-1-20}$$

（1）如果 $\left[\delta(m-1)+\lambda_0\right] \neq 0$，由方程（3-1-18）可解出

$$a(l) = a_0 \gamma(l), \quad l=1,2 \tag{3-1-21}$$

改写解式（3-1-16）为如下形式：

$$U^{(k)}(x) = a_0 \Pi(k,x) \tag{3-1-22a}$$

这里

$$\Pi(k,x) = \sum_{l=1}^{2} \gamma(l)Z(k,l,x) + Z(k,3,x) \tag{3-1-22b}$$

（2）当 $m=1$，$\lambda_0=-1$ 时，方程（3-1-7）写为如下形式：

$$\begin{aligned}
L_0\{y_0(x)\} \equiv &xy_0''(x)+\left(-1+x\lambda_1+x^2\lambda_2\right)y_0'(x) \\
&+\left(\mu_0+x\mu_1+x^2\mu_2\right)y_0(x)=0
\end{aligned} \tag{3-1-23}$$

注意，只是为了得到确切的计算结果，这里已将 $\lambda(x)$、$\mu(x)$ 简化为有限阶的幂函数：

$$\lambda(x)=\lambda_1+x\lambda_2, \quad \mu(x)=\mu_1+x\mu_2 \tag{3-1-24}$$

将函数 $y_0(x)$ 展开为如下 3-阶可微的改进 Fourier 级数（附录 B）：

$$y_0^{(k)}(x) = \sum_{|n|<N}(\mathrm{i}\alpha_n)^k B_n \exp\{\mathrm{i}\alpha_n x\} + \sum_{l=1}^{4} b_l Jee(l-k,x), \quad k=0,1,2,3 \tag{3-1-25}$$

将该展式代入方程（3-1-23）得到

$$\sum_{|n|<N} B_n GR_0(n,x)\exp\{\mathrm{i}\alpha_n x\} + \sum_{l=1}^{4} b_l GS_0(l,x)=0 \tag{3-1-26}$$

这里

$$\begin{aligned}
GR_0(n,x) = &(\mathrm{i}\alpha_n)^2 x + (\mathrm{i}\alpha_n)\left(-1+x\lambda_1+x^2\lambda_2\right) \\
&+\left(\mu_0+x\mu_1+x^2\mu_2\right)
\end{aligned} \tag{3-1-27a}$$

或

$$\begin{aligned}
GR_0(n,x) = &\left[\mu_0-(\mathrm{i}\alpha_n)\right]+\left[(\mathrm{i}\alpha_n)^2+(\mathrm{i}\alpha_n)\lambda_1+\mu_1\right]x \\
&+\left[(\mathrm{i}\alpha_n)\lambda_2+\mu_2\right]x^2
\end{aligned} \tag{3-1-27b}$$

和

$$GS_0(l,x) = xJee(l-2,x)$$
$$+(-1+x\lambda_1+x^2\lambda_2)Jee(l-1,x) \quad (3\text{-}1\text{-}28\text{a})$$
$$+(\mu_0+x\mu_1+x^2\mu_2)Jee(l,x)$$

或

$$GS_0(l,x) = (l-2)Jee(l-1,x)+(l\cdot\lambda_1+\mu_0)Jee(l,x)$$
$$+(l+1)(l\cdot\lambda_2+\mu_1)Jee(l+1,x) \quad (3\text{-}1\text{-}28\text{b})$$
$$+(l+1)(l+2)\mu_2Jee(l+2,x)$$

对方程（3-1-26）求 Fourier 投影得到

$$\sum_{|n|\leqslant N}B_nR_0(n,n_0) = \sum_{l=1}^{4}b_lS_0(l,n_0) \quad (3\text{-}1\text{-}29)$$

这里

$$R_0(n,n_0) = F^{-1}\langle GR_0(n,x)\rangle_{n_0-n}$$
$$= \left[\mu_0-(\mathrm{i}\alpha_n)\right]\Pi_0(0,n_0-n)+\left[(\mathrm{i}\alpha_n)^2+(\mathrm{i}\alpha_n)\lambda_1+\mu_1\right]\Pi_0(1,n_0-n)$$
$$+2\left[(\mathrm{i}\alpha_n)\lambda_2+\mu_2\right]\Pi_0(2,n_0-n)$$
$$(3\text{-}1\text{-}30\text{a})$$

$$S_0(l,n_0) = -F^{-1}\langle GS_0(l,x)\rangle_{n_0}$$
$$= -\begin{bmatrix} (l-2)\Pi_0(l-1,n_0)+(l\cdot\lambda_1+\mu_0)\Pi_0(l,n_0) \\ +(l+1)(l\cdot\lambda_2+\mu_1)\Pi_0(l+1,n_0) \\ +(l+1)(l+2)\mu_2\Pi_0(l+2,n_0) \end{bmatrix} \quad (3\text{-}1\text{-}30\text{b})$$

其中

$$\Pi_0(l,n_0) = F^{-1}\langle Jee(l,x)\rangle_{n_0} \quad (3\text{-}1\text{-}30\text{c})$$

由方程（3-1-29）可解出

$$B_n = \sum_{l=1}^{4}b_lBe(l,n) \quad (3\text{-}1\text{-}31)$$

这里 $Be(l,n)$ 为如下方程的解：

$$\sum_{|n|\leqslant N}Be(l,n)R_0(n,n_0) = S_0(l,n_0), \quad |n_0|\leqslant N \quad (3\text{-}1\text{-}32)$$

将解式（3-1-31）代入展式（3-1-25）得到

$$y_0^{(k)}(x) = \sum_{l=1}^{4} b_l Z_0(k,l,x), \quad k=0,1,2,3 \tag{3-1-33a}$$

这里

$$Z_0(k,l,x) = \sum_{|n| \le N} (i\alpha_n)^k Be(l,n) \exp\{i\alpha_n x\} + Jee(l-k,x) \tag{3-1-33b}$$

方程（3-1-23）需满足相容性条件（引理 1）：

$$L_0\{y_0(x)\}\big|_0^{x_0} = x_0 y_0''(x_0) + \left(-1 + x_0\lambda_1 + x_0^2\lambda_2\right) y_0'(x_0)$$
$$+ \left(\mu_0 + x_0\mu_1 + x_0^2\mu_2\right) y_0(x_0) + y_0'(0) - \mu_0 y_0(0) = 0 \tag{3-1-34a}$$

和约束条件（据引理 4，见附录 B）

$$L_0'\{y_0(x)\}\big|_{x=0} = (\lambda_1 + \mu_0) y_0'(0) + \mu_1 y_0(0) = 0 \tag{3-1-34b}$$

$$L_0''\{y_0(x)\}\big|_{x=0} = y_0'''(0) + (2\lambda_1 + \mu_0) y_0''(0) + (2\lambda_2 + 2\mu_1) y_0'(0) + 2\mu_2 y_0(0) = 0 \tag{3-1-34c}$$

将解式（3-1-33）代入条件（3-1-34），得到如下确定系数 $a_0(l)$ 的方程：

$$\sum_{l=1}^{3} b_l \beta_0(l,l_0) = -b_4 \beta_0(4,l_0), \quad l_0 = 1,2,3 \tag{3-1-35}$$

这里

$$\beta_0(l,1) = x_0 Z_0(2,l,x_0) + \left(-1 + x_0\lambda_1 + x_0^2\lambda_2\right) Z_0(1,l,x_0)$$
$$+ \left(\mu_0 + x_0\mu_1 + x_0^2\mu_2\right) Z_0(0,l,x_0)$$
$$+ Z_0(1,l,0) - \mu_0 Z_0(0,l,0) \tag{3-1-36a}$$

$$\beta_0(l,2) = (\lambda_1 + \mu_0) Z_0(1,l,0) + \mu_1 Z_0(0,l,0) \tag{3-1-36b}$$

和

$$\beta_0(l,3) = Z_0(3,l,0) + (2\lambda_1 + \mu_0) Z_0(2,l,0)$$
$$+ 2(\lambda_2 + \mu_1) Z_0(1,l,0) + 2\mu_2 Z_0(0,l,0) \tag{3-1-36c}$$

由方程（3-1-35）可解出

$$b_l = b_0 \gamma_0(l), \quad l=1,2,3 \tag{3-1-37}$$

改写解式（3-1-33）为如下形式：

$$y_0^{(k)}(x) = b_0 \Pi_0(k,x), \quad k=0,1,2,3 \tag{3-1-38a}$$

这里

$$\Pi_0(k,x) = \sum_{l=1}^{3} \gamma_0(l) Z_0(k,l,x) + Z_0(k,4,x) \qquad (3\text{-}1\text{-}38b)$$

小结：从前面的算例我们得到了方程（3-1-23）的非奇异解。

3. 算例

这里只讨论 $m=1, \lambda_0 = -1$ 时方程（3-1-23）的解 $y_0(x) = \Pi_0(0,x)$，解的一阶导数为 $y_0'(x) = \Pi_0(1,x)$，解的二阶导数为 $y_0''(x) = \Pi_0(2,x)$ 及满足方程的误差 $\text{Error}(x) \equiv \text{Err}(x)$ 分布，见表 3-1 和表 3-2。

表 3-1 $\Pi_0(l,x), l=0,1,2$ 和 **Error(x)** 的分布

$$\left(\begin{array}{l} m=1, \lambda_0 = -1, \lambda_1 = 1.0, \lambda_2 = 10, \\ \mu_0 = 1.0, \mu_1 = 5.0, \mu_2 = 10.0, N = 50 \end{array} \right)$$

x / x_0	$\Pi_0(0,x)$	$\Pi_0(1,x)$	$\Pi_0(2,x)$	$\text{Error}(x)$
0.0	−0.0061	−0.0063	34.597	5.5×10^{-5}
0.1	0.1453	2.7887	19.984	1.0×10^{-6}
0.2	0.4936	3.8725	1.8212	2.8×10^{-3}
0.3	0.8640	3.3025	−11.994	2.0×10^{-3}
0.4	1.1217	1.7632	−17.304	5.5×10^{-5}
0.5	1.2128	0.1001	−14.954	5.5×10^{-5}
0.6	1.1576	−1.1008	−8.7916	5.5×10^{-5}
0.7	1.0143	−1.6627	−2.6944	5.5×10^{-5}
0.8	0.8422	−1.7129	1.2734	5.5×10^{-5}
0.9	0.6809	−1.4863	2.9228	5.5×10^{-5}
1.0	0.5475	−1.1796	3.0257	5.5×10^{-5}

表 3-2 $\Pi_0(l,x), l=0,1,2$ 和 **Error(x)** 的分布

$$\left(\begin{array}{l} m=1, \lambda_0 = -1, \lambda_1 = 1.0, \lambda_2 = \sqrt{-1} = i, \\ \mu_0 = 1.0, \mu_1 = 5.0, \mu_2 = 10.0, N = 50 \end{array} \right)$$

x / x_0	$\Pi_0(0,x)$	$\Pi_0(1,x)$	$\Pi_0(2,x)$
0.0	0.0003 + i0.0042	0.0004 + i0.0041	136.08 + i12.042
0.1	0.6120 + i0.0569	11.533 + i0.9590	94.100 + i6.5690
0.2	2.1620 + i0.1740	18.721 + i1.2530	49.190 − i0.8160
0.3	4.2020 + i0.2830	21.303 + i0.8120	2.3230 − i7.6990
0.4	6.2670 + i0.3170	19.224 − i0.1870	−43.307 − i11.619

续表

x/x_0	$\Pi_0(0,x)$	$\Pi_0(1,x)$	$\Pi_0(2,x)$
0.5	$7.9030+i0.2390$	$12.849-i1.3470$	$-82.665-i10.648$
0.6	$8.7230+i0.0604$	$3.1020-i2.1270$	$-109.71-i4.0450$
0.7	$8.4620-i0.1550$	$-8.4870-i2.0000$	$-118.67+i7.1690$
0.8	$7.0320-i0.2980$	$-19.900-i0.6380$	$-105.69+i20.003$
0.9	$4.5640-i0.2430$	$-28.8780+i1.9020$	$-70.460+i29.874$
1.0	$1.4060+i0.1040$	$-33.388+i5.0680$	$-17.429+i31.726$
Error	$<10^{-4}$		

从以上算例不难看出 $N=50$ 就可得到一致收敛的非奇异解。

附录 A

引理 4 引进约束条件的充分必要性。

1. 必要性

我们欲求解如下方程:

$$L\{y(x)\} \equiv x^m\,y''(x)+\left[\lambda_0+x\lambda_1(x)\right]y'(x) \\ +\left[\mu_0+x\mu_1(x)\right]y(x)=0 \tag{A-1}$$

虽然该方程形式上仍有奇异点 $x=0$,但不排除它存在非奇异解的可能。对方程(A-1)求导数得到

$$L'\{y(x)\} \equiv x^m y'''(x)+\left[mx^{m-1}+\lambda_0+x\lambda_1(x)\right]y''(x) \\ +\left[\lambda_1(x)+x\lambda_1'(x)+\mu_0+x\mu_1(x)\right]y'(x)+\left[\mu_1(x)+x\mu_1'(x)\right]y(x)=0 \tag{A-2}$$

进而有[这里 $\delta(m-1)+\lambda_0\neq 0$]

$$L'\{y(x)\}_{x\to 0}=\left[x^m y'''(x)\right]_{x\to 0}+\left[\delta(m-1)+\lambda_0\right]y''(0) \\ +\left[\lambda_1(0)+\mu_0\right]y'(0)+\mu_1(0)y(0)=0 \tag{A-3}$$

如果 $y''(x)$ 有界,那么有如下估计式:

$$y''(x)=O\left(1+x^\sigma\right), \quad \sigma>0 \\ y'''(x)=O\left(x^{\sigma-1}\right), \quad xy'''(x)=O\left(x^\sigma\right) \tag{A-4}$$

所以 $\left[xy'''(x)\right]_{x\to 0}=0$，于是约束条件（A-3）改写为如下形式：

$$L'\{y(x)\}_{x_0}=\left[\delta(m-1)+\lambda_0\right]y''(0)+\left[\lambda_1(0)+\mu_0\right]y'(0)+\mu_1(0)y(0)=0$$

（A-5）

2. 充分性

方程（A-5）等价于

$$\left[ay''(x)+by'(x)+cy(x)\right]_{x\to 0}=0 \qquad （A-6）$$

这里

$$a=\delta(m-1)+\lambda_0,\quad b=\lambda_1(0)+\mu_0,\quad c=\mu_1(0) \qquad （A-7）$$

可解出如下渐近式：

$$y(x)\approx\exp\{\rho x\},\quad x\to 0$$

$$\rho=\frac{-b\pm\sqrt{b^2-4ac}}{2a} \qquad （A-8）$$

于是有渐近式

$$\begin{cases}y'(x)\approx\rho\exp\{\rho x\}\\y''(x)\approx\rho^2\exp\{\rho x\}\end{cases},\quad x\to 0 \qquad （A-9）$$

所以约束方程（A-5）保障 2-阶导数有界。

附录 B

据方程（3-1-23）形式上所导出的约束条件（3-1-34b）为

$$L_0'\{y_0(x)\}\big|_{x=0}=(\lambda_1+\mu_0)y_0'(0)+\mu_1 y_0(0)=0 \qquad （B-1）$$

式中不出现 2-阶导数项，可见该式对奇点 $x=0$ 处的 2-阶导数 $y_0''(0)$ 没有约束作用！为此，我们考虑方程（3-1-21）的更高阶导数的约束条件（3-1-35c）：

$$L_0''\{y_0(x)\}\big|_{x=0}=y_0'''(0)+(2\lambda_1+\mu_0)y_0''(0)$$
$$+(2\lambda_2+2\mu_1)y_0'(0)+2\mu_2 y_0(0)=0 \qquad （B-2）$$

这两个约束条件保障 $y_0'''(0)$ 有界。

于是合并附录 A 和附录 B 得到如下关于约束条件的引理（引理 4）：为保障解的非奇异性，方程需满足相应的约束条件。

3.2　1-阶奇点邻域内方程的奇异解

[注释：引理 5（关于重根讨论）的引进]

存在 1-阶奇点的方程为如下形式：

$$L\{y(x)\} \equiv x\,y''(x) + \left[\lambda_0 + x\lambda_1(x)\right]x^k y'(x)$$
$$+ \left[\mu_0 + x\mu_1(x)\right]y(x) = 0, \quad k \geqslant 0 \tag{3-2-1}$$

我们在区间 $[0, x_0]$ 上求解该方程。这里 λ_0、μ_0 为不等于零的复数，$\lambda_1(x)$、$\mu_1(x)$ 为连续函数，所以 $x=0$ 为正则奇点。

1．$k=0$ 时

$k=0$ 时，方程写为如下形式：

$$L\{y(x)\} \equiv x\,y''(x) + \left[\lambda_0 + x\lambda_1(x)\right]y'(x)$$
$$+ \left[\mu_0 + x\mu_1(x)\right]y(x) = 0 \tag{3-2-2}$$

取

$$y(x) = x^\rho U(x), \quad U(0) \neq 0 \tag{3-2-3}$$

代入方程（3-2-2）得到

$$x\left[U'' + 2\rho x^{-1}U' + \rho(\rho-1)x^{-2}U\right] + \left[\lambda_0 + x\lambda_1(x)\right]\left(U' + \rho x^{-1}U\right) + \left[\mu_0 + x\mu_1(x)\right]U = 0 \tag{3-2-4}$$

整理后得到

$$xU'' + \left[2\rho + \lambda_0 + x\lambda_1(x)\right]U'$$
$$+ \left\{\rho(\rho-1)x^{-1} + \rho\left[\lambda_0 x^{-1} + \lambda_1(x)\right] + \mu_0 + x\mu_1(x)\right\}U = 0 \tag{3-2-5}$$

令 $x \to 0$ 得到指标方程

$$\rho(\rho-1) + \rho\lambda_0 = 0 \tag{3-2-6}$$

定出

$$\begin{aligned}\rho_1 &= 0 \\ \rho_2 &= 1 - \lambda_0\end{aligned} \tag{3-2-7}$$

1）要求 $\lambda_0 \neq 1$。另外取

$$\begin{aligned}\lambda_1(x) &= \lambda_1 + x\lambda_2 + x^2\lambda_3 \\ \mu_1(x) &= \mu_1 + x\mu_2\end{aligned} \tag{3-2-8}$$

（由于 $\rho_1 = 0$ 对应非奇异解，这里只考虑 $\rho = 1 - \lambda_0 \neq 0$。）

方程（3-2-5）化简为

$$
\begin{aligned}
xU_1'' &+ \left[(2 - \lambda_0) + x\lambda_1 + x^2\lambda_2 + x^3\lambda_3 \right]U_1' \\
&+ \left\{ (1 - \lambda_0)(\lambda_1 + x\lambda_2 + x^2\lambda_3) + \mu_0 + x\mu_1 + x^2\mu_2 \right\}U_1 = 0
\end{aligned} \tag{3-2-9}
$$

或写为如下形式的派生方程：

$$
\begin{aligned}
L_1\{U_1\} &= xU_1'' \\
&+ \left[(2 - \lambda_0) + \lambda_1 x + \lambda_2 x^2 + \lambda_3 x^3 \right]U_1' \\
&+ (v_0 + v_1 x + v_2 x^2)U_1 = 0
\end{aligned} \tag{3-2-10a}
$$

这里

$$
\begin{aligned}
v_0 &= (1 - \lambda_0)\lambda_1 + \mu_0 \\
v_1 &= (1 - \lambda_0)\lambda_2 + \mu_1 \\
v_2 &= (1 - \lambda_0)\lambda_3 + \mu_2
\end{aligned} \tag{3-2-10b}
$$

将函数 $U_1(x)$ 在区间 $[0, x_0]$ 上展为如下 2-阶可微的改进 Fourier 级数：

$$
U_1^{(k)}(x) = \sum_{|n| \leq N} (i\alpha_n)^k A_1(n)\exp\{i\alpha_n x\} + \sum_{l=1}^{3} a_1(l)Jee(l-k, x), \quad k = 0, 1, 2 \tag{3-2-11}
$$

这里

$$
\alpha_n = \frac{2n\pi}{x_0}, \quad Jee(l, x) = \begin{cases} \dfrac{x^l}{l!}, & l \geq 0 \\ 0, & l < 0 \end{cases} \tag{3-2-12a}
$$

同时引进 Fourier 投影

$$
F^{-1}\langle\ \rangle_{n_0} = \frac{1}{x_0}\int_0^{x_0}\langle\ \rangle\exp\{-i\alpha_{n_0} x\}\mathrm{d}x \tag{3-2-12b}
$$

将展式（3-2-11）代入方程（3-2-10）得到

$$
\sum_{|n| \leq N} A_1(n)GR_1(n, x)\exp\{i\alpha_n x\} + \sum_{l=1}^{3} a_1(l)GS_1(l, x) = 0 \tag{3-2-13}
$$

这里

$$
\begin{aligned}
GR_1(n, x) &= (i\alpha_n)^2 x + (i\alpha_n)\left[(2 - \lambda_0) + \lambda_1 x + \lambda_2 x^2 + \lambda_3 x^3 \right] \\
&+ (v_0 + v_1 x + v_2 x^2)
\end{aligned} \tag{3-2-14a}
$$

或

$$GR_1(n,x) = \left[(i\alpha_n)(2-\lambda_0)+v_0\right] + \left[(i\alpha_n)^2+(i\alpha_n)\lambda_1+v_1\right]x$$
$$+\left[(i\alpha_n)\lambda_2+v_2\right]x^2+(i\alpha_n)\lambda_3 x^3 \qquad (3\text{-}2\text{-}14b)$$

和

$$GS_1(l,x) = xJee(l-2,x)$$
$$+\left[(2-\lambda_0)+\lambda_1 x+\lambda_2 x^2+\lambda_3 x^3\right]Jee(l-1,x) \qquad (3\text{-}2\text{-}15a)$$
$$+\left[v_0+v_1 x+v_2 x^2\right]Jee(l,x)$$

或

$$GS_1(l,x) = (l+1-\lambda_0)Jee(l-1,x)$$
$$+(l\cdot\lambda_1+v_0)Jee(l,x)+(l+1)(l\cdot\lambda_2+v_1)Jee(l+1,x) \qquad (3\text{-}2\text{-}15b)$$
$$+(l+1)(l+2)(l\cdot\lambda_3+v_2)Jee(l+2,x)$$

对方程（3-2-13）求 Fourier 投影，得到

$$\sum_{|n|<N} A_1(n)R_1(n,n_0) = \sum_{l=1}^{3} a_1(l)S_1(l,n_0) \qquad (3\text{-}2\text{-}16)$$

这里

$$R_1(n,n_0) = F^{-1}\langle GR_1(n,x)\rangle_{n_0-n}$$
$$= \left[(i\alpha_n)(2-\lambda_0)+v_0\right]\Pi_0(0,n_0-n)$$
$$+\left[(i\alpha_n)^2+(i\alpha_n)\lambda_1+v_1\right]\Pi_0(1,n_0-n) \qquad (3\text{-}2\text{-}17a)$$
$$+2\left[(i\alpha_n)\lambda_2+v_2\right]\Pi_0(2,n_0-n)+6(i\alpha_n)\lambda_3\Pi_0(3,n_0-n)$$

$$S_1(l,n_0) = -F^{-1}\langle GS_1(l,x)\rangle_{n_0}$$
$$= -\left\{ \begin{array}{l} \left[l+1-\lambda_0\right]\Pi_0(l-1,n_0)+\left[l\cdot\lambda_1+v_0\right]\Pi_0(l,n_0) \\ +(l+1)\left[l\cdot\lambda_2+v_1\right]\Pi_0(l+1,n_0) \\ +(l+1)(l+2)\left[l\cdot\lambda_3+v_2\right]\Pi_0(l+2,n_0) \end{array} \right\} \qquad (3\text{-}2\text{-}17b)$$

由方程（3-2-16）可解出

$$A_1(n) = \sum_{l=1}^{3} a_1(l)Ae_1(l,n) \qquad (3\text{-}2\text{-}18)$$

这里 $Ae_1(l,n)$ 为如下方程的解：

$$\sum_{|n|<N} Ae_1(l,n)R_1(n,n_0) = S_1(l,n_0), \quad |n_0| \leqslant N \qquad (3\text{-}2\text{-}19)$$

将解式（3-2-18）代入展式（3-2-11）得到

$$U_1^{(k)}(x) = \sum_{l=1}^{3} a_1(l) Z_1(k,l,x) \qquad (3\text{-}2\text{-}20a)$$

这里

$$Z_1(k,l,x) = \sum_{|n| \leq N} (i\alpha_n)^k A e_1(l,n) \exp\{i\alpha_n x\}$$
$$+ Jee(l-k,x) \qquad (3\text{-}2\text{-}20b)$$

据引理 1 和引理 4，方程（3-2-10a）需满足相容性条件

$$L_1\{U_1(x)\}\Big|_0^{x_0} = x_0 U_1''(x_0)$$
$$+ \left(2 - \lambda_0 + \lambda_1 x_0 + \lambda_2 x_0^2 + \lambda_3 x_0^3\right) U_1'(x_0)$$
$$+ \left(\nu_0 + \nu_1 x_0 + \nu_2 x_0^2\right) U_1(x_0)$$
$$- \left(2 - \lambda_0\right) U_1'(0) - \nu_0 U_1(0) = 0 \qquad (3\text{-}2\text{-}21a)$$

和约束条件 [不考虑 $(3 - \lambda_0) = 0$ 的特例]

$$L_1'\{U_1(x)\}_{x=0} = (3 - \lambda_0) U_1''(0)$$
$$+ (\lambda_1 + \nu_0) U_1'(0) + \nu_1 U_1(0) = 0 \qquad (3\text{-}2\text{-}21b)$$

将解式（3-2-20）代入（3-2-21）式得到确定系数 $a_1(l)$ 的方程

$$\sum_{l=1}^{2} a_1(l) \beta_1(l,l_0) = -a_1(3) \beta_1(3,l_0) , \quad l_0 = 1,2 \qquad (3\text{-}2\text{-}22)$$

这里

$$\beta_1(l,1) = x_0 Z_1(2,l,x_0)$$
$$+ \left(2 - \lambda_0 + \lambda_1 x_0 + \lambda_2 x_0^2 + \lambda_3 x_0^3\right) Z_1(1,l,x_0)$$
$$+ \left(\nu_0 + \nu_1 x_0 + \nu_2 x_0^2\right) Z_1(0,l,x_0)$$
$$- \left(2 - \lambda_0\right) Z_1(1,l,0) - \nu_0 Z_1(0,l,0) \qquad (3\text{-}2\text{-}23a)$$
$$\beta_1(l,2) = (3 - \lambda_0) Z_1(2,l,0)$$
$$+ (\lambda_1 + \nu_0) Z_1(1,l,0) + \nu_1 Z_1(0,l,0) \qquad (3\text{-}2\text{-}23b)$$

由方程（3-2-22）可解出

$$a_1(l) = a_{10}\gamma_1(l), \quad l = 1,2 \qquad (3\text{-}2\text{-}24)$$

改写解式（3-2-20）为

$$U_1^{(k)}(x) = a_{10}\Pi_1(k,x) \qquad (3\text{-}2\text{-}25a)$$

$$\Pi_1(k,x) = \sum_{l=1}^{2} \gamma_1(l) Z_1(k,l,x) + Z_1(k,3,x) \qquad （3\text{-}2\text{-}25\text{b}）$$

2）如果 $\lambda_0 = 1$，那么

$$\rho = 1 - \lambda_0 = 0 \qquad （3\text{-}2\text{-}26）$$

指标方程（3-2-6）出现重根情况。方程（3-2-2）改写为如下形式：

$$\begin{aligned} L_0\{y_0(x)\} &\equiv x\, y_0''(x) + \left[1 + x\lambda_1(x)\right] y_0'(x) \\ &\quad + \left[\mu_0 + x\mu_1(x)\right] y_0(x) = 0 \end{aligned} \qquad （3\text{-}2\text{-}27）$$

（注：以下关于重根情况的讨论，称作引理 5。）

该方程已有一个正则解

$$\begin{aligned} y_{01}(x) &= U_0(x) \\ L_0\{U_0(x)\} &= 0 \end{aligned} \qquad （3\text{-}2\text{-}28）$$

方程的另一个解写为如下形式：

$$y_{02}(x) = U_0(x) V(x) \qquad （3\text{-}2\text{-}29）$$

代入方程（3-2-27）得到

$$\begin{aligned} L_0\{U_0 V\} &= L_0\{U_0\} V + x\left(2U_0' V' + U_0 V''\right) \\ &\quad + \left[1 + x\lambda_1(x)\right] U_0 V' \\ &= x\left(2U_0' V' + U_0 V''\right) + \left[1 + x\lambda_1(x)\right] U_0 V' = 0 \end{aligned} \qquad （3\text{-}2\text{-}30）$$

这里利用了 $L_0\{U_0\} = 0$，进一步得到

$$\frac{V''}{V'} = -2\frac{U_0'}{U_0} - \frac{1}{x} - \lambda_1(x) \qquad （3\text{-}2\text{-}31）$$

可导出

$$\left[\ln(V')\right]' = -\left[\ln(x) + 2\ln(U_0)\right]' - \left[\int \lambda_1(x)\mathrm{d}x\right]' \qquad （3\text{-}2\text{-}32\text{a}）$$

$$\ln(V') = -\left[\ln(x) + \ln(U_0^2)\right] - \left[\int \lambda_1(x)\mathrm{d}x\right] + S_0 \qquad （3\text{-}2\text{-}32\text{b}）$$

和

$$\begin{aligned} V' &= \frac{S(x)}{x U_0^2(x)} \\ S(x) &= \exp\left\{S_0 - \int \lambda_1(x)\mathrm{d}x\right\} \end{aligned} \qquad （3\text{-}2\text{-}33）$$

进而得到

$$V = \int \frac{S(x)}{xU_0^2(x)}dx$$

$$= \int \left\{ \frac{S(0)}{xU_0^2(0)} + \frac{1}{x}\left[\frac{S(x)}{U_0^2(x)} - \frac{S(0)}{U_0^2(0)} \right] \right\} \quad (3\text{-}2\text{-}34a)$$

$$= c_1 \ln(x) + \Omega\{x\}$$

这里

$$\Omega\{x\} = \int \left\{ \frac{1}{x}\left[\frac{S(x)}{U_0^2(x)} - \frac{S(0)}{U_0^2(0)} \right] \right\}dx \quad (3\text{-}2\text{-}34b)$$

为非奇异函数，这里利用了条件 $U_0(0) \neq 0$。

于是方程（3-2-27）的第二个解（它是奇异解）为

$$y_{02}(x) = U_0(x)V(x) = U_0(x)\ln(x) + V_0(x) \quad (3\text{-}2\text{-}35)$$

这里

$$V_0(x) = U_0(x)\Omega(x) \quad (3\text{-}2\text{-}36)$$

所以 $y_{02}(x)$ 由包含 $\ln(x)$ 的奇异部分 $U_0(x)\ln(x)$ 与非奇异部分 $V_0(x)$ 组成。将解式（3-2-35）代入方程（3-2-27），得

$$L_0\{V_0(x)\} = xV_0''(x) + \left[1 + x\lambda_1(x)\right]V_0'(x)$$
$$+ \left[\mu_0 + x\mu_1(x)\right]V_0(x) = -f(x) \quad (3\text{-}2\text{-}37)$$

这里

$$f(x) = L_0\{U_0(x)\ln(x)\}$$

$$= L_0\{U_0\}\ln(x) + x\left(\frac{2}{x}U_0' - \frac{1}{x^2}U_0 \right)$$

$$+ \left[1 + x\lambda_1(x)\right]\frac{1}{x}U_0 \quad (3\text{-}2\text{-}38)$$

$$= 2U_0'(x) + \lambda_1(x)U_0(x)$$

方程（3-2-37）是一个非齐次线性常微分方程。

为了得到确切的计算结果，将变系数取为如下简化形式：

$$\lambda_1(x) = \lambda_1 + x\lambda_2$$
$$\mu_1(x) = \mu_1 + x\mu_2 \quad (3\text{-}2\text{-}39)$$

于是 $U_0(x)$ 满足如下方程：

$$L_0\{U_0(x)\} \equiv xU_0''(x) + \left(1 + x\lambda_1 + x^2\lambda_2\right)U_0'(x)$$
$$+ \left(\mu_0 + x\mu_1 + x^2\mu_2\right)U_0(x) = 0 \quad (3\text{-}2\text{-}40)$$

$V_0(x)$ 满足如下方程：

$$L_0\{V_0(x)\} \equiv x V_0''(x) + (1 + x\lambda_1 + x^2\lambda_2) V_0'(x)$$
$$+ (\mu_0 + x\mu_1 + x^2\mu_2) V_0(x) = -f(x) \tag{3-2-41}$$

这里

$$f(x) = 2U_0'(x) + \lambda_1(x) U_0(x) \tag{3-2-42}$$

（1）为求解方程（3-2-40），将函数 $U_0(x)$ 展为如下 2-阶可微的改进 Fourier 级数：

$$U_0^{(k)}(x) = \sum_{|n| \leqslant N} (i\alpha_n)^k B_0(n) \exp\{i\alpha_n x\} + \sum_{l=1}^{3} b_0(l) Jee(l-k, x), \quad k = 0,1,2 \tag{3-2-43}$$

代入方程（3-2-40）得到

$$\sum_{|n| \leqslant N} B_0(n) GR_0(n,x) \exp\{i\alpha_n x\} + \sum_{l=1}^{3} b_0(l) GS_0(l,x) = 0 \tag{3-2-44}$$

这里

$$GR_0(n,x) = (i\alpha_n)^2 x + (i\alpha_n)(1 + x\lambda_1 + x^2\lambda_2)$$
$$+ (\mu_0 + x\mu_1 + x^2\mu_2)$$
$$= (i\alpha_n + \mu_0) + \left[(i\alpha_n)^2 + (i\alpha_n)\lambda_1 + \mu_1 \right] x \tag{3-2-45}$$
$$+ \left[(i\alpha_n)\lambda_2 + \mu_2 \right] x^2$$

和

$$GS_0(l,x) = xJee(l-2, x)$$
$$+ (1 + x\lambda_1 + x^2\lambda_2) Jee(l-1, x) \tag{3-2-46a}$$
$$+ (\mu_0 + x\mu_1 + x^2\mu_2) Jee(l, x)$$

或进而有

$$GS_0(l,x) = l \cdot Jee(l-1, x) + (l \cdot \lambda_1 + \mu_0) Jee(l, x)$$
$$+ (l+1)(l \cdot \lambda_2 + \mu_1) Jee(l+1, x) \tag{3-2-46b}$$
$$+ (l+1)(l+2)\mu_2 Jee(l+2, x)$$

对方程（3-2-44）求 Fourier 投影，得到

$$\sum_{|n| \leqslant N} B_0(n) R_0(n, n_0) = \sum_{l=1}^{3} b_0(l) S_0(l, n_0) \tag{3-2-47}$$

其中

$$R_0\left(n,n_0\right)=F^{-1}\left\langle GR_0\left(n,x\right)\right\rangle_{n_0-n}$$

$$=\left(\mathrm{i}\alpha_n+\mu_0\right)\varPi_0\left(0,n_0-n\right)$$

$$+\left[\left(\mathrm{i}\alpha_n\right)^2+\left(\mathrm{i}\alpha_n\right)\lambda_1+\mu_1\right]\varPi_0\left(1,n_0-n\right) \qquad (\text{3-2-48a})$$

$$+2\left[\left(\mathrm{i}\alpha_n\right)\lambda_2+\mu_2\right]\varPi_0\left(2,n_0-n\right)$$

$$S_0\left(l,n_0\right)=-F^{-1}\left\langle GS_0\left(l,x\right)\right\rangle_{n_0}$$

$$=-\left\{\begin{matrix}l\cdot\varPi_0\left(l-1,n_0\right)+\left(l\cdot\lambda_1+\mu_0\right)\varPi_0\left(l,n_0\right)\\[2pt]+\left(l+1\right)\left(l\cdot\lambda_2+\mu_1\right)\varPi_0\left(l+1,n_0\right)\\[2pt]+\left(l+1\right)\left(l+2\right)\mu_2\varPi_0\left(l+2,n_0\right)\end{matrix}\right\} \qquad (\text{3-2-48b})$$

由方程（3-2-47）可解出

$$B_0\left(n\right)=\sum_{l=1}^{3}b_0\left(l\right)Be\left(l,n\right) \qquad (\text{3-2-49})$$

这里 $Be\left(l,n\right)$ 为如下代数方程的解：

$$\sum_{|n|\leqslant N}Be\left(l,n\right)R_0\left(n,n_0\right)=S_0\left(l,n_0\right),\quad\left|n_0\right|\leqslant N \qquad (\text{3-2-50})$$

将解式（3-2-49）代入展式（3-2-43）得到

$$U_0^{(k)}\left(x\right)=\sum_{l=1}^{3}b_0\left(l\right)Z_0\left(k,l,x\right) \qquad (\text{3-2-51a})$$

其中

$$Z_0\left(k,l,x\right)=\sum_{|n|\leqslant N}\left(\mathrm{i}\alpha_n\right)^k Be\left(l,n\right)\exp\left\{\mathrm{i}\alpha_n x\right\}+Jee\left(l-k,x\right) \qquad (\text{3-2-51b})$$

据引理 1 和引理 4，方程（3-2-40）需满足相容性条件

$$L_0\left\{U_0\left(x\right)\right\}\Big|_0^{x_0}=x_0 U_0''\left(x_0\right)+\left(1+x_0\lambda_1+x_0^2\lambda_2\right)U_0'\left(x_0\right)$$

$$+\left(\mu_0+x_0\mu_1+x_0^2\mu_2\right)U_0\left(x_0\right)-U_0'\left(0\right)-\mu_0 U_0\left(0\right)=0 \qquad (\text{3-2-52a})$$

和约束条件：

$$L_0'\left\{U_0\left(x\right)\right\}\Big|_{x=0}=2U_0''\left(0\right)+\left(\lambda_1+\mu_0\right)U_0'\left(0\right)+\mu_1 U_0\left(0\right)=0 \qquad (\text{3-2-52b})$$

将解式（3-2-51）代入（3-2-52）式，得到如下确定系数 $b_0\left(l\right)$ 的方程：

$$\sum_{l=1}^{2}b_0\left(l\right)\beta_0\left(l,l_0\right)=-b_0\left(3\right)\beta_0\left(3,l_0\right),\quad l_0=1,2 \qquad (\text{3-2-53})$$

这里

$$\beta_0(l,1) = x_0 Z_0(2,l,x_0) + \left(1 + x_0\lambda_1 + x_0^2\lambda_2\right) Z_0(1,l,x_0)$$
$$+ \left(\mu_0 + x_0\mu_1 + x_0^2\mu_2\right) Z_0(0,l,x_0) \qquad (\text{3-2-54a})$$
$$- Z_0(1,l,0) - \mu_0 Z_0(0,l,0)$$

$$\beta_0(l,2) = 2Z_0(2,l,0) + \left(\lambda_1 + \mu_0\right) Z_0(1,l,0) + \mu_1 Z_0(0,l,0) \qquad (\text{3-2-54b})$$

由方程（3-2-53）可解出

$$b_0(l) = b_0(3)\gamma_0(l), \quad l = 1,2 \qquad (\text{3-2-55})$$

于是改写解式（3-2-51）为

$$U_0^{(k)}(x) = \Pi_0(k,x) \qquad (\text{3-2-56a})$$

这里

$$\Pi_0(k,x) = \sum_{l=1}^{2} \gamma_0(l) Z_0(k,l,x) + Z_0(k,3,x) \qquad (\text{3-2-56b})$$

（2）为求解方程（3-2-41），将函数 $V_0(x)$ 展为如下 2-阶可微的改进 Fourier 级数：

$$V_0^{(k)}(x) = \sum_{|n| \leqslant N} (\mathrm{i}\alpha_n)^k B(n)\exp\{\mathrm{i}\alpha_n x\} + \sum_{l=1}^{3} b(l) Jee(l-k,x), \quad k = 0,1,2$$

$$(\text{3-2-57})$$

代入方程（3-2-41）得到

$$\sum_{|n| \leqslant N} B(n) GR_0(n,x)\exp\{\mathrm{i}\alpha_n x\} + \sum_{l=1}^{3} b(l) GS_0(l,x) = -f(x) \qquad (\text{3-2-58})$$

这里

$$f(x) = 2\Pi_0(1,x) + \left(\lambda_1 + x\lambda_2\right)\Pi_0(0,x) \qquad (\text{3-2-59})$$

求方程（3-2-58）的 Fourier 投影，得到

$$\sum_{|n| \leqslant N} B(n) R_0(n,n_0) = \sum_{l=1}^{3} b(l) S_0(l,n_0) + S_0(0,n_0) \qquad (\text{3-2-60})$$

其中（见附录 A）

$$S_0(0,n_0) = -F^{-1}\left\langle f(x) \right\rangle_{n_0} \qquad (\text{3-2-61})$$

可解出

$$B(n) = \sum_{l=1}^{3} b(l) Be(l,n) + Be(0,n) \qquad (\text{3-2-62})$$

这里 $Be(0,n)$ 为如下方程的解：

$$\sum_{|n| \leqslant N} Be(0,n) R_0(n,n_0) = S_0(0,n_0), \quad |n_0| \leqslant N \qquad (\text{3-2-63})$$

将解式（3-2-62）代入展式（3-2-57）得到

$$
\begin{aligned}
V_0^{(k)}(x) &= \sum_{|n|\leqslant N}(\mathrm{i}\alpha_n)^k\left[\sum_{l=1}^3 b(l)Be(l,n)+Be(0,n)\right]\exp\{\mathrm{i}\alpha_n x\} \\
&\quad + \sum_{l=1}^3 b(l)Jee(l-k,x) \\
&= \sum_{l=1}^3 b(l)Z_0(k,l,x)+Z_0(k,0,x)
\end{aligned}
\tag{3-2-64a}
$$

其中 $Z_0(k,l,x)$，$l\neq 0$ 见（3-2-51b）式，而 $Z_0(k,0,x)$ 为

$$
Z_0(k,0,x)=\sum_{|n|\leqslant N}(\mathrm{i}\alpha_n)^k Be(0,n)\exp\{\mathrm{i}\alpha_n x\}
\tag{3-2-64b}
$$

据引理 1 和引理 4，方程（3-2-41）应满足如下相容性条件和约束条件：

$$
\begin{aligned}
L_0\{V_0(x)\}\big|_0^{x_0} &= x_0V_0''(x_0)+\left(1+x_0\lambda_1+x_0^2\lambda_2\right)V_0'(x_0) \\
&\quad +\left(\mu_0+x_0\mu_1+x_0^2\mu_2\right)V_0(x_0)-V_0'(0)-\mu_0V_0(0)=-f(x)\big|_0^{x_0}
\end{aligned}
\tag{3-2-65a}
$$

和

$$
L_0'\{V_0(x)\}\big|_{x=0}=2V_0''(0)+(\lambda_1+\mu_0)V_0'(0)+\mu_1V_0(0)=-f'(x)\big|_{x=0}
\tag{3-2-65b}
$$

将解式（3-2-64）代入（3-2-65）式，得到如下确定系数 $b(l)$ 的方程：

$$
\sum_{l=1}^2 b(l)\beta_0(l,l_0)=-b(3)\beta_0(3,l_0)-\beta_0(0,l_0),\quad l_0=1,2
\tag{3-2-66}
$$

这里

$$
\begin{aligned}
\beta_0(0,1) &= x_0Z_0(2,0,x_0) \\
&\quad +\left(1+x_0\lambda_1+x_0^2\lambda_2\right)Z_0(1,0,x_0) \\
&\quad +\left(\mu_0+x_0\mu_1+x_0^2\mu_2\right)Z_0(0,0,x_0) \\
&\quad -Z_0(1,0,0)-\mu_0Z_0(0,0,0)+f(x_0)-f(0)
\end{aligned}
\tag{3-2-67a}
$$

$$
\begin{aligned}
\beta_0(0,2) &= 2Z_0(2,0,0)+(\lambda_1+\mu_0)Z_0(1,0,0) \\
&\quad +\mu_1Z_0(0,0,0)+f'(0)
\end{aligned}
\tag{3-2-67b}
$$

由方程（3-2-66）可解出

$$
b(l)=\gamma_0(l)+\gamma_{00}(l),\quad l=1,2
\tag{3-2-68}
$$

代入解式（3-2-64）得到

$$
\begin{aligned}
V_0^{(k)}(x) &= \sum_{l=1}^{2}\left[\gamma_0(l)+\gamma_{00}(l)\right]Z_0(k,l,x) \\
&\quad + Z_0(k,3,x)+Z_0(k,0,x) \\
&= \Pi_0(k,x)+\Pi_{00}(k,x)
\end{aligned}
\tag{3-2-69}
$$

其中

$$
\Pi_{00}(k,x)=\sum_{l=1}^{2}\gamma_{00}(l)Z_0(k,l,x)+Z_0(k,0,x)
\tag{3-2-70}
$$

忽略与 $U_0(x)$ 线性相关部分，得到

$$
V_0^{(k)}(x)=\Pi_{00}(k,x)
\tag{3-2-71}
$$

于是方程（3-2-27）的两个线性无关解为

$$
\begin{aligned}
y_{01}(x) &= \Pi_0(0,x) \\
y_{02}(x) &= \Pi_0(0,x)\ln(x)+\Pi_{00}(0,x)
\end{aligned}
\tag{3-2-72}
$$

$y_{01}(x)$ 为非奇异解，$y_{02}(x)$ 为奇异解。

2. $k\geqslant1$ 时

$k\geqslant1$ 时，方程写为如下形式：

$$
\begin{aligned}
L\{y(x)\} &\equiv xy''(x)+(\lambda_0+\lambda_1 x)x^k y'(x) \\
&\quad +(\mu_0+\mu_1 x)y(x)=0
\end{aligned}
\tag{3-2-73}
$$

正则奇异解写为如下形式：

$$
y(x)=x^\rho V(x)
\tag{3-2-74}
$$

代入方程得到

$$
\begin{aligned}
&x\left[V''+2\rho x^{-1}V'+\rho(\rho-1)x^{-2}V\right] \\
&+(\lambda_0+\lambda_1 x)x^k\left(V'+\rho x^{-1}V\right)+(\mu_0+\mu_1 x)V=0
\end{aligned}
\tag{3-2-75a}
$$

或进而

$$
\begin{aligned}
&xV''+\left(2\rho+\lambda_0 x^k+\lambda_1 x^{k+1}\right)V' \\
&+\begin{bmatrix}\rho(\rho-1)x^{-1}+\rho\lambda_0 x^{k-1}\\+\lambda_1 x^k+\mu_0+\mu_1 x\end{bmatrix}V=0
\end{aligned}
\tag{3-2-75b}
$$

令 $x\to0$，由于 $k\geqslant1$，所以有指标方程

$$
\rho(\rho-1)=0
\tag{3-2-76a}
$$

定出

$$\rho_j = \begin{cases} 1, & j=1 \\ 0, & j=2 \end{cases} \tag{3-2-76b}$$

1）当 $\rho = 1$ 时，方程（3-2-75b）写为如下形式：

$$xV'' + \left(2 + \lambda_0 x^k + \lambda_1 x^{k+1}\right)V' \\ + \left(\lambda_0 x^{k-1} + \lambda_1 x^k + \mu_0 + x\mu_1\right)V = 0 \tag{3-2-77}$$

由于 1-阶导数项的系数满足非零条件：

$$\left[2 + \lambda_0 x^k + \lambda_1 (x) x^{k+1}\right]_{x=0} = 2 \neq 0 \tag{3-2-78}$$

所以由方程（3-2-77）可解出非奇异解 $V(x,1)$。

2）当 $\rho = 0$ 时，求解方程

$$L\{V(x)\} \equiv xV''(x) + (\lambda_0 + \lambda_1 x)x^k V'(x) \\ + (\mu_0 + \mu_1 x)V(x) = 0 \tag{3-2-79}$$

将函数 $V(x)$ 展为如下 2-阶可微的改进 Fourier 级数

$$V^{(k)}(x) = \sum_{|n| \leqslant N} (\mathrm{i}\alpha_n)^k D(n)\exp\{\mathrm{i}\alpha_n x\} + \sum_{l=1}^{3} d(l) Jee(l-k,x), \quad k=0,1,2 \tag{3-2-80}$$

将展式代入方程（3-2-79）得到

$$\sum_{|n| \leqslant N} D(n) GR(n,x)\exp\{\mathrm{i}\alpha_n x\} + \sum_{l=1}^{3} d(l) GS(l,x) = 0 \tag{3-2-81}$$

这里

$$GR(n,x) = (\mathrm{i}\alpha_n)^2 x + (\mathrm{i}\alpha_n)\left(\lambda_0 x^k + \lambda_1 x^{k+1}\right) + \mu_0 + x\mu_1 \\ = \mu_0 + \left[(\mathrm{i}\alpha_n)^2 + \mu_1\right]x + (\mathrm{i}\alpha_n)\left(\lambda_0 x^k + \lambda_1 x^{k+1}\right) \tag{3-2-82a}$$

$$GS(l,x) = xJee(l-2,x) + \left(\lambda_0 x^k + \lambda_1 x^{k+1}\right)Jee(l-1,x) \\ + (\mu_0 + x\mu_1)Jee(l,x) \\ = (l-1)Jee(l-1,x) + \mu_0 Jee(l,x) + \mu_1 (l+1)Jee(l+1,x) \\ + \lambda_0 \frac{(l+k-1)!}{(l-1)!}Jee(l+k-1,x) + \lambda_1 \frac{(l+k)!}{(l-1)!}Jee(l+k,x) \tag{3-2-82b}$$

对方程（3-2-81）求 Fourier 投影，得到

$$\sum_{|n| \leqslant N} D(n) R(n,n_0) = \sum_{l=1}^{3} d(l) S(l,n_0) \tag{3-2-83}$$

这里

$$
\begin{aligned}
R(n,n_0) &= F^{-1}\left\langle GR(n,x)\right\rangle_{n_0-n} \\
&= \mu_0 \Pi_0(0,n_0-n) + \left[(\mathrm{i}\alpha_n)^2 + \mu_1\right]\Pi_0(1,n_0-n) \quad (\text{3-2-84a}) \\
&\quad + (\mathrm{i}\alpha_n)\left[\lambda_0 \Pi_0(k,n_0-n) + \lambda_1 \Pi_0(k+1,n_0-n)\right]
\end{aligned}
$$

$$
\begin{aligned}
S(l,n_0) &= -F^{-1}\left\langle GS(l,x)\right\rangle_{n_0} \\
&= -\left\{
\begin{aligned}
&(l-1)\Pi_0(l-1,n_0) + \mu_0\Pi_0(l,n_0) + \mu_1(l+1)\Pi_0(l+1,n_0) \\
&+ \lambda_0 \frac{(l+k-1)!}{(l-1)!}\Pi_0(l+k-1,n_0) + \lambda_1\frac{(l+k)!}{(l-1)!}\Pi_0(l+k,n_0)
\end{aligned}
\right\}
\end{aligned}
$$

$$(\text{3-2-84b})$$

由方程（3-2-83）可解出

$$
D(n) = \sum_{l=1}^{3} d(l)De(n,l) \tag{3-2-85}
$$

这里 $De(n,l)$ 是如下方程的解：

$$
\sum_{|n|\leqslant N} De(n,l)R(n,n_0) = S(l,n_0) \tag{3-2-86}
$$

将解式（3-2-85）代入展开式（3-2-80）得到

$$
V^{(k)}(x) = \sum_{l=1}^{3} d(l)Z(k,l,x) \tag{3-2-87a}
$$

其中

$$
Z(k,l,x) = \sum_{|n|\leqslant N}(\mathrm{i}\alpha_n)^k Be(l,n)\exp\{\mathrm{i}\sigma_n x\} + Jee(l-k,x) \tag{3-2-87b}
$$

方程（3-2-79）应满足相容性条件

$$
\begin{aligned}
L\{V(x)\}\big|_0^{x_0} &= x_0 V''(x_0) + (\lambda_0 + \lambda_1 x_0)x_0^k V'(x_0) \\
&\quad + (\mu_0 + \mu_1 x_0)V(x_0) - \mu_0 V(0) = 0
\end{aligned} \tag{3-2-88a}
$$

和约束条件（见附录 A）

$$
\begin{aligned}
L'\{V(x)\}_{x=0} &\equiv V''(0) + \left[\lambda_0\delta(k-1) + \mu_0\right]V'(0) \\
&\quad + \mu_1 V(0) = 0
\end{aligned} \tag{3-2-88b}
$$

利用解式（3-2-87）得到确定 $d(l)$ 的方程

$$
\sum_{l=1}^{2} d(l)\beta(l,l_0) = -d(3)\beta(3,l_0), \quad l_0 = 1,2 \tag{3-2-89}
$$

这里

$$\beta(l,1) = x_0 Z(2,l,x_0) + (\lambda_0 + \lambda_1 x_0) x_0^k Z(1,l,x_0) \tag{3-2-90a}$$
$$+ (\mu_0 + \mu_1 x_0) Z(0,l,x_0) - \mu_0 Z(0,l,0)$$

$$\beta(l,2) = Z(2,l,0) + [\lambda_0 \delta(k-1) + \mu_0] Z(1,l,0) \tag{3-2-90b}$$
$$+ \mu_1 Z(0,l,0)$$

由方程（3-2-89）可解出

$$d(l) = d_0 \gamma(l), \quad l = 1,2 \tag{3-2-91}$$

从而改写解式（3-2-87）为如下形式：

$$V^{(k)}(x) = d_0 \Pi(k,x)$$
$$\Pi(k,x) = \sum_{l=1}^{3} \gamma(l) Z(k,l,x) \tag{3-2-92}$$

附录

方程（3-2-79）

$$L\{V(x)\} \equiv xV''(x) + [\lambda_0 + \lambda_1 x] x^k V'(x)$$
$$+ [\mu_0 + \mu_1 x] V(x) = 0$$

虽然不满足 1-阶导数项系数非零条件（因为 $k \geqslant 1$），但 2-阶导数项系数是线性函数，所以如下约束方程（3-2-88b）：

$$L'\{V(x)\}_{x=0} \equiv V''(0) + [\lambda_0 \delta(k-1) + \mu_0] V'(0) + \mu_1 V(0) = 0$$

对解的 2-阶导数有约束作用，因而仍能得到非奇异解。

3.3 2-阶奇点邻域内方程的奇异解

2-阶奇点的方程的简化形式为

$$x^2 y''(x) + (\lambda_0 + \lambda_1 x) x^k y'(x) + (\mu_0 + \mu_1 x) y(x) = 0 \tag{3-3-1}$$

这里 $\lambda_0 \neq 0, \mu_0 \neq 0$。这里所谓简化形式是将方程各项的变系数写为有限阶的幂函数。

1. $k = 0$ 时

$k = 0$ 时，方程写为如下形式：

$$x^2 y''(x) + (\lambda_0 + \lambda_1 x) y'(x) + (\mu_0 + \mu_1 x) y(x) = 0 \tag{3-3-2}$$

由于方程的 1-阶导数项的系数满足非零条件

$$\left(\lambda_0 + \lambda_1 x\right)\big|_{x=0} = \lambda_0 \neq 0 \tag{3-3-3}$$

所以该方程存在一个正则解,因而这里只求另一个奇异解,它是非正则奇异解。

1)为求解方程(3-3-2),取如下分解式(据引理 3):

$$\begin{cases} y(x) = R(x)V(x) \\ R(x) = \exp\{Q(x)\} \end{cases} \tag{3-3-4}$$

将该分解式代入方程(3-3-2)得到

$$x^2 V'' + p_1(x)V' + p_2(x)V = 0 \tag{3-3-5}$$

这里

$$\begin{cases} p_1(x) = 2x^2 \dfrac{R'}{R} + \left(\lambda_0 + \lambda_1 x\right) \\ p_2(x) = x^2 \dfrac{R''}{R} + \left(\lambda_0 + \lambda_1 x\right)\dfrac{R'}{R} + \mu_0 + \mu_1 x \end{cases} \tag{3-3-6}$$

取函数 $Q(x)$ 为如下形式:

$$Q(x) = \sigma x^{-1} \tag{3-3-7}$$

于是有

$$\begin{cases} \dfrac{R'}{R} = Q' = -\sigma x^{-2} \\ \dfrac{R''}{R} = Q'' + Q'^2 = 2\sigma x^{-3} + \sigma^2 x^{-4} \end{cases} \tag{3-3-8}$$

代入(3-3-6)式,得到

$$\begin{aligned} p_1(x) &= \left(\lambda_0 - 2\sigma\right) + \lambda_1 x \\ p_2(x) &= \mu_0 + \mu_1 x + \sigma\left(2 - \lambda_1\right)x^{-1} + \sigma\left(\sigma - \lambda_0\right)x^{-2} \end{aligned} \tag{3-3-9}$$

消除其中 x^{-2} 阶的奇异性,得到

$$\sigma\left(\sigma - \lambda_0\right) = 0 \tag{3-3-10a}$$

(只考虑奇异解)定出

$$\sigma = \lambda_0 \tag{3-3-10b}$$

于是方程(3-3-5)改写为如下形式:

$$x^3 V'' + \left(-\lambda_0 + \lambda_1 x\right)x V' + \left[\lambda_0\left(2 - \lambda_1\right) + \mu_0 x + \mu_1 x^2\right]V = 0 \tag{3-3-11}$$

2)为求解方程(3-3-11),据引理 3 进一步取

$$V(x) = x^\rho U(x), \quad U(0) \neq 0 \tag{3-3-12}$$

代入方程(3-3-11),得到

$$x^3 U'' + \left[-\lambda_0 + (2\rho + \lambda_1)x \right] x U'$$
$$+ \left[\rho(\rho-1)x + \rho(-\lambda_0 + \lambda_1 x) + \lambda_0(2-\lambda_1) + \mu_0 x + \mu_1 x^2 \right] U = 0 \qquad (3\text{-}3\text{-}13)$$

令 $x \to 0$，得到指标方程

$$-\rho\lambda_0 + \lambda_0(2-\lambda_1) = 0 \qquad (3\text{-}3\text{-}14\text{a})$$

定出

$$\rho = 2 - \lambda_1 \qquad (3\text{-}3\text{-}14\text{b})$$

方程（3-3-13）化简为如下形式：

$$x^2 U'' + \left[-\lambda_0 + (4-\lambda_1)x \right] U' + (2-\lambda_1 + \mu_0 + \mu_1 x) U = 0 \qquad (3\text{-}3\text{-}15)$$

它有正则解 $U_0(x)$。所以方程（3-3-2）的（非正则）奇异解为

$$y(x) = x^\rho U_0(x) \exp\{\sigma x^{-1}\}$$
$$= x^{2-\lambda_1} U_0(x) \exp\{\lambda_0 x^{-1}\} \qquad (3\text{-}3\text{-}16)$$

2. $k \geqslant 1$ 时

$k \geqslant 1$ 时，方程写为如下形式：

$$x^2 y''(x) + (\lambda_0 + \lambda_1 x) x^k y'(x) + (\mu_0 + \mu_1 x) y(x) = 0 \qquad (3\text{-}3\text{-}17)$$

不难看出方程只有正则奇异解，为此取

$$y(x) = x^\rho U(x), \quad U(0) \neq 0 \qquad (3\text{-}3\text{-}18)$$

代入方程，得到

$$x^2 \left[U'' + 2\rho x^{-1} U' + \rho(\rho-1)x^{-2} U \right]$$
$$+ (\lambda_0 + \lambda_1 x) x^k (U' + \rho x^{-1} U) + (\mu_0 + \mu_1 x) U = 0 \qquad (3\text{-}3\text{-}19\text{a})$$

或进而有

$$x^2 U'' + \left[2\rho + (\lambda_0 + \lambda_1 x) x^{k-1} \right] x U'$$
$$+ \left[\rho(\rho-1) + \rho(\lambda_0 + \lambda_1 x) x^{k-1} + \mu_0 + \mu_1 x \right] U = 0 \qquad (3\text{-}3\text{-}19\text{b})$$

令 $x \to 0$，得到指标方程

$$\begin{cases} \rho(\rho-1) + \rho\lambda_0 + \mu_0 = 0, & k = 1 \\ \rho(\rho-1) + \mu_0 = 0, & k \geqslant 2 \end{cases} \qquad (3\text{-}3\text{-}20)$$

定出

$$\rho_j = \begin{cases} \dfrac{1}{2}\left[(1-\lambda_0) \pm \varDelta_1 \right], & k = 1 \\ \dfrac{1}{2}(1 \pm \varDelta_2), & k \geqslant 2 \end{cases} \quad (j = 1, 2) \qquad (3\text{-}3\text{-}21\text{a})$$

$$\varDelta_1 = \sqrt{\left(1-\lambda_0\right)^2 - 4\mu_0}, \quad \varDelta_2 = \sqrt{1-4\mu_0} \qquad （3\text{-}3\text{-}21\text{b}）$$

（以下将不考虑重根情况，即 $\varDelta_1 \neq 0, \varDelta_2 \neq 0$。）

方程（3-3-19）进一步简化为如下形式：

当 $k=1$ 时

$$xU'' + \left(2\rho + \lambda_0 + \lambda_1 x\right)U' + \left(\rho\lambda_1 + \mu_1\right)U = 0 \qquad （3\text{-}3\text{-}22\text{a}）$$

此时 $2\rho + \lambda_0 = 1 \pm \varDelta_1$。

当 $k \geqslant 2$ 时

$$xU'' + \left[2\rho + (\lambda_0 + \lambda_1 x)x^{k-1}\right]U' + \left[\rho(\lambda_0 + \lambda_1 x)x^{k-2} + \mu_1\right]U = 0 \qquad （3\text{-}3\text{-}22\text{b}）$$

此时 $2\rho = 1 \pm \varDelta_2$。

据本章 3.1 节和 3.2 节的讨论，从方程（3-3-22a,b）都可解出非奇异解。

3.4　3-阶奇点邻域内方程的奇异解

［注释：引理 6（奇异阶次 m 确定原则）的引进］

3-阶奇点方程的简化形式为

$$x^3 y''(x) + (\lambda_0 + \lambda_1 x)x^k y'(x) + (\mu_0 + \mu_1 x)y(x) = 0 \qquad （3\text{-}4\text{-}1）$$
$$\lambda_0 \neq 0, \mu_0 \neq 0, k \geqslant 0$$

1. $k=0$ 时

3-阶奇点的方程取为如下形式：

$$x^3 y''(x) + (\lambda_0 + \lambda_1 x)y'(x) + (\mu_0 + \mu_1 x)y(x) = 0, \quad \lambda_0 \neq 0, \mu_0 \neq 0 \qquad （3\text{-}4\text{-}2）$$

据引理 3，很明显 $x=0$ 为非正则奇点。由于 $\lambda_0 \neq 0$，从该方程可直接得到一个非奇异解，现只求另一个非正则奇异解。

1）取如下分解式：

$$\begin{cases} y(x) = R(x)V(x) \\ R(x) = \exp\{Q(x)\} \end{cases} \qquad （3\text{-}4\text{-}3）$$

将该分解式代入方程（3-4-2）得到

$$x^3 V'' + p_1(x)V' + p_2(x)V = 0 \qquad （3\text{-}4\text{-}4）$$

这里

$$\begin{cases} p_1(x) = 2x^3 \dfrac{R'}{R} + (\lambda_0 + \lambda_1 x) \\[2mm] p_2(x) = x^3 \dfrac{R''}{R} + (\lambda_0 + \lambda_1 x)\dfrac{R'}{R} + \mu_0 + \mu_1 x \end{cases} \quad (3\text{-}4\text{-}5)$$

其中

$$\begin{cases} \dfrac{R'}{R} = Q' \\[2mm] \dfrac{R''}{R} = Q'' + Q'^2 \end{cases} \quad (3\text{-}4\text{-}6)$$

取函数 $Q(x)$ 为如下形式（见附录 A-1）:

$$Q(x) = \sigma_1 x^{-1} + \sigma_2 x^{-2} \quad (3\text{-}4\text{-}7)$$

于是

$$\begin{aligned} Q' &= -\sigma_1 x^{-2} - 2\sigma_2 x^{-3} \\ Q'' &= 2\sigma_1 x^{-3} + 6\sigma_2 x^{-4} \\ Q'^2 &= \sigma_1^2 x^{-4} + 4\sigma_1\sigma_2 x^{-5} + 4\sigma_2^2 x^{-6} \end{aligned} \quad (3\text{-}4\text{-}8)$$

进而得到

$$\begin{aligned} \frac{R'}{R} &= Q' = -\sigma_1 x^{-2} - 2\sigma_2 x^{-3} \\ \frac{R''}{R} &= Q'' + Q'^2 = 2\sigma_1 x^{-3} + (\sigma_1^2 + 6\sigma_2) x^{-4} \\ &\qquad + 4\sigma_1\sigma_2 x^{-5} + 4\sigma_2^2 x^{-6} \end{aligned} \quad (3\text{-}4\text{-}9)$$

代入（3-4-5）式得到

$$\begin{aligned} p_1(x) &= (\lambda_0 - 4\sigma_2) + (\lambda_1 - 2\sigma_1)x \\ p_2(x) &= \mu_1 x + (2\sigma_1 + \mu_0) + (\sigma_1^2 + 6\sigma_2 - \lambda_1\sigma_1)x^{-1} \\ &\quad + (4\sigma_1\sigma_2 - \lambda_0\sigma_1 - 2\lambda_1\sigma_2)x^{-2} + (4\sigma_2^2 - 2\lambda_0\sigma_2)x^{-3} \end{aligned} \quad (3\text{-}4\text{-}10)$$

消除 $p_2(x)$ 式中 x^{-2} 和 x^{-3} 阶的奇异性，得到

$$\begin{aligned} 4\sigma_2^2 - 2\lambda_0\sigma_2 &= 0 \\ 4\sigma_1\sigma_2 - \lambda_0\sigma_1 - 2\lambda_1\sigma_2 &= 0 \end{aligned} \quad (3\text{-}4\text{-}11)$$

定出非零解

$$\begin{cases} \sigma_1 = \lambda_1 \\ \sigma_2 = \lambda_0 / 2 \end{cases} \quad (3\text{-}4\text{-}12)$$

于是

$$p_1(x) = -(\lambda_0 + \lambda_1 x)$$
$$p_2(x) = 3\lambda_0 x^{-1} + (2\lambda_1 + \mu_0) + \mu_1 x \tag{3-4-13}$$

方程（3-3-4）改写为如下形式：

$$x^4 V'' - (\lambda_0 + \lambda_1 x)x V'$$
$$+ [3\lambda_0 + (2\lambda_1 + \mu_0)x + \mu_1 x^2]V = 0 \tag{3-4-14}$$

2）为求解方程（3-4-14），再取

$$V(x) = x^\rho U(x), \quad U(0) \neq 0 \tag{3-4-15}$$

代入方程（3-4-14）得到

$$x^4 U'' + [2\rho x^3 - (\lambda_0 + \lambda_1 x)x]U'$$
$$+ [\rho(\rho-1)x^2 - \rho(\lambda_0 + \lambda_1 x) + 3\lambda_0 + (2\lambda_1 + \mu_0)x + \mu_1 x^2]U = 0 \tag{3-4-16}$$

令 $x \to 0$，得到

$$\rho = 3 \tag{3-4-17}$$

方程（3-4-14）化简为如下形式：

$$x^3 U'' + (-\lambda_0 - \lambda_1 x + 6x^2)U'$$
$$+ [(-\lambda_1 + \mu_0) + (6 + \mu_1)x]U = 0 \tag{3-4-18}$$

由于 1-阶导数项系数满足非零条件：

$$(-\lambda_0 - \lambda_1 x + 6x^2)\Big|_{x=0} = -\lambda_0 \neq 0 \tag{3-4-19}$$

所以由方程（3-4-18）可得到非奇异解 $U(x)$，于是方程（3-4-2）的非正则奇异解为

$$y(x) = x^3 U(x)\exp\left\{\lambda_1 x^{-1} + \frac{\lambda_0}{2}x^{-2}\right\} \tag{3-4-20}$$

2. $k = 1$ 时

3-阶奇点的方程取为如下形式：

$$x^3 y''(x) + (\lambda_0 + \lambda_1 x)x y'(x) + (\mu_0 + \mu_1 x)y(x) = 0, \quad \lambda_0 \neq 0; \mu_0 \neq 0 \tag{3-4-21}$$

很明显 $x = 0$ 为非正则奇点，取

$$y(x) = R(x)V(x) \tag{3-4-22}$$

代入方程（3-4-21）得到

$$x^3 V''(x) + p_1(x)x V'(x) + p_2(x)V(x) = 0 \tag{3-4-23}$$

这里

$$p_1(x) = 2x^3 \frac{R'}{R} + (\lambda_0 + \lambda_1 x)x$$

$$p_2(x) = x^3 \frac{R''}{R} + (\lambda_0 + \lambda_1 x)x\frac{R'}{R} + (\mu_0 + \mu_1 x)$$

（3-4-24）

1）取（见附录 A-2）

$$R(x) = \exp\{Q(x)\}$$

$$Q(x) = \sigma x^{-1}$$

（3-4-25）

那么

$$\frac{R'}{R} = Q' = -\sigma x^{-2}$$

$$\frac{R''}{R} = Q'' + Q'^2 = 2\sigma x^{-3} + \sigma^2 x^{-4}$$

（3-4-26）

代入（3-4-24）式得到

$$p_1(x) = (\lambda_0 - 2\sigma)x + \lambda_1 x^2$$

$$p_2(x) = (\sigma^2 - \sigma\lambda_0)x^{-1} + \sigma(2 - \lambda_1) + \mu_0 + \mu_1 x$$

（3-4-27）

消除式中的 x^{-1} 阶奇异项，得到指标方程

$$\sigma(\sigma - \lambda_0) = 0$$

（3-4-28a）

定出

$$\sigma_j = \begin{cases} \lambda_0, & j = 1 \\ 0, & j = 2 \end{cases}$$

（3-4-28b）

方程（3-4-23）简化为如下形式：

$$x^3 V''(x) + \left[(\lambda_0 - 2\sigma_j) + \lambda_1 x\right]xV'(x)$$

$$+ \left[\sigma_j(2 - \lambda_1) + \mu_0 + \mu_1 x\right]V(x) = 0$$

（3-4-29）

2）为求解方程（3-4-29），再取

$$V(x) = x^\rho U(x), \quad U(0) \neq 0$$

（3-4-30）

代入方程（3-4-29）得到

$$x^3 U'' + \left[(\lambda_0 - 2\sigma_j) + (2\rho + \lambda_1)x\right]xU'$$

$$+ \left[\rho(\rho - 1)x + \rho\left[(\lambda_0 - 2\sigma_j) + \lambda_1 x\right] + \sigma_j(2 - \lambda_1) + \mu_0 + \mu_1 x\right]U = 0$$

（3-4-31）

令 $x \to 0$，得到指标方程

$$\rho\left(\lambda_0 - 2\sigma_j\right) + \sigma_j\left(2 - \lambda_1\right) + \mu_0 = 0 \qquad (3\text{-}4\text{-}32)$$

可解出（这里 $\sigma_1 = \lambda_0$，$\sigma_2 = 0$）

$$\begin{aligned} \rho_1 &= 2 - \lambda_1 + \mu_0 / \lambda_0 \\ \rho_2 &= -\mu_0 / \lambda_0 \end{aligned} \qquad (3\text{-}4\text{-}33)$$

方程（3-4-31）进一步化简为

$$x^2 U'' + q_1(x, j) U' + q_2(x, j) U = 0 \qquad (3\text{-}4\text{-}34)$$

其中

$$\begin{aligned} q_1(x, j) &= \left(\lambda_0 - 2\sigma_j\right) + \left(2\rho_j + \lambda_1\right)x \\ q_2(x, j) &= \rho_j\left(\rho_j - 1\right) + \rho_j \lambda_1 + \mu_1 \end{aligned} \qquad (3\text{-}4\text{-}35)$$

由于 $q_1(x, j)\big|_{x=0} = \left(\lambda_0 - 2\sigma_j\right) \neq 0$，所以由方程（3-4-34）可解出非奇异解

$$U(x) = U_0(x, j), \quad j = 1, 2 \qquad (3\text{-}4\text{-}36)$$

于是方程（3-4-21）的解写为如下形式：

$$\begin{aligned} y_1(x) &= x^{\rho_1} U_0(x, 1) \exp\left\{\lambda_0 x^{-1}\right\} \\ y_2(x) &= x^{\rho_2} U_0(x, 2) \end{aligned} \qquad (3\text{-}4\text{-}37)$$

这里 ρ_j 由（3-4-33）式给出。

3. $k = 2$ 时

3-阶奇点的方程取为如下形式：

$$x^3 y''(x) + \left(\lambda_0 + \lambda_1 x\right)x^2 y'(x) + \left(\mu_0 + \mu_1 x\right)y(x) = 0, \quad \lambda_0 \neq 0; \mu_0 \neq 0 \qquad (3\text{-}4\text{-}38)$$

很明显 $x = 0$ 为非正则奇点。

1）引进坐标变换（见附录 A-3）

$$x = \eta^2, \quad \eta(x) = x^{1/2} \qquad (3\text{-}4\text{-}39\text{a})$$

进而有

$$\begin{aligned} \eta'(x) &= \frac{1}{2}x^{-1/2} = \frac{1}{2}\eta^{-1} \\ \eta''(x) &= -\frac{1}{2}\eta^{-2}\eta' = -\frac{1}{2}\eta^{-2}\left(\frac{1}{2}\eta^{-1}\right) = -\frac{1}{4}\eta^{-3} \end{aligned} \qquad (3\text{-}4\text{-}39\text{b})$$

于是

$$y(x) = y(\eta^2) \equiv Y(\eta)$$

$$y'(x) = Y'\eta' = \frac{1}{2}\eta^{-1}Y' \qquad (3\text{-}4\text{-}40)$$

$$y''(x) = Y''\eta'^2 + Y'\eta'' = \frac{1}{4}\eta^{-2}Y'' - \frac{1}{4}\eta^{-3}Y'$$

代入方程（3-4-38）得到

$$\eta^4 Y'' + \left[-1 + 2(\lambda_0 + \lambda_1\eta^2) \right]\eta^3 Y' + 4(\mu_0 + \mu_1\eta^2)Y = 0 \qquad (3\text{-}4\text{-}41)$$

2）为求解该方程，取如下分解式

$$Y(\eta) = R(\eta)V(\eta) \qquad (3\text{-}4\text{-}42)$$

代入方程（3-4-41）得到

$$\eta^4 V''(\eta) + p_1(\eta)V'(\eta) + p_2(\eta)V(\eta) = 0 \qquad (3\text{-}4\text{-}43)$$

这里

$$p_1(\eta) = 2\eta^4 \frac{R'}{R} + \left[-1 + 2(\lambda_0 + \lambda_1\eta^2) \right]\eta^3$$

$$p_2(\eta) = \left\{ \eta^4 \frac{R''}{R} + \left[-1 + 2(\lambda_0 + \lambda_1\eta^2) \right]\eta^3 \frac{R'}{R} + 4(\mu_0 + \mu_1\eta^2) \right\} \qquad (3\text{-}4\text{-}44)$$

取（见附录 A-3）

$$R(\eta) = \exp\{Q(\eta)\}$$

$$Q(x) = \sigma\eta^{-1} \qquad (3\text{-}4\text{-}45)$$

于是有

$$\frac{R'}{R} = Q' = -\sigma\eta^{-2}$$

$$\frac{R''}{R} = Q'' + Q'^2 = 2\sigma\eta^{-3} + \sigma^2\eta^{-4} \qquad (3\text{-}4\text{-}46)$$

代入（3-4-44）式得到

$$p_1(\eta) = -2\sigma\eta^2 + \left[-1 + 2(\lambda_0 + \lambda_1\eta^2) \right]\eta^3$$

$$p_2(\eta) = (\sigma^2 + 4\mu_0) + \sigma(3 - 2\lambda_0)\eta + 4\mu_1\eta^2 - 2\sigma\lambda_1\eta^3 \qquad (3\text{-}4\text{-}47)$$

要求 $p_2(0) = 0$，即

$$\sigma^2 + 4\mu_0 = 0 \qquad (3\text{-}4\text{-}48a)$$

定出

$$\sigma = \sigma_j = \pm 2\sqrt{-\mu_0}, \quad j = 1, 2 \qquad (3\text{-}4\text{-}48b)$$

方程（3-4-43）化简为如下形式：

$$\eta^3 V''(\eta, j) + pp_1(\eta, j)\eta V'(\eta, j) + pp_2(\eta, j)V(\eta, j) = 0 \qquad (3\text{-}4\text{-}49)$$

这里

$$pp_1(\eta,j) = -2\sigma(j) + \left[-1 + 2\left(\lambda_0 + \lambda_1\eta^2\right)\right]\eta$$
$$= p_{10}(j) + p_{11}(j)\eta + p_{13}(j)\eta^3$$
$$pp_2(\eta,j) = \sigma(j)(3 - 2\lambda_0) + 4\mu_1\eta - 2\sigma\lambda_1\eta^2$$
$$= p_{20}(j) + p_{21}(j)\eta + p_{22}(j)\eta^2 \qquad (3\text{-}4\text{-}50a)$$

其中

$$p_{10}(j) = -2\sigma(j), \quad p_{11}(j) = 2\lambda_0 - 1, \quad p_{13}(j) = 2\lambda_1$$
$$p_{20}(j) = \sigma(j)(3 - 2\lambda_0), \quad p_{21}(j) = 4\mu_1, \quad p_{22}(j) = -2\lambda_1\sigma(j) \qquad (3\text{-}4\text{-}50b)$$

3）为求解方程（3-4-49），取

$$V(\eta,j) = \eta^\rho U(\eta,j), \quad U(0,j) \neq 0 \qquad (3\text{-}4\text{-}51)$$

代入方程（3-4-49）得到

$$\eta^3 U'' + \left[2\rho\eta^2 + pp_1(\eta,j)\eta\right]U'$$
$$+\left[\rho(\rho-1)\eta + \rho pp_1(\eta,j) + pp_2(\eta,j)\right]U = 0 \qquad (3\text{-}4\text{-}52)$$

令 $\eta \to 0$ 得到指标方程

$$\rho p_{10}(j) + p_{20}(j) = 0 \qquad (3\text{-}4\text{-}53a)$$

定出

$$\rho = \rho_0 = -\frac{p_{20}(j)}{p_{10}(j)} = \frac{\sigma(3 - 2\lambda_0)}{2\sigma} = 1.5 - \lambda_0 \qquad (3\text{-}4\text{-}53b)$$

方程（3-4-52）化简为如下形式：

$$\eta^2 U'' + qq_1(\eta,j)U' + qq_2(\eta,j)U = 0 \qquad (3\text{-}4\text{-}54)$$

这里

$$qq_1(\eta,j) = 2\rho_0\eta + p_{10} + p_{11}\eta + p_{13}\eta^3$$
$$= q_{10} + q_{11}\eta + q_{13}\eta^3$$
$$qq_2(\eta,j) = \rho_0(\rho_0 - 1) + \rho_0(p_{11} + p_{13}\eta^2) + (p_{21} + p_{22}\eta)$$
$$= q_{20} + q_{21}\eta + q_{22}\eta^2 \qquad (3\text{-}4\text{-}55)$$

其中

$$q_{10}(j) = p_{10}(j), \quad q_{11}(j) = 2\rho_0 + p_{11}(j),$$
$$q_{12}(j) = 0, \quad q_{13}(j) = p_{13}(j),$$
$$q_{20}(j) = \rho_0(\rho_0 - 1) + \rho_0 p_{11}(j) + p_{21}(j),$$
$$q_{21}(j) = p_{22}(j), \quad q_{22}(j) = \rho_0 p_{13}(j) \qquad (3\text{-}4\text{-}56)$$

注意到

$$qq_1(0,j) = q_{10}(j) = p_{10}(j) = -2\sigma(j) \neq 0 \qquad (3\text{-}4\text{-}57)$$

所以方程（3-4-54）存在非奇异解

$$U = U_0(\eta, j), \quad j = 1, 2 \qquad (3\text{-}4\text{-}58)$$

于是方程（3-4-41）的两个非正则奇异解为如下形式：

$$\begin{aligned}
Y_1(\eta) &= \eta^{\rho_0} \exp\{\sigma_1 \eta^{-1}\} U_0(\eta, 1) \\
Y_2(\eta) &= \eta^{\rho_0} \exp\{\sigma_2 \eta^{-1}\} U_0(\eta, 2)
\end{aligned} \qquad (3\text{-}4\text{-}59)$$

这里

$$\begin{aligned}
\eta &= \sqrt{x} \\
\sigma_j &= \pm 2\sqrt{-\mu_0} \\
\rho_0 &= 1.5 - \lambda_0
\end{aligned} \qquad (3\text{-}4\text{-}60)$$

4. $k \geqslant 3$ 时

推导过程与 $k = 2$ 部分类似，这里不再赘述。

附录

引理 6　函数 $Q(x) = \sum\limits_{k=1}^{m} \sigma_k x^{-k}$ 中，最高指标 m 数值的确定原则。

由以下几个算例分述如下：

1. 考虑 $k = 0$

据（3-4-5）式有

$$\begin{aligned}
p_2(x) &= x^3 \frac{R''}{R} + (\lambda_0 + \lambda_1 x)\frac{R'}{R} + (\mu_0 + \mu_1 x) \\
&= g_1(x) + g_2(x) + g_3(x)
\end{aligned}$$

其中三项分别被记作如下：

$$g_1(x) = x^3 \frac{R''}{R}, \quad g_2(x) = (\lambda_0 + \lambda_1 x)\frac{R'}{R}, \quad g_3(x) = \mu_0 + \mu_1 x$$

非正则解中奇异因子中包含 $\exp\{Q(x)\}$，其中

$$Q(x) = \sum_{k=1}^{m} \sigma_k x^{-k}, \quad Q'(x) = \sum_{k=1}^{m} -k\sigma_k x^{-k-1}$$

另外

$$\frac{R'}{R} = Q'(x)$$

$$\frac{R''}{R} = Q''(x) + Q'^2(x)$$

引进最高奇异项

$$\left\langle \frac{R'}{R} \right\rangle = \left\langle Q'(x) \right\rangle = x^{-m-1}$$

$$\left\langle \frac{R''}{R} \right\rangle = \left\langle Q''(x) + Q'^2(x) \right\rangle = x^{-2m-2}$$

于是每项的奇异指标为

$$\left\langle g_1(x) \right\rangle = \left\langle x^3 \frac{R''}{R} \right\rangle = x^{-2m+1}$$

$$\left\langle g_2(x) \right\rangle = \left\langle (\lambda_0 + \lambda_1 x) \frac{R'}{R} \right\rangle = x^{-m-1}$$

$$\left\langle g_3(x) \right\rangle = \left\langle \mu_0 + \mu_1 x \right\rangle = x^0$$

第一项分别与第二项、第三项平衡：

$$-2m+1 = -m-1 \rightarrow m = 2$$

$$-2m+1 = 0 \rightarrow m = 0.5$$

取最大的 m 值，所以取 $m = 2$。

2. 考虑 $k = 1$

据（3-4-24）式

$$p_2(x) = x^3 \frac{R''}{R} + (\lambda_0 + \lambda_1 x) x \frac{R'}{R} + (\mu_0 + \mu_1 x)$$

$$\equiv g_1(x) + g_2(x) + g_3(x)$$

那么

$$\left\langle g_1(x) \right\rangle = \left\langle x^3 \frac{R''}{R} \right\rangle = x^{-2m+1}$$

$$\left\langle g_2(x) \right\rangle = \left\langle (\lambda_0 + \lambda_1 x) x \frac{R'}{R} \right\rangle = x^{-m}$$

$$\left\langle g_3(x) \right\rangle = \left\langle \mu_0 + \mu_1 x \right\rangle = x^0$$

第一项分别与第二项、第三项平衡：

$$-2m+1 = -m \rightarrow m = 1$$

$$-2m+1 = 0 \rightarrow m = 0.5$$

取最大的 m 值：

$$m = 1$$

3. 考虑 $k = 2$

如果不引进坐标变换，按前面的做法可得到

$$p_2(x) = x^3 \frac{R''}{R} + (\lambda_0 + \lambda_1 x) x^2 \frac{R'}{R} + (\mu_0 + \mu_1 x)$$

$$\equiv g_1(x) + g_2(x) + g_3(x)$$

那么

$$\langle g_1(x) \rangle = \left\langle x^3 \frac{R''}{R} \right\rangle = x^{-2m+1}$$

$$\langle g_2(x) \rangle = \left\langle (\lambda_0 + \lambda_1 x) x^2 \frac{R'}{R} \right\rangle = x^{-m+1}$$

$$\langle g_3(x) \rangle = \langle \mu_0 + \mu_1 x \rangle = x^0$$

第一项分别与第二项、第三项平衡：

$$-2m + 1 = -m + 1 \rightarrow m = 0$$

$$-2m + 1 = 0 \rightarrow m = 0.5$$

取最大的 m 值：

$$m = 0.5$$

为保持 m 为整数，引进新坐标 η：$\eta^2 = x$，于是

$$x^{-m} = x^{-0.5} = \eta^{-1}$$

所以在新坐标 η 下有 [见（3-4-45）式]

$$Q(\eta) = \sigma \eta^{-1}$$

对 $k > 2$ 的情况，同样的推导，可得到类似的结果。

3.5　4-阶奇点邻域内方程的奇异解

4-阶奇异方程的简化形式为

$$x^4 y''(x) + (\lambda_0 + \lambda_1 x) x^k y'(x) + (\mu_0 + \mu_1 x) y(x) = 0, \quad \lambda_0 \neq 0, \mu_0 \neq 0$$

（3-5-1）

这里 $k \geqslant 0$，很明显 $x = 0$ 为非正则奇点。

1. $k=0$ 时

$k=0$ 时，奇异方程（3-5-1）取为如下形式：

$$x^4 y''(x) + (\lambda_0 + \lambda_1 x) y'(x) + (\mu_0 + \mu_1 x) y(x) = 0 \tag{3-5-2}$$

因为 $\lambda_0 \neq 0$，由该方程可解出一个正则解，所以只需求方程的另一个解，它是非正则奇异解。为此取

$$\begin{cases} y(x) = R(x)V(x) \\ R(x) = \exp\{Q(x)\} \end{cases} \tag{3-5-3}$$

将该分解式代入方程（3-5-2）得到

$$x^4 V'' + p_1(x)V' + p_2(x)V = 0 \tag{3-5-4}$$

这里

$$\begin{cases} p_1(x) = 2x^4 \dfrac{R'}{R} + (\lambda_0 + \lambda_1 x) \\ p_2(x) = x^4 \dfrac{R''}{R} + (\lambda_0 + \lambda_1 x)\dfrac{R'}{R} + \mu_0 + \mu_1 x \end{cases} \tag{3-5-5}$$

据引理 6，取（见附录 A-1）

$$Q(x) = \sigma_2 x^{-2} + \sigma_3 x^{-3} \tag{3-5-6}$$

可以验证 $\sigma_1 = 0$，于是

$$\begin{aligned} Q' &= -2\sigma_2 x^{-3} - 3\sigma_3 x^{-4} \\ Q'' &= 6\sigma_2 x^{-4} + 12\sigma_3 x^{-5} \\ Q'^2 &= 4\sigma_2^2 x^{-6} + 12\sigma_2\sigma_3 x^{-7} + 9\sigma_3^2 x^{-8} \end{aligned} \tag{3-5-7}$$

进而得到

$$\frac{R'}{R} = Q' = -2\sigma_2 x^{-3} - 3\sigma_3 x^{-4} \tag{3-5-8a}$$

$$\frac{R''}{R} = Q'' + Q'^2 = 6\sigma_2 x^{-4} + 12\sigma_3 x^{-5} + 4\sigma_2^2 x^{-6} + 12\sigma_2\sigma_3 x^{-7} + 9\sigma_3^2 x^{-8} \tag{3-5-8b}$$

于是有

$$p_1(x) = (\lambda_0 - 6\sigma_3) + (\lambda_1 - 4\sigma_2)x \tag{3-5-9a}$$

和

$$\begin{aligned} p_2(x) = {}& \mu_1 x + (6\sigma_2 + \mu_0) + 12\sigma_3 x^{-1} + (4\sigma_2^2 - 2\lambda_1\sigma_2)x^{-2} \\ & + (12\sigma_2\sigma_3 - 2\lambda_0\sigma_2 - 3\lambda_1\sigma_3)x^{-3} + (9\sigma_3^2 - 3\lambda_0\sigma_3)x^{-4} \end{aligned} \tag{3-5-9b}$$

消除 $p_2(x)$ 中 x^{-4} 和 x^{-3} 阶的奇异项，得到

$$9\sigma_3^2 - 3\lambda_0\sigma_3 = 0$$
$$12\sigma_2\sigma_3 - 2\lambda_0\sigma_2 - 3\lambda_1\sigma_3 = 0 \qquad (3\text{-}5\text{-}10)$$

可定出

$$\sigma_3 = \lambda_0 / 3$$
$$\sigma_2 = \lambda_1 / 2 \qquad (3\text{-}5\text{-}11)$$

不难检验 x^{-2} 阶项 $\left(4\sigma_2^2 - 2\lambda_1\sigma_2\right)x^{-2} = 0$，于是改写（3-5-9）式为如下形式：

$$p_1(x) = -\lambda_0 - \lambda_1 x$$
$$p_2(x) = \mu_1 x + (3\lambda_1 + \mu_0) + 4\lambda_0 x^{-1} \qquad (3\text{-}5\text{-}12)$$

于是方程（3-5-4）化简为如下形式：

$$x^5 V'' - (\lambda_0 + \lambda_1 x) x V' + \left[4\lambda_0 + (3\lambda_1 + \mu_0)x + \mu_1 x^2\right]V = 0 \qquad (3\text{-}5\text{-}13)$$

取

$$V(x) = x^\rho U(x), \quad U(0) \neq 0 \qquad (3\text{-}5\text{-}14)$$

代入方程（3-5-13）得到

$$x^5 U'' + \left[2\rho x^4 - (\lambda_0 + \lambda_1 x)x\right]U'$$
$$+ \left[\begin{array}{l} \rho(\rho-1)x^3 - \rho(\lambda_0 + \lambda_1 x) \\ +4\lambda_0 + (3\lambda_1 + \mu_0)x + \mu_1 x^2 \end{array}\right]U = 0 \qquad (3\text{-}5\text{-}15)$$

令 $x \to 0$，得到指标方程

$$\rho = 4$$

方程（3-5-15）化简为如下方程：

$$x^4 U'' + q_1(x)U' + q_2(x)U = 0 \qquad (3\text{-}5\text{-}16)$$

这里

$$q_1(x) = -\lambda_0 - \lambda_1 x + 8x^3$$
$$q_2(x) = (-\lambda_1 + \mu_0) + \mu_1 x + 12x^2 \qquad (3\text{-}5\text{-}17)$$

由于 1-阶导数项的系数满足非零条件：

$$q_1(0) = -\lambda_0 \neq 0 \qquad (3\text{-}5\text{-}18)$$

所以由方程（3-5-16）可得到非奇异解

$$U = U_0(x) \qquad (3\text{-}5\text{-}19)$$

于是得到方程（3-5-2）的非正则奇异解为

$$y(x) = x^4 U_0(x) \exp\left\{\frac{\lambda_1}{2}x^{-2} + \frac{\lambda_0}{3}x^{-3}\right\} \qquad (3\text{-}5\text{-}20)$$

2. $k=1$ 时

$k=1$ 时，奇异方程（3-5-1）取为如下形式：

$$L\{y(x)\} \equiv x^4 y''(x) + (\lambda_0 + \lambda_1 x) x y'(x) + (\mu_0 + \mu_1 x) y(x) = 0, \quad \lambda_0 \neq 0, \mu_0 \neq 0$$

（3-5-21）

很明显 $x=0$ 为非正则奇点，取

$$y(x) = R(x)V(x)$$

（3-5-22）

代入方程（3-5-21）得到

$$x^4 V''(x) + p_1(x) V'(x) + p_2(x) V(x) = 0$$

（3-5-23）

这里

$$p_1(x) = 2x^4 \frac{R'}{R} + (\lambda_0 + \lambda_1 x) x$$

$$p_2(x) = x^4 \frac{R''}{R} + (\lambda_0 + \lambda_1 x) x \frac{R'}{R} + (\mu_0 + \mu_1 x)$$

（3-5-24）

据引理 6，取（见附录 A-2）

$$R(x) = \exp\{Q(x)\}$$

$$Q(x) = \sigma_1 x^{-1} + \sigma_2 x^{-2}$$

（3-5-25）

于是有

$$\frac{R'}{R} = Q' = -\sigma_1 x^{-2} - 2\sigma_2 x^{-3}$$

$$\frac{R''}{R} = Q'' + Q'^2 = 2\sigma_1 x^{-3} + (\sigma_1^2 + 6\sigma_2) x^{-4}$$

$$+ 4\sigma_1 \sigma_2 x^{-5} + 4\sigma_2^2 x^{-6}$$

（3-5-26）

代入（3-5-24）式得到

$$p_1(x) = (\lambda_0 - 4\sigma_2) x + (\lambda_1 - 2\sigma_1) x^2$$

（3-5-27a）

$$p_2(x) = (2\sigma_1 + \mu_1) x + (\sigma_1^2 - \sigma_1 \lambda_1 + 6\sigma_2 + \mu_0)$$

$$+ (4\sigma_1 \sigma_2 - \sigma_1 \lambda_0 - 2\sigma_2 \lambda_1) x^{-1} + (4\sigma_2^2 - 2\lambda_0 \sigma_2) x^{-2}$$

（3-5-27b）

消除 x^{-1} 和 x^{-2} 阶的奇异项，得到指标方程

$$\sigma_2(4\sigma_2 - 2\lambda_0) = 0$$

$$4\sigma_1 \sigma_2 - \sigma_1 \lambda_0 - 2\sigma_2 \lambda_1 = 0$$

（3-5-28a）

可解出

$$\sigma_1(j) = \begin{cases} 0, & j=1 \\ \lambda_1, & j=2 \end{cases}; \quad \sigma_2(j) = \begin{cases} 0, & j=1 \\ \lambda_0/2, & j=2 \end{cases}$$

（3-5-28b）

方程（3-5-23）简化为如下形式：

$$x^4 V''(x) + (p_{10} + p_{11}x)xV'(x) + (p_{20} + p_{21}x)V(x) = 0 \qquad (3\text{-}5\text{-}29)$$

这里

$$p_{10} \equiv p_{10}(j) = \lambda_0 - 4\sigma_2(j)$$
$$p_{11} \equiv p_{11}(j) = \lambda_1 - 2\sigma_1(j) \qquad (3\text{-}5\text{-}30\text{a})$$

$$p_{20} \equiv p_{20}(j) = 6\sigma_2(j) + \mu_0$$
$$p_{21} \equiv p_{21}(j) = 2\sigma_1(j) + \mu_1 \qquad (3\text{-}5\text{-}30\text{b})$$

取

$$V(x, j) = x^\rho U(x, j), \quad U(0, j) \neq 0 \qquad (3\text{-}5\text{-}31)$$

代入方程（3-5-29）得到

$$x^4 U'' + (2\rho x^3 + p_{10}x + p_{11}x^2)U'$$
$$+ \left[\rho(\rho-1)x^2 + \rho(p_{10} + p_{11}x) + p_{20} + p_{21}x \right] U = 0 \qquad (3\text{-}5\text{-}32)$$

令 $x \to 0$，得到指标方程

$$\rho p_{10}(j) + p_{20}(j) = 0 \qquad (3\text{-}5\text{-}33\text{a})$$

定出

$$\rho_j = -p_{20}(j) / p_{10}(j) = \begin{cases} -\mu_0 / \lambda_0, & j = 1 \\ 3 + \mu_0 / \lambda_0, & j = 2 \end{cases} \qquad (3\text{-}5\text{-}33\text{b})$$

方程（3-5-32）进一步化简为

$$x^3 U'' + q_1(x, j)U' + q_2(x, j)U = 0 \qquad (3\text{-}5\text{-}34)$$

这里

$$q_1(x, j) = p_{10}(j) + p_{11}(j)x + 2\rho_j x^2$$
$$q_2(x, j) = \left[\rho_j p_{11}(j) + p_{21}(j) \right] + \rho_j(\rho_j - 1)x \qquad (3\text{-}5\text{-}35)$$

由于

$$q_1(0, j) = p_{10}(j)$$
$$= \lambda_0 - 4\sigma_2(j) = \pm\lambda_0 \neq 0 \qquad (3\text{-}5\text{-}36)$$

所以由方程（3-5-34）可解出非奇异解

$$U = U_0(x, j), \quad j = 1, 2 \qquad (3\text{-}5\text{-}37)$$

方程（3-5-31）的两个奇异解为

$$y_1(x) = x^{\rho_1} U(x, 1)$$
$$y_2(x) = x^{\rho_2} U(x, 2) \exp\left\{ \lambda_1 x^{-1} + \frac{\lambda_0}{2} x^{-2} \right\} \qquad (3\text{-}5\text{-}38\text{a})$$

其中

$$\rho_1 = -\mu_0 / \lambda_0$$
$$\rho_2 = 3 + \mu_0 / \lambda_0 \tag{3-5-38b}$$

3. $k = 2$ 时

$k = 2$ 时，奇异方程（3-5-1）取为如下形式：

$$x^4 y''(x) + (\lambda_0 + \lambda_1 x) x^2 y'(x) + (\mu_0 + \mu_1 x) y(x) = 0, \quad \lambda_0 \neq 0, \mu_0 \neq 0 \tag{3-5-39}$$

很明显 $x = 0$ 为非正则奇点。取

$$y(x) = R(x)V(x) \tag{3-5-40}$$

代入方程（3-5-39）得到

$$x^4 V''(x) + p_1(x)V'(x) + p_2(x)V(x) = 0 \tag{3-5-41}$$

这里

$$p_1(x) = 2x^4 \frac{R'}{R} + (\lambda_0 + \lambda_1 x) x^2$$
$$p_2(x) = x^4 \frac{R''}{R} + (\lambda_0 + \lambda_1 x) x^2 \frac{R'}{R} + (\mu_0 + \mu_1 x) \tag{3-5-42}$$

据引理 6，取（见附录 A-3）

$$R(x) = \exp\{Q(x)\}$$
$$Q(x) = \sigma x^{-1} \tag{3-5-43}$$

于是有

$$\frac{R'}{R} = Q' = -\sigma x^{-2}$$
$$\frac{R''}{R} = Q'' + Q'^2 = 2\sigma x^{-3} + \sigma^2 x^{-4} \tag{3-5-44}$$

代入（3-5-42）式得到

$$p_1(x) = (\lambda_0 - 2\sigma) x^2 + \lambda_1 x^3$$
$$p_2(x) = (\sigma^2 - \lambda_0 \sigma + \mu_0) + [\sigma(2 - \lambda_1) + \mu_1] x \tag{3-5-45}$$

由 $p_2(0) = 0$ 得到

$$\sigma(j) = \frac{1}{2}(\lambda_0 \pm \Delta), \quad j = 1, 2$$
$$\Delta = \sqrt{\lambda_0^2 - 4\mu_0} \tag{3-5-46}$$

1）如果 $\Delta \neq 0$

那么 $\sigma(1) \neq \sigma(2)$，方程（3-5-41）简化为如下形式：

$$x^3 V''(x) + \left[p_{10}(j) + p_{11}x \right] xV'(x) + p_{20}(j)V(x) = 0 \qquad (3\text{-}5\text{-}47)$$

这里

$$\begin{aligned} p_{10}(j) &= \lambda_0 - 2\sigma(j), \quad p_{11} = \lambda_1 \\ p_{20}(j) &= (2 - \lambda_1)\sigma(j) + \mu_1 \end{aligned} \qquad (3\text{-}5\text{-}48)$$

再取

$$V(x,j) = x^\rho U(x,j), \quad U(0,j) \neq 0 \qquad (3\text{-}5\text{-}49)$$

代入方程（3-5-47）得到

$$\begin{aligned} & x^3 U'' + \left[2\rho x^2 + p_{10}(j)x + p_{11}x^2 \right]U' \\ & + \left\{ \rho(\rho-1)x + \rho\left[p_{10}(j) + p_{11}x \right] + p_{20}(j) \right\}U = 0 \end{aligned} \qquad (3\text{-}5\text{-}50)$$

令 $x \to 0$ 得到指标方程

$$\rho p_{10}(j) + p_{20}(j) = 0 \qquad (3\text{-}5\text{-}51\text{a})$$

可定出

$$\rho_j = -p_{20}(j) / p_{10}(j) \qquad (3\text{-}5\text{-}51\text{b})$$

从而将方程（3-5-50）简化为如下形式：

$$x^2 U'' + q_1(x,j)U' + q_2(j)U = 0 \qquad (3\text{-}5\text{-}52)$$

这里

$$\begin{aligned} q_1(x,j) &= p_{10}(j) + (p_{11} + 2\rho_j)x \\ q_2(j) &= \rho_j(\rho_j - 1 + p_{11}) \end{aligned} \qquad (3\text{-}5\text{-}53)$$

由于 1-阶导数项的系数满足非零条件

$$q_1(0,j) = p_{10}(j) = \lambda_0 - 2\sigma = \mp \Delta \neq 0 \qquad (3\text{-}5\text{-}54)$$

所以由方程（3-5-52）可得到非奇异解

$$U = U_0(x,j), \quad j = 1,2 \qquad (3\text{-}5\text{-}55)$$

于是方程（3-5-39）的两个非正则奇异解为

$$y(x,j) = x^{\rho_j} U_0(x,j) \exp\left\{ \sigma(j)x^{-1} \right\}, \quad j = 1,2 \qquad (3\text{-}5\text{-}56)$$

2）如果 $\Delta = 0$（即 $\lambda_0^2 - 4\mu_0 = 0$）

引进坐标变换（见附录 A-3）

$$x = \eta^2, \quad \eta(x) = x^{1/2} \qquad (3\text{-}5\text{-}57)$$

于是

$$\eta'(x) = \frac{1}{2}x^{-1/2} = \frac{1}{2}\eta^{-1}$$

$$\eta''(x) = -\frac{1}{2}\eta^{-2}\eta' = -\frac{1}{2}\eta^{-2}\left(\frac{1}{2}\eta^{-1}\right) = -\frac{1}{4}\eta^{-3}$$
（3-5-58a）

和

$$y(x) = y(\eta^2) \equiv Y(\eta)$$

$$y'(x) = Y'\eta' = \frac{1}{2}\eta^{-1}Y'$$
（3-5-58b）

$$y''(x) = Y''\eta'^2 + Y'\eta'' = \frac{1}{4}\eta^{-2}Y'' - \frac{1}{4}\eta^{-3}Y'$$

代入方程（3-5-39）得到（这里利用了 $4\mu_0 = \lambda_0^2$）

$$\eta^6 Y'' + \left[2\lambda_0 + (2\lambda_1 - 1)\eta^2\right]\eta^3 Y' + \left(\lambda_0^2 + 4\mu_1\eta^2\right)Y = 0$$
（3-5-59）

取

$$\begin{cases} Y(\eta) = R(\eta)V(\eta) \\ R(\eta) = \exp\{Q(\eta)\} \end{cases}$$
（3-5-60）

代入方程（3-5-59）得到

$$\eta^6 V'' + pe_1(\eta)V' + pe_2(\eta)V = 0$$
（3-5-61）

这里

$$pe_1(\eta) = 2\eta^6\frac{R'}{R} + 2\lambda_0\eta^3 + (2\lambda_1 - 1)\eta^5$$

$$pe_2(\eta) = \eta^6\frac{R''}{R} + \left[2\lambda_0 + (2\lambda_1 - 1)\eta^2\right]\eta^3\frac{R'}{R} + \left(\lambda_0^2 + 4\mu_1\eta^2\right)$$
（3-5-62）

据引理 6，取（见附录 A-4）

$$Q(\eta) = \sigma_1\eta^{-1} + \sigma_2\eta^{-2}$$
（3-5-63）

于是

$$\frac{R'}{R} = Q' = -\sigma_1\eta^{-2} - 2\sigma_2\eta^{-3}$$
（3-5-64a）

$$\frac{R''}{R} = Q'' + Q'^2 = \left[2\sigma_1\eta^{-3} + \left(\sigma_1^2 + 6\sigma_2\right)\eta^{-4} + 4\sigma_1\sigma_2\eta^{-5} + 4\sigma_2^2\eta^{-6}\right]$$

（3-5-64b）

改写（3-5-62）式为如下形式：

$$pe_1(\eta) = (2\lambda_0 - 4\sigma_2)\eta^3 - 2\sigma_1\eta^4 + (2\lambda_1 - 1)\eta^5$$
（3-5-65）

和

$$pe_2(\eta) = 4\left(\sigma_2^2 - \lambda_0\sigma_2 + \frac{\lambda_0^2}{4}\right) + 2\sigma_1(2\sigma_2 - \lambda_0)\eta$$
$$+\left[\sigma_1^2 + 6\sigma_2 + 2(1-2\lambda_1)\sigma_2 + 4\mu_1\right]\eta^2 + (3-2\lambda_1)\sigma_1\eta^3 \tag{3-5-66}$$

由 $pe_2(0)=0$,得到指标方程

$$\sigma_2^2 - \lambda_0\sigma_2 + \frac{\lambda_0^2}{4}=0 \tag{3-5-67a}$$

定出

$$\sigma_2=\lambda_0/2 \tag{3-5-67b}$$

由 $pe_2'(0)=0$ 得到

$$pe_2'(0) = 4\sigma_1(\sigma_2 - \lambda_0/2) = 4\sigma_1 \times 0 = 0 \tag{3-5-68}$$

无法定出 σ_1 , 再要求 $pe_2''(0)=0$, 得到

$$pe_2''(0) = 2\left[\sigma_1^2 + 6\sigma_2 + 2(1-2\lambda_1)\sigma_2 + 4\mu_1\right]$$
$$= 2\left[\sigma_1^2 + 2(2-\lambda_1)\lambda_0 + 4\mu_1\right] = 0 \tag{3-5-69a}$$

可定出

$$\sigma_1(j) = \pm\sqrt{2(\lambda_1-2)\lambda_0 - 4\mu_1} \neq 0, \quad j=1,2 \tag{3-5-69b}$$

这里不考虑 $\sigma_1=0$ 的特例, 见附录 B。于是得到

$$pe_1(\eta) = \left[-2\sigma_1(j) + (2\lambda_1-1)\eta\right]\eta^4$$
$$pe_2(\eta) = (3-2\lambda_1)\sigma_1(j)\eta^3 \tag{3-5-70}$$

于是方程（3-5-61）化简为如下形式:

$$\eta^3V'' + \left[q_{10}(j) + q_{11}\eta\right]\eta V' + q_{20}(j)V = 0 \tag{3-5-71}$$

这里

$$q_{10}(j) = -2\sigma_1(j), \quad q_{11} = 2\lambda_1 - 1$$
$$q_{20}(j) = (3-2\lambda_1)\sigma_1(j) \tag{3-5-72}$$

再取

$$V(\eta,j) = \eta^\rho U(\eta,j), \quad U(0,j) \neq 0 \tag{3-5-73}$$

代入方程（3-5-71）得到

$$\eta^3U'' + \left[q_{10} + (q_{11}+2\rho)\eta\right]\eta U'$$
$$+\left\{\left[\rho(\rho-1)+\rho q_{11}\right]\eta + \rho q_{10} + q_{20}\right\}U = 0 \tag{3-5-74}$$

令 $\eta \to 0$,得到指标方程

$$\rho q_{10}(j) + q_{20}(j) = 0 \tag{3-5-75a}$$

定出

$$\rho = -q_{20}(j)/q_{10}(j) = (3 - 2\lambda_1)\sigma_1(j)/2\sigma_1(j)$$
$$= 3/2 - \lambda_1 = \rho_0 \tag{3-5-75b}$$

方程（3-5-74）进一步化简为如下形式：

$$\eta^2 U'' + \left[q_{10}(j) + (q_{11} + 2\rho_0)\eta \right] U' + \left[\rho_0(\rho_0 - 1) + \rho q_{11} \right] U = 0 \tag{3-5-76}$$

由于 1-阶导数满足非零条件

$$\left[q_{10}(j) + (q_{11} + 2\rho_0)\eta \right]_{\eta=0} = q_{10}(j) \neq 0 \tag{3-5-77}$$

所以，由方程（3-5-76）可解出非奇异解

$$U = U_0(\eta, j), \quad j = 1, 2 \tag{3-5-78}$$

于是方程（3-5-59）的非正则奇异解为

$$Y(\eta, j) = \eta^{\rho_0} U(\eta, j) \exp\left\{ \sigma_1(j)\eta^{-1} + \frac{\lambda_0}{2}\eta^{-2} \right\}, \quad j = 1, 2 \tag{3-5-79}$$

这里 ρ_0 和 $\sigma_1(j)$ 由（3-5-75b）、（3-5-69b）式给出。

4. $k = 3$ 时

奇异方程（3-5-1）取为如下形式：

$$x^4 y''(x) + (\lambda_0 + \lambda_1 x) x^3 y'(x) + (\mu_0 + \mu_1 x) y(x) = 0, \quad \lambda_0 \neq 0; \mu_0 \neq 0 \tag{3-5-80}$$

很明显 $x = 0$ 为非正则奇点。

取

$$\begin{cases} y(x) = R(x)V(x) \\ R(x) = \exp\{Q(x)\} \end{cases} \tag{3-5-81}$$

代入方程（3-5-80）得到

$$x^4 V'' + p_1(x, k) V' + p_2(x, k) V = 0 \tag{3-5-82}$$

这里

$$p_1(x, k) = 2x^4 \frac{R'}{R} + (\lambda_0 + \lambda_1 x) x^3$$
$$p_2(x, k) = x^4 \frac{R''}{R} + (\lambda_0 + \lambda_1 x) x^3 \frac{R'}{R} + \mu_0 + \mu_1 x \tag{3-5-83}$$

据引理 6，取（见附录 A-5）

$$Q(x) = \sigma x^{-1} \tag{3-5-84a}$$

于是

$$\begin{cases} \dfrac{R'}{R} = Q' = -\sigma x^{-2} \\ \dfrac{R''}{R} = Q'' + Q'^2 = 2\sigma x^{-3} + \sigma^2 x^{-4} \end{cases} \quad (3\text{-}5\text{-}84\text{b})$$

改写（3-5-83）式得到

$$p_1(x,k) = -2\sigma x^2 + \lambda_0 x^3 + \lambda_1 x^4$$
$$p_2(x,k) = (\sigma^2 + \mu_0) + [\sigma(2-\lambda_0) + \mu_1]x - \sigma\lambda_1 x^2 \quad (3\text{-}5\text{-}85)$$

要求

$$p_2(x,k)\big|_{x\to 0} = \sigma^2 + \mu_0 = 0 \quad (3\text{-}5\text{-}86\text{a})$$

定出

$$\sigma(j) = \pm\sqrt{-\mu_0}, \quad j = 1,2 \quad (3\text{-}5\text{-}86\text{b})$$

于是方程（3-5-82）简化为如下形式：

$$x^3 V'' + pp_1(x,j)xV' + pp_2(x,j)V = 0 \quad (3\text{-}5\text{-}87)$$

这里

$$pp_1(x,j) = -2\sigma(j) + \lambda_0 x + \lambda_1 x^2$$
$$\equiv p_{10}(j) + p_{11}x + p_{12}x^2$$
$$pp_2(x,j) = [\sigma(j)(2-\lambda_0) + \mu_1] - \sigma(j)\lambda_1 x \quad (3\text{-}5\text{-}88\text{a})$$
$$\equiv p_{20}(j) + p_{21}(j)x$$

其中

$$p_{10}(j) = -2\sigma(j), \quad p_{11} = \lambda_0, \quad p_{12} = \lambda_1$$
$$p_{20}(j) = \sigma(j)(2-\lambda_0) + \mu_1, \quad p_{21}(j) = -\sigma(j)\lambda_1 \quad (3\text{-}5\text{-}88\text{b})$$

再取

$$V(x,j) = x^\rho U(x,j), \quad U(0,j) \neq 0 \quad (3\text{-}5\text{-}89)$$

代入方程（3-5-87）得到

$$x^3 U'' + [2\rho x + pp_1(\eta,j)]xU'$$
$$+ [\rho(\rho-1)x + \rho \cdot pp_1(\eta,j) + pp_2(\eta,j)]U = 0 \quad (3\text{-}5\text{-}90)$$

令 $x \to 0$ 得到指标方程

$$\rho \cdot p_{10}(j) + p_{20}(j) = 0 \quad (3\text{-}5\text{-}91\text{a})$$

可定出

$$\rho = -p_{20}(j)/p_{10}(j) = 1 - \lambda_0/2 = \rho_0 \quad (3\text{-}5\text{-}91\text{b})$$

从而将方程（3-5-90）简化为如下形式：

$$x^2U'' + qq_1(x,j)U' + qq_2(x,j)U = 0 \qquad (3\text{-}5\text{-}92\text{a})$$

这里

$$
\begin{aligned}
qq_1(x,j) &= pp_1(\eta,j) + 2\rho_0 x_0 \\
qq_2(x,j) &= \rho_0(\rho_0 - 1) + \rho_0[p_{11} + p_{12}\eta] + p_{21}(j)
\end{aligned}
\qquad (3\text{-}5\text{-}92\text{b})
$$

由于 1-阶导数项系数的非零性：

$$qq_1(0,j) = pp_1(0,j) = p_{10}(j) = -2\sigma(j) \neq 0 \qquad (3\text{-}5\text{-}93)$$

所以由方程（3-5-92a）可解出非奇异解

$$U = U_0(x,j)\ , \quad j = 1,2 \qquad (3\text{-}5\text{-}94)$$

于是方程（3-5-80）的非正则奇异解为

$$y(x,j) = x^{\rho_0}U(x,j)\exp\left\{\sigma(j)x^{-1}\right\}, \quad j = 1,2 \qquad (3\text{-}5\text{-}95)$$

这里 ρ_0 和 $\sigma(j)$ 由（3-5-91b）、（3-5-86b）式给出。

5. $k \geqslant 4$ 时

推导过程与 $k = 3$ 部分类似，这里不再赘述。

附录 A

取

$$Q = \sum_{k=1}^{m} \sigma_k x^{-k}\ , \quad \langle Q \rangle = x^{-m}$$

1.（3-5-5）式写为如下形式

$$p_2(x) = x^4\frac{R''}{R} + (\lambda_0 + \lambda_1 x)\frac{R'}{R} + (\mu_0 + \mu_1 x)$$

于是，据引理 6

$$\left\langle x^4\frac{R''}{R} \right\rangle = x^{-2m+2}, \quad \left\langle (\lambda_0 + \lambda_1 x)\frac{R'}{R} \right\rangle = x^{-m-1}, \quad \left\langle (\mu_0 + \mu_1 x) \right\rangle = x^0$$

第一项与第二项对比：$-2m + 2 = -m - 1 \to m = 3$

第一项与第三项对比：$-2m + 2 = 0 \to m = 1$

取最大的值：$m = 3$

2.（3-5-24）式写为如下形式

$$p_2(x) = x^4\frac{R''}{R} + (\lambda_0 + \lambda_1 x)x\frac{R'}{R} + (\mu_0 + \mu_1 x)$$

于是

$$\left\langle x^4 \frac{R''}{R} \right\rangle = x^{-2m+2}, \quad \left\langle (\lambda_0 + \lambda_1 x) x \frac{R'}{R} \right\rangle = x^{-m}, \quad \left\langle (\mu_0 + \mu_1 x) \right\rangle = x^0$$

第一项与第二项对比：$-2m + 2 = -m \rightarrow m = 2$

第一项与第三项对比：$-2m + 2 = 0 \rightarrow m = 1$

取最大的值：$m = 2$

3.（3-5-42）式写为如下形式

$$p_2(x) = x^4 \frac{R''}{R} + (\lambda_0 + \lambda_1 x) x^2 \frac{R'}{R} + (\mu_0 + \mu_1 x)$$

于是

$$\left\langle x^4 \frac{R''}{R} \right\rangle = x^{-2m+2}, \quad \left\langle (\lambda_0 + \lambda_1 x) x^2 \frac{R'}{R} \right\rangle = x^{-m+1}, \quad \left\langle (\mu_0 + \mu_1 x) \right\rangle = x^0$$

第一项与第二项对比：$-2m + 2 = -m + 1 \rightarrow m = 1$

第一项与第三项对比：$-2m + 2 = 0 \rightarrow m = 1$

取最大的值：$m = 1$

4.（3-5-62）式写为如下形式

$$pe_2(\eta) = \eta^6 \frac{R''}{R} + \left[2\lambda_0 + (2\lambda_1 - 1)\eta^2 \right] \eta^3 \frac{R'}{R} + \left(\lambda_0^2 + 4\mu_1 \eta^2 \right)$$

于是

$$\left\langle \eta^6 \frac{R''}{R} \right\rangle = \eta^{-2m+4}, \quad \left\langle \eta^3 \frac{R'}{R} \right\rangle = \eta^{-m+2}, \quad \left\langle \lambda_0^2 + 4\mu_1 \eta^2 \right\rangle = \eta^0$$

第一项与第二项对比：$-2m + 4 = -m + 2 \rightarrow m = 2$

第一项与第三项对比：$-2m + 4 = 0 \rightarrow m = 2$

取最大的值：$m = 2$

5.（3-5-83）式写为如下形式 $(k = 3)$

$$p_2(x, k) = x^4 \frac{R''}{R} + (\lambda_0 + \lambda_1 x) x^3 \frac{R'}{R} + \mu_0 + \mu_1 x$$

于是

$$\left\langle x^4 \frac{R''}{R} \right\rangle = x^{-2m+2}, \quad \left\langle x^3 \frac{R'}{R} \right\rangle = x^{-m+2}, \quad \left\langle \mu_0 \right\rangle = x^0$$

第一项与第二项对比：$-2m + 2 = -m + 2 \rightarrow m = 0$

第一项与第三项对比：$-2m+2=0 \to m=1$

取最大的值：$m=1$

附录 B

在（3-5-69b）式中，如果

$$\mu_1 = (\lambda_1 - 2)\lambda_0 / 2 \tag{B-1}$$

那么 $\sigma_1 = 0$，另外由（3-5-67）式，已知 $\sigma_2 = \lambda_0 / 2$，即

$$\sigma_1 = 0, \quad \sigma_2 = \lambda_0 / 2 \tag{B-2}$$

于是由（3-5-70）式可得到

$$\begin{aligned} pe_1(x) &= (2\lambda_1 - 1)\eta^5 \\ pe_2(x) &= 0 \end{aligned} \tag{B-3}$$

于是方程（3-5-61）退化为

$$\eta V''(\eta) + (2\lambda_1 - 1)V'(\eta) = 0 \tag{B-4}$$

可得到

$$V(\eta) = c_1 \eta^{2-2\lambda_1} + c_2 \tag{B-5}$$

于是方程（B-4）有如下两个解：

$$Y(\eta, j) = \begin{cases} \eta^{2-2\lambda_1} \exp\left\{\dfrac{\lambda_0}{2}\eta^{-2}\right\}, & j=1 \\[2mm] \exp\left\{\dfrac{\lambda_0}{2}\eta^{-2}\right\}, & j=2 \end{cases} \tag{B-6}$$

3.6　5-阶奇点邻域内方程的奇异解

5-阶奇异方程的简化形式为

$$x^5 y''(x) + (\lambda_0 + \lambda_1 x)x^k y'(x) + (\mu_0 + \mu_1 x)y(x) = 0, \quad \lambda_0 \neq 0, \mu_0 \neq 0 \tag{3-6-1}$$

这里 $k \geqslant 0$，很明显 $x=0$ 为非正则奇点。

1．$k=0$ 时

奇异方程（3-6-1）取为如下形式：

$$x^5 y''(x) + (\lambda_0 + \lambda_1 x) y'(x) + (\mu_0 + \mu_1 x) y(x) = 0 \tag{3-6-2}$$

因为 $\lambda_0 \neq 0$，由该方程可解出一个正则解，所以只需再求方程的另一个解，它是非正则奇异解。

1）为此取

$$\begin{cases} y(x) = R(x)V(x) \\ R(x) = \exp\{Q(x)\} \end{cases} \tag{3-6-3}$$

将该分解式代入方程（3-6-2）得到

$$x^5 V'' + p_1(x)V' + p_2(x)V = 0 \tag{3-6-4}$$

这里

$$\begin{cases} p_1(x) = 2x^5 \dfrac{R'}{R} + (\lambda_0 + \lambda_1 x) \\ p_2(x) = x^5 \dfrac{R''}{R} + (\lambda_0 + \lambda_1 x)\dfrac{R'}{R} + \mu_0 + \mu_1 x \end{cases} \tag{3-6-5}$$

据引理6，取（见附录A-1）

$$Q(x) = \sigma_3 x^{-3} + \sigma_4 x^{-4} \tag{3-6-6}$$

可以验证 $\sigma_1 = \sigma_2 = 0$，于是

$$Q' = -3\sigma_3 x^{-4} - 4\sigma_4 x^{-5}$$
$$Q'' = 12\sigma_3 x^{-5} + 20\sigma_4 x^{-6} \tag{3-6-7a}$$

$$Q'^2 = 9\sigma_3^2 x^{-8} + 24\sigma_3\sigma_4 x^{-9} + 16\sigma_4^2 x^{-10} \tag{3-6-7b}$$

进而得到

$$\frac{R'}{R} = Q' = -3\sigma_3 x^{-4} - 4\sigma_4 x^{-5} \tag{3-6-8a}$$

$$\frac{R''}{R} = Q'^2 + Q''$$
$$= 12\sigma_3 x^{-5} + 20\sigma_4 x^{-6} + 9\sigma_3^2 x^{-8} + 24\sigma_3\sigma_4 x^{-9} + 16\sigma_4^2 x^{-10} \tag{3-6-8b}$$

于是有

$$p_1(x) = 2x^5 \left(-3\sigma_3 x^{-4} - 4\sigma_4 x^{-5}\right) + (\lambda_0 + \lambda_1 x)$$
$$= (\lambda_0 - 8\sigma_4) + (\lambda_1 - 6\sigma_3)x \tag{3-6-9}$$

和

$$p_2(x) = x^5 \left[12\sigma_3 x^{-5} + 20\sigma_4 x^{-6} + 9\sigma_3^2 x^{-8} + 24\sigma_3\sigma_4 x^{-9} + 16\sigma_4^2 x^{-10}\right]$$
$$+ (\lambda_0 + \lambda_1 x)\left[-3\sigma_3 x^{-4} - 4\sigma_4 x^{-5}\right] + \mu_0 + \mu_1 x \tag{3-6-10a}$$

进而得到

$$p_2(x) = \left(16\sigma_4^2 - 4\lambda_0\sigma_4\right)x^{-5} + \left(24\sigma_3\sigma_4 - 3\lambda_0\sigma_3 - 4\lambda_1\sigma_4\right)x^{-4}$$
$$+ \left(9\sigma_3^2 - 3\lambda_1\sigma_3\right)x^{-3} + 20\sigma_4 x^{-1} + \left(12\sigma_3 + \mu_0\right) + \mu_1 x \qquad (3\text{-}6\text{-}10b)$$

首先消除 $p_2(x)$ 中 x^{-5} 阶的奇异项，得到

$$16\sigma_4^2 - 4\lambda_0\sigma_4 = 0 \qquad (3\text{-}6\text{-}11a)$$

定出（这里不计 $\sigma_4 = 0$ ）

$$\sigma_4 = \lambda_0 / 4 \qquad (3\text{-}6\text{-}11b)$$

再消除 $p_2(x)$ 中 x^{-4} 阶的奇异项，得到

$$3\sigma_3\left(8\sigma_4 - \lambda_0\right) - 4\lambda_1\sigma_4 = 0 \qquad (3\text{-}6\text{-}12a)$$

定出

$$\sigma_3 = \lambda_1 / 3 \qquad (3\text{-}6\text{-}12b)$$

且自动有 $\left(9\sigma_3^2 - 3\lambda_1\sigma_3\right)x^{-3} = 0$ ，于是方程（3-6-4）写为如下形式：

$$x^6 V'' + pp_1(x) x V' + pp_2(x) V = 0 \qquad (3\text{-}6\text{-}13)$$

这里

$$pp_1(x) = \left(\lambda_0 - 8\sigma_4\right) + \left(\lambda_1 - 6\sigma_3\right)x$$
$$= p_{10} + p_{11} x$$
$$pp_2(x) = \left[20\sigma_4 x^{-1} + \left(12\sigma_3 + \mu_0\right) + \mu_1 x\right]x \qquad (3\text{-}6\text{-}14)$$
$$= p_{20} + p_{21} x + p_{22} x^2$$

其中

$$p_{10} = -\lambda_0, \quad p_{11} = -\lambda_1 \qquad (3\text{-}6\text{-}15a)$$

和

$$p_{20} = 5\lambda_0, \quad p_{21} = 4\lambda_1 + \mu_0, \quad p_{22} = \mu_1 \qquad (3\text{-}6\text{-}15b)$$

2）为求解方程（3-6-13），再取

$$V(x) = x^\rho U(x), \quad U(0) \neq 0 \qquad (3\text{-}6\text{-}16)$$

代入方程（3-6-13）得到

$$x^6 U'' + \left(2\rho x^4 + p_{10} + p_{11} x\right)x U'$$
$$+ \left[\rho(\rho-1)x^4 + \rho(p_{10} + p_{11} x) + p_{20} + p_{21} x + p_{22} x^2\right]U = 0 \qquad (3\text{-}6\text{-}17)$$

令 $x \to 0$ ，得到指标方程

$$\rho \cdot p_{10} + p_{20} = 0 \qquad (3\text{-}6\text{-}18a)$$

定出

$$\rho = -p_{20} / p_{10} = 5 = \rho_0 \tag{3-6-18b}$$

于是方程（3-6-17）改写为如下形式：

$$x^5 U'' + \left(p_{10} + p_{11}x + 2\rho_0 x^4\right) U'$$
$$+ \left[\left(\rho_0 p_{11} + p_{21}\right) + p_{22}x + \rho_0\left(\rho_0 - 1\right)x^3\right] U = 0 \tag{3-6-19}$$

由于方程（3-6-19）的一阶导数项的系数满足非零条件：

$$\left(p_{10} + p_{11}x + 2\rho_0 x^4\right)_{x=0} = p_{10} = -\lambda_0 \neq 0 \tag{3-6-20}$$

所以由方程（3-6-19）可解出非奇异解

$$U = U_0\left(x\right) \tag{3-6-21}$$

于是方程（3-6-2）的非正则解写为如下形式：

$$y\left(x\right) = x^5 U_0\left(x\right) \exp\left\{\frac{\lambda_1}{3} x^{-3} + \frac{\lambda_0}{4} x^{-4}\right\} \tag{3-6-22}$$

2. $k = 1$ 时

奇异方程（3-6-1）写为如下形式：

$$x^5 y''\left(x\right) + \left(\lambda_0 + \lambda_1 x\right)xy'\left(x\right) + \left(\mu_0 + \mu_1 x\right)y\left(x\right) = 0, \quad \lambda_0 \neq 0; \mu_0 \neq 0 \tag{3-6-23}$$

很明显 $x = 0$ 为非正则奇点。

1）为求解方程（3-6-23）取如下分解式：

$$y\left(x\right) = R\left(x\right)V\left(x\right) \tag{3-6-24}$$

代入方程（3-6-23）得到

$$x^5 V''\left(x\right) + p_1\left(x\right)V'\left(x\right) + p_2\left(x\right)V\left(x\right) = 0 \tag{3-6-25}$$

这里

$$p_1\left(x\right) = 2x^5 \frac{R'}{R} + \left(\lambda_0 + \lambda_1 x\right)x$$
$$p_2\left(x\right) = x^5 \frac{R''}{R} + \left(\lambda_0 + \lambda_1 x\right)x \frac{R'}{R} + \left(\mu_0 + \mu_1 x\right) \tag{3-6-26}$$

据引理 6，取（见附录 A-2）

$$R\left(x\right) = \exp\left\{Q\left(x\right)\right\}$$
$$Q\left(x\right) = \sigma_2 x^{-2} + \sigma_3 x^{-3} \tag{3-6-27}$$

可以验证 $\sigma_1 = 0$ ，于是有

$$\frac{R'}{R} = Q' = -2\sigma_2 x^{-3} - 3\sigma_3 x^{-4} \tag{3-6-28a}$$

$$\frac{R''}{R} = Q'' + Q'^2 \qquad\qquad (3\text{-}6\text{-}28\text{b})$$

$$= 6\sigma_2 x^{-4} + 12\sigma_3 x^{-5} + 4\sigma_2^2 x^{-6} + 12\sigma_2\sigma_3 x^{-7} + 9\sigma_3^2 x^{-8}$$

代入（3-6-26）式得到

$$p_1(x) = (\lambda_0 - 6\sigma_3)x + (\lambda_1 - 4\sigma_2)x^2 \qquad\qquad (3\text{-}6\text{-}29\text{a})$$

$$p_2(x) = (6\sigma_2 + \mu_1)x + (12\sigma_3 + \mu_0) + (4\sigma_2^2 - 2\lambda_1\sigma_2)x^{-1}$$
$$+ (12\sigma_2\sigma_3 - 2\lambda_0\sigma_2 - 3\lambda_1\sigma_3)x^{-2} + (9\sigma_3^2 - 3\lambda_0\sigma_3)x^{-3} \qquad (3\text{-}6\text{-}29\text{b})$$

消除 $p_2(x)$ 中 x^{-3} 阶的奇异项，得到指标方程

$$\sigma_3(3\sigma_3 - \lambda_0) = 0 \qquad\qquad (3\text{-}6\text{-}30\text{a})$$

定出

$$\sigma_3(j) = \begin{cases} 0, & j = 1 \\ \lambda_0/3, & j = 2 \end{cases} \qquad\qquad (3\text{-}6\text{-}30\text{b})$$

再消除 x^{-2} 阶的奇异项，得到指标方程

$$12\sigma_2\sigma_3 - 2\lambda_0\sigma_2 - 3\lambda_1\sigma_3 = 0 \qquad\qquad (3\text{-}6\text{-}31\text{a})$$

定出

$$\sigma_2(j) = \begin{cases} 0, & j = 1 \\ \lambda_1/2, & j = 2 \end{cases} \qquad\qquad (3\text{-}6\text{-}31\text{b})$$

另外 $p_2(x)$ 中 x^{-1} 项自动等于零

$$(4\sigma_2^2 - 2\lambda_1\sigma_2)x^{-1} = 0 \qquad\qquad (3\text{-}6\text{-}32)$$

于是方程（3-6-25）改写为如下形式：

$$x^5 V'' + pp_1(x,j)xV' + pp_2(x,j)V = 0 \qquad\qquad (3\text{-}6\text{-}33)$$

其中

$$pp_1(x,j) = p_{10}(j) + p_{11}(j)x$$
$$pp_2(x,j) = p_{20}(j) + p_{21}(j)x \qquad\qquad (3\text{-}6\text{-}34)$$

其中

$$p_{10}(j) = \lambda_0 - 6\sigma_3(j), \quad p_{11}(j) = \lambda_1 - 4\sigma_2(j)$$
$$p_{20}(j) = \mu_0 + 12\sigma_3(j), \quad p_{21}(j) = \mu_1 + 6\sigma_2(j) \qquad (3\text{-}6\text{-}35)$$

　2）为求解方程（3-6-33），再取

$$V(x,j) = x^\rho U(x,j), \quad U(0,j) \neq 0 \qquad\qquad (3\text{-}6\text{-}36)$$

代入方程（3-6-34）得到

$$x^5 U'' + \left[2\rho x^3 + p_{10}(j) + p_{11}(j)x \right] xU'$$
$$+ \left\{ \rho(\rho-1)x^3 + \rho \left[p_{10}(j) + p_{11}(j)x \right] + p_{20}(j) + p_{21}(j)x \right\} U = 0$$

（3-6-37）

令 $x \to 0$ 得到

$$\rho_j = -p_{20}(j) / p_{10}(j) = \begin{cases} -\mu_0 / \lambda_0, & j=1 \\ 4 + \mu_0 / \lambda_0, & j=2 \end{cases}$$

（3-6-38）

于是方程（3-6-37）进一步简化为如下形式：

$$x^4 U'' + \left[2\rho_j x^3 + p_{10}(j) + p_{11}(j)x \right] U'$$
$$+ \left[\rho_j(\rho_j-1)x^2 + \rho_j p_{11}(j) + p_{21}(j) \right] U = 0$$

（3-6-39）

由于该方程一阶导数项系数满足非零条件：

$$\left[2\rho_j x^3 + p_{10}(j) + p_{11}(j)x \right]_{x=0} = p_{10}(j) = \lambda_0 - 6\sigma_3(j) = \pm\lambda_0 \neq 0$$

（3-6-40）

所以由方程（3-6-39）可解出两个非奇异解

$$U(x) = U_0(x,j), \quad j = 1,2$$

（3-6-41）

于是方程（3-6-23）的两个解分别为一个正则奇异解

$$y_1(x) = x^{\rho_1} U(x,1)$$

（3-6-42a）

和一个非正则奇异解

$$y_2(x) = x^{\rho_2} U(x,2) \exp\left\{ \frac{\lambda_1}{2} x^{-2} + \frac{\lambda_0}{3} x^{-3} \right\}$$

（3-6-42b）

这里 ρ_1 和 ρ_2 可由（3-6-38）式求出。

3. $k=2$ 时

奇异方程（3-6-1）取为如下形式：

$$x^5 y''(x) + (\lambda_0 + \lambda_1 x) x^2 y'(x) + (\mu_0 + \mu_1 x) y(x) = 0, \quad \lambda_0 \neq 0, \mu_0 \neq 0$$

（3-6-43）

很明显 $x=0$ 为非正则奇点。

1）取

$$y(x) = R(x)V(x)$$

（3-6-44）

代入方程（3-6-43）得到

$$x^5 V''(x) + p_1(x)V'(x) + p_2(x)V(x) = 0$$

（3-6-45）

这里

$$p_1(x) = 2x^5 \frac{R'}{R} + (\lambda_0 + \lambda_1 x)x^2$$

$$p_2(x) = x^5 \frac{R''}{R} + (\lambda_0 + \lambda_1 x)x^2 \frac{R'}{R} + (\mu_0 + \mu_1 x)$$

（3-6-46）

据引理 6，取（见附录 A-3）

$$R(x) = \exp\{Q(x)\}$$

$$Q(x) = \sigma_1 x^{-1} + \sigma_2 x^{-2}$$

（3-6-47）

于是有

$$\frac{R'}{R} = Q' = -\sigma_1 x^{-2} - 2\sigma_2 x^{-3}$$

$$\frac{R''}{R} = Q'' + Q'^2$$

（3-6-48）

$$= 2\sigma_1 x^{-3} + (\sigma_1^2 + 6\sigma_2)x^{-4} + 4\sigma_1\sigma_2 x^{-5} + 4\sigma_2^2 x^{-6}$$

代入（3-6-46）式得到

$$p_1(x) = 2x^5(-\sigma_1 x^{-2} - 2\sigma_2 x^{-3}) + (\lambda_0 + \lambda_1 x)x^2$$

$$= \left[(\lambda_0 - 4\sigma_2) + (\lambda_1 - 2\sigma_1)x\right]x^2$$

（3-6-49）

和

$$p_2(x) = x^5\left[2\sigma_1 x^{-3} + (\sigma_1^2 + 6\sigma_2)x^{-4} + 4\sigma_1\sigma_2 x^{-5} + 4\sigma_2^2 x^{-6}\right]$$

$$+ (\lambda_0 + \lambda_1 x)x^2(-\sigma_1 x^{-2} - 2\sigma_2 x^{-3}) + (\mu_0 + \mu_1 x)$$

（3-6-50a）

进而

$$p_2(x) = 2\sigma_1 x^2 + (\sigma_1^2 + 6\sigma_2 - \lambda_1\sigma_1 + \mu_1)x$$

$$+ (4\sigma_1\sigma_2 - \lambda_0\sigma_1 - 2\lambda_1\sigma_2 + \mu_0) + (4\sigma_2^2 - 2\lambda_0\sigma_2)x^{-1}$$

（3-6-50b）

消除 $p_2(x)$ 中 x^{-1} 阶的奇异性，得到指标方程

$$\sigma_2(2\sigma_2 - \lambda_0) = 0$$

定出

$$\sigma_2(j) = \begin{cases} 0, & j=1 \\ \lambda_0/2, & j=2 \end{cases}$$

由 $p_2(0) = 0$ 得到

$$4\sigma_1\sigma_2 - \lambda_0\sigma_1 - 2\lambda_1\sigma_2 + \mu_0 = 0$$

（3-6-51a）

定出

$$\sigma_1(j) = \begin{cases} \mu_0/\lambda_0, & j=1 \\ \lambda_1 - \mu_0/\lambda_0, & j=2 \end{cases}$$

（3-6-51b）

于是改写方程（3-6-45）为如下形式：

$$x^4 V''(x) + pp_1(x,j) x V'(x) + pp_2(x,j) V(x) = 0 \qquad （3\text{-}6\text{-}52）$$

这里

$$pp_1(x,j) = p_{10}(j) + p_{11}(j) x$$
$$pp_2(x,j) = p_{20}(j) + p_{21}(j) x \qquad （3\text{-}6\text{-}53）$$

其中

$$p_{10}(j) = \lambda_0 - 4\sigma_2(j)$$
$$p_{11}(j) = \lambda_1 - 2\sigma_1(j)$$
$$p_{20}(j) = \sigma_1^2(j) - \lambda_1 \sigma_1(j) + 6\sigma_2(j) + \mu_1 \qquad （3\text{-}6\text{-}54）$$
$$p_{21}(j) = 2\sigma_1(j)$$

2）求解方程（3-6-52），再取

$$V(x,j) = x^\rho U(x,j), \quad U(0,j) \neq 0 \qquad （3\text{-}6\text{-}55）$$

代入方程得到

$$x^4 U'' + \left[2\rho x^2 + p_{10}(j) + p_{11}(j) x \right] x U'$$
$$+ \left\{ \rho(\rho-1)x^2 + \rho\left[p_{10}(j) + p_{11}(j) x \right] + p_{20}(j) + p_{21}(j) x \right\} U = 0$$
$$（3\text{-}6\text{-}56）$$

令 $x \to 0$ 得到指标方程

$$\rho p_{10}(j) + p_{20}(j) = 0 \qquad （3\text{-}6\text{-}57a）$$

定出

$$\rho_j = -p_{20}(j) / p_{10}(j), \quad j = 1, 2 \qquad （3\text{-}6\text{-}57b）$$

从而将方程（3-6-56）简化为如下形式：

$$x^3 U'' + \left[p_{10}(j) + p_{11}(j) x + 2\rho_j x^2 \right] U'$$
$$+ \left[\rho_j p_{11}(j) + p_{21}(j) + \rho_j(\rho_j-1) x \right] U = 0 \qquad （3\text{-}6\text{-}58）$$

由于 $p_{10}(j) = \lambda_0 - 4\sigma_2(j) = \pm\lambda_0 \neq 0$，所以由方程（3-6-58）可解出两个非奇异解 $U(x,j)$。于是方程（3-6-43）的非正则解为

$$y(x,j) = x^{\rho_j} U(x,j) \exp\left\{ \sigma_1(j) x^{-1} + \sigma_2(j) x^{-2} \right\}, \quad j = 1, 2 \qquad （3\text{-}6\text{-}59）$$

这里 $\rho_j, \sigma_1(j), \sigma_2(j)$ 分别由（3-6-57b）、（3-6-51b）和（3-6-50b）式给出。

4. $k = 3$ 时

奇异方程（3-6-1）取为如下形式：

$$x^5 y''(x) + (\lambda_0 + \lambda_1 x) x^3 y'(x) + (\mu_0 + \mu_1 x) y(x) = 0, \quad \lambda_0 \neq 0, \mu_0 \neq 0$$

（3-6-60）

很明显 $x = 0$ 为非正则奇点。

1）引进坐标变换

$$x = \eta^2, \quad \eta = x^{1/2}$$

$$\eta' = \frac{1}{2} x^{-1/2} = \frac{1}{2} \eta^{-1}$$

（3-6-61）

$$\eta'' = -\frac{1}{2} \eta^{-2} \eta' = -\frac{1}{2} \eta^{-2} \left(\frac{1}{2} \eta^{-1} \right) = -\frac{1}{4} \eta^{-3}$$

于是

$$y(x) = y(\eta^2) \equiv Y(\eta)$$

$$y'(x) = Y'(\eta) \eta' = \frac{1}{2} \eta^{-1} Y'(\eta)$$

（3-6-62）

$$y''(x) = Y''(\eta) \eta'^2 + Y'(\eta) \eta'' = \frac{1}{4} \left[\eta^{-2} Y''(\eta) - \eta^{-3} Y'(\eta) \right]$$

改写方程（3-6-60）为

$$\eta^{10} \left[\eta^{-2} Y''(\eta) - \eta^{-3} Y'(\eta) \right] + 2(\lambda_0 + \lambda_1 \eta^2) \eta^5 Y'(\eta)$$

$$+ 4(\mu_0 + \mu_1 \eta^2) Y(\eta) = 0$$

（3-6-63a）

或

$$\eta^8 Y'' + \left[2\lambda_0 \eta^5 + (2\lambda_1 - 1) \eta^7 \right] Y' + 4(\mu_0 + \mu_1 \eta^2) Y = 0$$

（3-6-63b）

2）为求解方程（3-6-63），取

$$\begin{cases} Y(\eta) = R(\eta) V(\eta) \\ R(\eta) = \exp\{Q(\eta)\} \end{cases}$$

（3-6-64）

代入方程（3-6-63）得到

$$\eta^8 V'' + p_1(\eta) V' + p_2(\eta) V = 0$$

（3-6-65）

这里

$$p_1(x, k) = 2\eta^8 \frac{R'}{R} + 2\lambda_0 \eta^5 + (2\lambda_1 - 1) \eta^7$$

$$p_2(x, k) = \eta^8 \frac{R''}{R} + \left[2\lambda_0 \eta^5 + (2\lambda_1 - 1) \eta^7 \right] \frac{R'}{R}$$

$$+ 4(\mu_0 + \mu_1 \eta^2)$$

（3-6-66）

据引理 6，取（见附录 A-4）

$$Q(x) = \sigma_1 \eta^{-1} + \sigma_2 \eta^{-2} + \sigma_3 \eta^{-3} \tag{3-6-67a}$$

进而有

$$Q'(\eta) = -\sigma_1 \eta^{-2} - 2\sigma_2 \eta^{-3} - 3\sigma_3 \eta^{-4}$$

$$Q''(\eta) = 2\sigma_1 \eta^{-3} + 6\sigma_2 \eta^{-4} + 12\sigma_3 \eta^{-5}$$

$$Q'^2(\eta) = \sigma_1^2 \eta^{-4} + 4\sigma_1 \sigma_2 \eta^{-5} + \left(4\sigma_2^2 + 6\sigma_1 \sigma_3\right)\eta^{-6} \tag{3-6-67b}$$

$$+ 12\sigma_2 \sigma_3 \eta^{-7} + 9\sigma_3^2 \eta^{-8}$$

于是有

$$\frac{R'}{R} = Q'(\eta) = -\sigma_1 \eta^{-2} - 2\sigma_2 \eta^{-3} - 3\sigma_3 \eta^{-4} \tag{3-6-68a}$$

$$\frac{R''}{R} = Q'' + Q'^2$$

$$= 2\sigma_1 \eta^{-3} + \left(\sigma_1^2 + 6\sigma_2\right)\eta^{-4} + \left(12\sigma_3 + 4\sigma_1 \sigma_2\right)\eta^{-5} \tag{3-6-68b}$$

$$+ \left(4\sigma_2^2 + 6\sigma_1 \sigma_3\right)\eta^{-6} + 12\sigma_2 \sigma_3 \eta^{-7} + 9\sigma_3^2 \eta^{-8}$$

改写（3-6-66）式得到

$$p_1(\eta) = 2\eta^8 \left(-\sigma_1 \eta^{-2} - 2\sigma_2 \eta^{-3} - 3\sigma_3 \eta^{-4}\right) + 2\lambda_0 \eta^5 + \left(2\lambda_1 - 1\right)\eta^7$$

$$= -6\sigma_3 \eta^4 + \left(2\lambda_0 - 4\sigma_2\right)\eta^5 - 2\sigma_1 \eta^6 + \left(2\lambda_1 - 1\right)\eta^7$$

$$\tag{3-6-69}$$

和

$$p_2(\eta) = \eta^8 \begin{bmatrix} 2\sigma_1 \eta^{-3} + \left(\sigma_1^2 + 6\sigma_2\right)\eta^{-4} + \left(12\sigma_3 + 4\sigma_1 \sigma_2\right)\eta^{-5} \\ + \left(4\sigma_2^2 + 6\sigma_1 \sigma_3\right)\eta^{-6} + 12\sigma_2 \sigma_3 \eta^{-7} + 9\sigma_3^2 \eta^{-8} \end{bmatrix}$$

$$+ \left[2\lambda_0 \eta^5 + (2\lambda_1 - 1)\eta^7\right]\left(-\sigma_1 \eta^{-2} - 2\sigma_2 \eta^{-3} - 3\sigma_3 \eta^{-4}\right) + 4\left(\mu_0 + \mu_1 \eta^2\right)$$

$$\tag{3-6-70a}$$

或

$$p_2(\eta) = \begin{bmatrix} 2\sigma_1 \eta^5 + \left(\sigma_1^2 + 6\sigma_2\right)\eta^4 + \left(12\sigma_3 + 4\sigma_1 \sigma_2\right)\eta^3 \\ + \left(4\sigma_2^2 + 6\sigma_1 \sigma_3\right)\eta^2 + 12\sigma_2 \sigma_3 \eta + 9\sigma_3^2 \end{bmatrix}$$

$$- \left(2\lambda_0 \sigma_1 \eta^3 + 4\lambda_0 \sigma_2 \eta^2 + 6\lambda_0 \sigma_3 \eta\right) \tag{3-6-70b}$$

$$- (2\lambda_1 - 1)\left(\sigma_1 \eta^5 + 2\sigma_2 \eta^4 + 3\sigma_3 \eta^3\right) + 4\left(\mu_0 + \mu_1 \eta^2\right)$$

或进而得到

$$p_2(\eta) = \left[2 - (2\lambda_1 - 1)\right]\sigma_1\eta^5 + \left[\sigma_1^2 + 6\sigma_2 - (2\lambda_1 - 1)2\sigma_2\right]\eta^4$$
$$+ \left[12\sigma_3 + 4\sigma_1\sigma_2 - 2\lambda_0\sigma_1 - (2\lambda_1 - 1)3\sigma_3\right]\eta^3$$
$$+ \left(6\sigma_1\sigma_3 + 4\sigma_2^2 - 4\lambda_0\sigma_2 + 4\mu_1\right)\eta^2 \qquad (\text{3-6-70c})$$
$$+ \left(12\sigma_2\sigma_3 - 6\lambda_0\sigma_3\right)\eta + \left(9\sigma_3^2 + 4\mu_0\right)$$

$$p_2(\eta) = (3 - 2\lambda_1)\sigma_1\eta^5 + \left[\sigma_1^2 + (8 - 4\lambda_1)\sigma_2\right]\eta^4$$
$$+ \left[(15 - 6\lambda_1)\sigma_3 + 2\sigma_1(2\sigma_2 - \lambda_0)\right]\eta^3$$
$$+ \left(6\sigma_1\sigma_3 + 4\sigma_2^2 - 4\lambda_0\sigma_2 + 4\mu_1\right)\eta^2 \qquad (\text{3-6-70d})$$
$$+ \left(12\sigma_2 - 6\lambda_0\right)\sigma_3\eta + \left(9\sigma_3^2 + 4\mu_0\right)$$

令 $p_2(0) = 0$，得到

$$\sigma_3(j) = \begin{cases} \dfrac{2}{3}\sqrt{-\mu_0}\ , & j = 1 \\[2mm] -\dfrac{2}{3}\sqrt{-\mu_0}, & j = 2 \end{cases} \qquad (\text{3-6-71a})$$

令 $p_2'(0) = 0$，得到

$$\sigma_2 = \frac{\lambda_0}{2} \qquad (\text{3-6-71b})$$

令 $p_2''(0) = 0$，得到

$$\sigma_1(j) = \frac{\lambda_0^2 - 4\mu_1}{6\sigma_3(j)} \qquad (\text{3-6-71c})$$

于是改写方程（3-6-65）为如下形式：

$$\eta^5 V'' + pp_1(\eta, j)\eta V' + pp_2(\eta, j)V = 0 \qquad (\text{3-6-72})$$

这里

$$pp_1(\eta, j) = p_{10}(j) + p_{12}(j)\eta^2 + p_{13}\eta^3$$
$$pp_2(\eta, j) = p_{20}(j) + p_{21}(j)\eta + p_{22}(j)\eta^2 \qquad (\text{3-6-73})$$

其中

$$p_{10}(j) = -6\sigma_3(j), \quad p_{11} = 0$$
$$p_{12}(j) = -2\sigma_1(j), \quad p_{13} = (2\lambda_1 - 1) \qquad (\text{3-6-74a})$$

$$p_{20}(j) = (15 - 6\lambda_1)\sigma_3(j)$$
$$p_{21}(j) = \sigma_1^2(j) + (4 - 2\lambda_1)\lambda_0 \qquad (\text{3-6-74b})$$
$$p_{22}(j) = (3 - 2\lambda_1)\sigma_1(j)$$

3）为求解方程（3-6-72），再取

$$V(\eta,j) = \eta^\rho U(\eta,j), \quad U(0,j) \neq 0 \qquad (3\text{-}6\text{-}75)$$

代入方程（3-6-72）得到

$$\eta^5 U'' + \left[2\rho\eta^3 + p_{10}(j) + p_{12}(j)\eta^2 + p_{13}(j)\eta^3\right]\eta U'$$

$$+ \left\{ \begin{array}{l} \rho(\rho-1)\eta^3 + \rho\left[p_{10}(j) + p_{12}(j)\eta^2 + p_{13}(j)\eta^3\right] \\ + p_{20}(j) + p_{21}(j)\eta + p_{22}(j)\eta^2 \end{array} \right\} U = 0 \qquad (3\text{-}6\text{-}76)$$

令 $\eta \to 0$，可定出

$$\rho = -p_{20}(j)/p_{10}(j) = 2.5 - \lambda_1 = \rho_0 \qquad (3\text{-}6\text{-}77)$$

将方程化简为如下形式：

$$\eta^4 U''(\eta) + \left[p_{10}(j) + p_{12}(j)\eta^2 + (p_{13} + 2\rho_0)\eta^3\right] U'(\eta)$$

$$+ \left\{ p_{21}(j) + \left[\rho_0 p_{12}(j) + p_{22}(j)\right]\eta + \left[\rho_0(\rho_0-1) + \rho_0 p_{13}(j)\right]\eta^2 \right\} U(\eta) = 0$$

$$(3\text{-}6\text{-}78)$$

且

$$p_{10}(j) = -6\sigma_3(j) = \mp 4\sqrt{-\mu_0} \neq 0 \qquad (3\text{-}6\text{-}79)$$

所以，由方程（3-6-78）可得出两个非奇异解 $U(\eta) = U_0(\eta,j)$，于是方程（3-6-63）有解：

$$Y(\eta,j) = \eta^{\rho_0} U_0(\eta,j) \exp\left\{ \sigma_1(j)\eta^{-1} + \frac{\lambda_0}{2}\eta^{-2} + \sigma_3(j)\eta^{-3} \right\}, \quad j = 1,2$$

$$(3\text{-}6\text{-}80)$$

其中参数 $\rho_0, \sigma_1(j), \sigma_3(j)$ 分别由（3-6-77）、（3-6-71）和（3-6-71a）式给出。

5. $k \geqslant 4$ 时

与 $k = 3$ 时推导相似，这里不再赘述。

附录

参见引理 6。

1.（3-6-5）式写为如下形式

$$p_2(x) = x^5 \frac{R''}{R} + (\lambda_0 + \lambda_1 x)\frac{R'}{R} + (\mu_0 + \mu_1 x)$$

于是

$$\left\langle x^5 \frac{R''}{R} \right\rangle = x^{-2m+3}, \quad \left\langle \lambda_0 \frac{R'}{R} \right\rangle = x^{-m-1}, \quad \left\langle \mu_0 \right\rangle = x^0$$

第一项与第二项对比：$-2m+3 = -m-1 \to m = 4$

第一项与第三项对比：$-2m+3 = 0 \to m = 1.5$

取最大的值：$m = 4$

2.（3-6-26）式写为如下形式

$$p_2(x) = x^5 \frac{R''}{R} + (\lambda_0 + \lambda_1 x) x \frac{R'}{R} + (\mu_0 + \mu_1 x)$$

于是

$$\left\langle x^5 \frac{R''}{R} \right\rangle = x^{-2m+3}, \quad \left\langle \lambda_0 x \frac{R'}{R} \right\rangle = x^{-m}, \quad \left\langle \mu_0 \right\rangle = x^0$$

第一项与第二项对比：$-2m+3 = -m \to m = 3$

第一项与第三项对比：$-2m+3 = 0 \to m = 1.5$

取最大的值：$m = 3$

3.（3-6-46）式写为如下形式

$$p_2(x) = x^5 \frac{R''}{R} + (\lambda_0 + \lambda_1 x) x^2 \frac{R'}{R} + (\mu_0 + \mu_1 x)$$

于是

$$\left\langle x^5 \frac{R''}{R} \right\rangle = x^{-2m+3}, \quad \left\langle \lambda_0 x^2 \frac{R'}{R} \right\rangle = x^{-m+1}, \quad \left\langle \mu_0 \right\rangle = x^0$$

第一项与第二项对比：$-2m+3 = -m+1 \to m = 2$

第一项与第三项对比：$-2m+3 = 0 \to m = 1.5$

取最大的值：$m = 2$

4.（3-6-66）式写为如下形式 $(k = 3)$

$$p_2(\eta) = \eta^8 \frac{R''}{R} + (\lambda_0 + \sim)\eta^5 \frac{R'}{R} + 4(\mu_0 + \sim)$$

于是

$$\left\langle \eta^8 \frac{R''}{R} \right\rangle = \eta^{-2m+6}, \quad \left\langle \lambda_0 \eta^5 \frac{R'}{R} \right\rangle = \eta^{-m+4}, \quad \left\langle 4\mu_0 \right\rangle = \eta^0$$

第一项与第二项对比：$-2m+6 = -m+4 \to m = 2$

第一项与第三项对比：$-2m+6 = 0 \to m = 3$

取最大的值：$m = 3$

第4章

几个常见方程的奇异解的求解算例

4.1 勒让德（Legendre）方程的解[5-7]

Legendre 方程的一般形式为

$$L\{y(x)\} \equiv (1-x^2)y''(x) - 2\lambda xy'(x) + \mu y(x) = 0$$

这里 λ, μ 为任意非零复常数。

我们已知当 $\lambda = 1$，$\mu = l(l+1)$（l 为整数）时方程有 Legendre 多项式解。如果 μ 不满足这个苛刻的条件，我们就很难得到简洁的多项式解。本文就是要探求一种通用的求解方法，对参数 λ, μ 没有任何限制。

不难看出，定义在实轴 $x \in (-\infty, \infty)$ 上的 Legendre 方程关于零点 $x = 0$ 是对称的，即 $L\{y(-x)\} = L\{y(x)\}$，因而 $y(-x) = y(x)$，所以我们只需在正实轴 $x \in [0, \infty)$ 上求解该方程。我们将在有界区间 $[0,1]$ 和半无界区域 $[1, \infty)$ 上分别求解该方程。

4.1.1 Legendre 方程在有界区间[0,1]上的解

1. 派生方程的导出

Legendre 方程为如下形式：

$$(1-x^2)y''(x) - 2\lambda xy'(x) + \mu y(x) = 0 \tag{4-1-1}$$

在区间 $[0,1]$ 上，方程只存在一个正则奇点 $x = 1$，于是（据引理 3）将解

$y(x)$写为如下形式的分解式：

$$y(x) = (1-x)^{\rho} U(x), \quad U(1) \neq 0 \tag{4-1-2}$$

代入方程（4-1-1）得到

$$(1-x^2)\left[U'' - 2\rho(1-x)^{-1} U' + \rho(\rho-1)(1-x)^{-2} U \right]$$
$$-2\lambda x\left[U' - \rho(1-x)^{-1} U \right] + \mu U = 0 \tag{4-1-3}$$

或整理后得到

$$(1-x^2)U'' - \left[2\rho(1+x) + 2\lambda x \right]U' + \left\{ -\left[\rho(\rho-1) + 2\lambda\rho \right] + \mu \right\}U$$
$$+2\left[\rho(\rho-1) + \lambda\rho \right](1-x)^{-1} U = 0 \tag{4-1-4}$$

令 $x \to 1$ 时，得到指标方程

$$\rho(\rho-1+\lambda) = 0 \tag{4-1-5a}$$

定出

$$\rho_1 = 0, \quad \rho_2 = (1-\lambda) \tag{4-1-5b}$$

2. 当 $\lambda \neq 1$ 时，指标方程无重根：$\rho_2 \neq \rho_1$

此时派生方程写为如下形式：

$$L_0\{U, j\} \equiv (1-x^2)U'' - 2\left[\rho_j(1+x) + \lambda x \right]U' + (\mu - \lambda\rho_j)U = 0 \tag{4-1-6}$$

将 $U(x)$ 在区间 $[0,1]$ 上展开为 2-阶可微的改进 Fourier 级数：

$$U^{(k)}(x, j) = \sum_{|n| \leqslant N} (i\alpha_n)^k A_n(j)\exp\{i\alpha_n x\} + \sum_{l=1}^{3} a_l(j)Jee(l-k, x), \quad k = 0,1,2 \tag{4-1-7}$$

这里

$$\alpha_n = 2n\pi, \quad Jee(l, x) = \begin{cases} \dfrac{x^l}{l!}, & l \geqslant 0 \\ 0, & l < 0 \end{cases} \tag{4-1-8a}$$

同时引进 Fourier 投影运算

$$F^{-1}\langle\ \rangle_{n_0} = \int_0^1 \langle\ \rangle \exp\{-i\alpha_{n_0} x\}\,dx \tag{4-1-8b}$$

将展式（4-1-7）代入方程（4-1-6）得到

$$\sum_{|n| \leqslant N} A_n(j)GR_0(n, x, j)\exp\{i\alpha_n x\} + \sum_{l=1}^{3} a_l(j)GS_0(l, x, j) = 0 \tag{4-1-9}$$

其中

$$GR_0\left(n,x,j\right)=\left(\mathrm{i}\alpha_n\right)^2\left(1-x^2\right)-2\left(\mathrm{i}\alpha_n\right)\left[\rho_j+\left(\rho_j+\lambda\right)x\right]+\left(\mu-\lambda\rho_j\right)$$

$$=\left[\left(\mathrm{i}\alpha_n\right)^2-2\left(\mathrm{i}\alpha_n\right)\rho_j+\left(\mu-\lambda\rho_j\right)\right]-2\left(\mathrm{i}\alpha_n\right)\left(\rho_j+\lambda\right)x-\left(\mathrm{i}\alpha_n\right)^2x^2$$

$$(4\text{-}1\text{-}10\mathrm{a})$$

和

$$GS_0\left(l,x,j\right)=\left(1-x^2\right)Jee\left(l-2,x\right)-2\left[\rho_j+\left(\rho_j+\lambda\right)x\right]Jee\left(l-1,x\right)$$

$$+\left(\mu-\lambda\rho_j\right)Jee\left(l,x\right)$$

$$=Jee\left(l-2,x\right)-2\rho_j Jee\left(l-1,x\right)-\left[l\left(l-1\right)+2l\left(\rho_j+\lambda\right)+\lambda\rho_j-\mu\right]Jee\left(l,x\right)$$

$$(4\text{-}1\text{-}10\mathrm{b})$$

对方程（4-1-9）求 Fourier 投影，得到

$$\sum_{|n|\leqslant N}A_n\left(j\right)R_0\left(n,n_0,j\right)=\sum_{l=1}^{3}a_l\left(j\right)S_0\left(l,n_0,j\right),\quad\left|n_0\right|\leqslant N\qquad(4\text{-}1\text{-}11)$$

这里

$$R_0\left(n,n_0,j\right)=F^{-1}\left\langle GR_0\left(n,x,j\right)\right\rangle_{n_0-n}$$

$$=\left[\left(\mathrm{i}\alpha_n\right)^2-2\left(\mathrm{i}\alpha_n\right)\rho_j+\left(\mu-\lambda\rho_j\right)\right]\varPi_0\left(0,n_0-n\right)\qquad(4\text{-}1\text{-}12\mathrm{a})$$

$$-2\left(\mathrm{i}\alpha_n\right)\left(\rho_j+\lambda\right)\varPi_0\left(1,n_0-n\right)-2\left(\mathrm{i}\alpha_n\right)^2\varPi_0\left(2,n_0-n\right)$$

和

$$S_0\left(l,n_0,j\right)=-F^{-1}\left\langle GS_0\left(l,x,j\right)\right\rangle_{n_0}$$

$$=-\varPi_0\left(l-2,n_0\right)+2\rho_j\varPi_0\left(l-1,n_0\right)\qquad(4\text{-}1\text{-}12\mathrm{b})$$

$$+\left[l\left(l-1\right)+2l\left(\rho_j+\lambda\right)+\lambda\rho_j-\mu\right]\varPi_0\left(l,n_0\right)$$

这里

$$\varPi_0\left(l,n_0\right)=F^{-1}\left\langle Jee\left(l,x\right)\right\rangle_{n_0}\qquad(4\text{-}1\text{-}12\mathrm{c})$$

由方程（4-1-11）可解出

$$A_n\left(j\right)=\sum_{l=1}^{3}a_l\left(j\right)Ae\left(l,n,j\right)\qquad(4\text{-}1\text{-}13)$$

其中 $Ae\left(l,n,j\right)$ 为如下代数方程的解：

$$\sum_{|n|\leqslant N}Ae\left(l,n,j\right)R_0\left(n,n_0,j\right)=S_0\left(l,n_0,j\right),\quad\left|n_0\right|\leqslant N\qquad(4\text{-}1\text{-}14)$$

将解式（4-1-13）代入展式（4-1-7）得到

$$U^{(k)}(x,j)=\sum_{l=1}^{3}a_l(j)Z_0(k,l,x,j),\quad k=0,1,2 \qquad (4\text{-}1\text{-}15a)$$

这里

$$Z_0(k,l,x,j)=\sum_{|n|\leqslant N}(i\alpha_n)^k Ae(l,n,j)\exp\{i\alpha_n x\}+Jee(l-k,x)$$

$$(4\text{-}1\text{-}15b)$$

据引理 1 和引理 4，派生方程（4-1-6）应满足相容性条件和约束条件

$$L_0\{U,j\}\big|_0^1$$
$$=-U''(0,j)-2(2\rho_j+\lambda)U'(1,j)+2\rho_j U'(0,j) \qquad (4\text{-}1\text{-}16a)$$
$$+(\mu-\lambda\rho_j)\big[U(1,j)-U(0,j)\big]=0$$

$$L_0'\{U,j\}_{x=1}$$
$$=-(4\rho_j+2\lambda+2)U''(1)+\big[\mu-(2+\lambda)\rho_j-2\lambda\big]U'(1)=0 \qquad (4\text{-}1\text{-}16b)$$

利用解式（4-1-15）得到确定系数 $a_l(j)$ 的方程

$$\sum_{l=1}^{2}a_l(j)\beta_0(l,l_0,j)=-a_3(j)\beta_0(3,l_0,j),\quad l_0=1,2 \qquad (4\text{-}1\text{-}17)$$

这里

$$\beta_0(l,1,j)=-Z_0(2,l,0,j)$$
$$-2(2\rho_j+\lambda)Z_0(1,l,1,j)+2\rho_j Z_0(1,l,0,j) \qquad (4\text{-}1\text{-}18a)$$
$$+(\mu-\lambda\rho_j)\big[Z_0(0,l,1,j)-Z_0(0,l,0,j)\big]$$

和

$$\beta_0(l,2,j)=-(4\rho_j+2\lambda+2)Z_0(2,l,1,j)$$
$$+\big[\mu-(2+\lambda)\rho_j-2\lambda\big]Z_0(1,l,1,j) \qquad (4\text{-}1\text{-}18b)$$

由方程（4-1-17）可解出

$$a_l(j)=a_0(j)\gamma_0(l,j),\quad l=1,2 \qquad (4\text{-}1\text{-}19)$$

于是将解式（4-1-15）进一步写为如下形式：

$$U^{(k)}(x,j)=a_0(j)\Pi_0(k,x,j),\quad k=0,1,2 \qquad (4\text{-}1\text{-}20a)$$

这里

$$\Pi_0(k,x,j)=\sum_{l=1}^{2}\gamma_0(l,j)Z_0(k,l,x,j)+Z_0(k,3,x,j) \qquad (4\text{-}1\text{-}20b)$$

于是方程（4-1-1）有解：

$$y(x) = a_0(1)\Pi_0(0,x,1) + a_0(2)x^{1-\lambda}\Pi_0(0,x,2) \qquad (4\text{-}1\text{-}21)$$

这里 $a_0(1)$ 和 $a_0(2)$ 为可调整的常数。

3. 当 $\lambda = 1$ 时，指标方程（4-1-5）有重根：$\rho_1 = \rho_2 = 0$

此时方程（4-1-1）写为如下形式：

$$L\{y(x)\} = (1-x^2)y''(x) - 2xy'(x) + \mu y(x) = 0 \qquad (4\text{-}1\text{-}22)$$

方程的解写为

$$y(x) = c_1 y_1(x) + c_2 y_2(x) \qquad (4\text{-}1\text{-}23)$$

这里（据引理 5）

$$y_1(x) = U_1(x) \qquad (4\text{-}1\text{-}24a)$$

$$y_2(x) = U_1(x)\ln(1-x) + U_2(x) \qquad (4\text{-}1\text{-}24b)$$

$U_1(x)$ 满足如下方程：

$$L\{U_1(x)\} = (1-x^2)U_1''(x) - 2xU_1'(x) + \mu U_1(x) = 0 \qquad (4\text{-}1\text{-}25)$$

$U_2(x)$ 满足如下方程：

$$L\{U_2(x)\} = (1-x^2)U_2''(x) - 2xU_2'(x) + \mu U_2(x) = -f(x) \qquad (4\text{-}1\text{-}26)$$

这里（见附录 A）

$$f(x) = L\{U_1(x)\ln(1-x)\} \qquad (4\text{-}1\text{-}27)$$

1）将解式 $U_1(x)$ 展开为 2-阶可微的改进 Fourier 级数

$$U_1^{(k)}(x) = \sum_{|n| \leqslant N}(\mathrm{i}\alpha_n)^k B_1(n)\exp\{\mathrm{i}\alpha_n x\} + \sum_{l=1}^{3}b_1(l)Jee(l-k,x), \quad k = 0,1,2$$

$$(4\text{-}1\text{-}28)$$

代入方程（4-1-25）得到

$$\sum_{|n| \leqslant N}B_1(n)GR(n,x)\exp\{\mathrm{i}\alpha_n x\} + \sum_{l=1}^{3}b_1(l)GS(l,x) = 0 \qquad (4\text{-}1\text{-}29)$$

这里

$$GR(n,x) = (\mathrm{i}\alpha_n)^2(1-x^2) - 2(\mathrm{i}\alpha_n)x + \mu$$
$$= \left[(\mathrm{i}\alpha_n)^2 + \mu\right] - 2(\mathrm{i}\alpha_n)x - (\mathrm{i}\alpha_n)^2 x^2 \qquad (4\text{-}1\text{-}30a)$$

$$GS(l,x) = (1-x^2)Jee(l-2,x) - 2xJee(l-1,x) + \mu Jee(l,x)$$
$$= Jee(l-2,x) + \left[\mu - l(l+1)\right]Jee(l,x) \qquad (4\text{-}1\text{-}30b)$$

对方程（4-1-29）求 Fourier 投影得到

$$\sum_{|n| \le N} B_1(n) R(n, n_0) = \sum_{l=1}^{3} b_1(l) S(l, n_0) \qquad (4\text{-}1\text{-}31)$$

这里

$$R(n, n_0) = F^{-1} \langle GR(n, x) \rangle_{n_0 - n}$$

$$= \left[(i\alpha_n)^2 + \mu \right] \Pi_0(0, n_0 - n) - 2(i\alpha_n) \Pi_0(1, n_0 - n) \qquad (4\text{-}1\text{-}32a)$$

$$- 2(i\alpha_n)^2 \Pi_0(2, n_0 - n)$$

$$S(l, n_0) = -F^{-1} \langle GS(l, x) \rangle_{n_0} \qquad (4\text{-}1\text{-}32b)$$

$$= -\left\{ \Pi_0(l - 2, n_0) + \left[\mu - l(l+1) \right] \Pi_0(l, n_0) \right\}$$

由方程（4-1-31）可解出

$$B_1(n) = \sum_{l=1}^{3} b_1(l) Be(l, n) \qquad (4\text{-}1\text{-}33)$$

其中 $Be(l, n)$ 为如下代数方程的解：

$$\sum_{|n| \le N} Be(l, n) R(n, n_0) = S(l, n_0), \quad |n_0| \le N \qquad (4\text{-}1\text{-}34)$$

将解式（4-1-33）代入展式（4-1-28）得到

$$U_1^{(k)}(x) = \sum_{l=1}^{3} b_1(l) Z(k, l, x), \quad k = 0, 1, 2 \qquad (4\text{-}1\text{-}35a)$$

这里

$$Z(k, l, x) = \sum_{|n| \le N} (i\alpha_n)^k Be(l, n) \exp\{i\alpha_n x\} + Jee(l - k, x) \qquad (4\text{-}1\text{-}35b)$$

据引理 1 和引理 4，方程（4-1-25）应满足如下相容性条件和约束条件：

$$L\{U_1(x)\}\Big|_{x=0}^{x=1} = -U_1''(0) - 2U_1'(1) + \mu\left[U_1(1) - U_1(0) \right] = 0 \qquad (4\text{-}1\text{-}36a)$$

$$L'\{U_1(x)\}\Big|_{x=1} = -4U_1''(1) + (\mu - 2)U_1'(1) = 0 \qquad (4\text{-}1\text{-}36b)$$

利用解式（4-1-35）可得到确定 $b_1(l)$ 的方程

$$\sum_{l=1}^{2} b_1(l) \beta(l, l_0) = -\beta(3, l_0), \quad l_0 = 1, 2 \qquad (4\text{-}1\text{-}37)$$

这里

$$\beta(l, 1) = -Z(2, l, 0) - 2Z(1, l, 1)$$

$$+ \mu\left[Z(0, l, 1) - Z(0, l, 0) \right] \qquad (4\text{-}1\text{-}38)$$

$$\beta(l, 2) = -4Z(2, l, 1) + (\mu - 2)Z(1, l, 1)$$

由方程（4-1-37）可定出

$$b_1(l) = \gamma_1(l), \quad l = 1, 2 \tag{4-1-39}$$

进一步改写解式（4-1-35）为如下形式：

$$U_1^{(k)}(x) = \Pi_1(k, x), \quad k = 0, 1, 2 \tag{4-1-40a}$$

这里

$$\Pi_1(k, x) = \sum_{l=1}^{2} \gamma_1(l) Z(k, l, x) + Z(k, 3, x) \tag{4-1-40b}$$

2）将解式 $U_2(x)$ 展开为 2-阶可微的改进 Fourier 级数

$$U_2^{(k)}(x) = \sum_{|n| \leq N} (\mathrm{i}\alpha_n)^k B_2(n) \exp\{\mathrm{i}\alpha_n x\} + \sum_{l=1}^{3} b_2(l) Jee(l - k, x), \quad k = 0, 1, 2 \tag{4-1-41}$$

代入方程（4-1-26）得到

$$\sum_{|n| \leq N} B_2(n) GR(n, x) \exp\{\mathrm{i}\alpha_n x\} + \sum_{l=1}^{3} b_2(l) GS(l, x) = -f(x) \tag{4-1-42}$$

求 Fourier 投影得到

$$\sum_{|n| \leq N} B_2(n) R(n, n_0) = \sum_{l=1}^{3} b_2(l) S(l, n_0) + S(0, n_0) \tag{4-1-43}$$

这里（见附录 A）

$$S(0, n_0) = -F^{-1} \langle f(x) \rangle_{n_0} \tag{4-1-44}$$

由方程（4-1-43）可解出

$$B_2(n) = \sum_{l=1}^{3} b_2(l) Be(l, n) + Be(0, n) \tag{4-1-45}$$

其中 $Be(0, n)$ 为如下代数方程的解：

$$\sum_{|n| \leq N} Be(0, n) R(n, n_0) = S(0, n_0), \quad |n_0| \leq N \tag{4-1-46}$$

将解式（4-1-45）代入展式（4-1-41）得到

$$U_2^{(k)}(x) = \sum_{l=1}^{3} b_2(l) Z(k, l, x) + Z(k, 0, x), \quad k = 0, 1, 2 \tag{4-1-47a}$$

这里

$$Z(k, 0, x) = \sum_{|n| \leq N} (\mathrm{i}\alpha_n)^k Be(0, n) \exp\{\mathrm{i}\alpha_n x\} \tag{4-1-47b}$$

据引理 1 和引理 4，方程（4-1-26）应满足如下相容性条件和约束条件：

$$L_1\{U_2(x)\}\big|_{x=0}^{x=1} = -U_2''(0) - 2U_2'(1) + \mu\big[U_2(1) - U_2(0)\big] = -f(x)\big|_0^1$$

$$L_1'\{U_2(x)\}\big|_{x=1} = -4U_2''(1) + (\mu-2)U_2'(1) = -f'(1)$$

$$(4\text{-}1\text{-}48)$$

利用解式（4-1-47）得到确定 $b_2(l)$ 的方程

$$\sum_{l=1}^{2} b_2(l)\beta(l,l_0) = -\beta(3,l_0) - \beta(0,l_0), \quad l_0 = 1,2 \qquad (4\text{-}1\text{-}49)$$

这里

$$\beta(0,1) = f(x)\big|_0^1 - Z(2,0,0) - 2Z(1,0,1)$$
$$+ \mu\big[Z(0,0,1) - Z(0,0,0)\big] \qquad (4\text{-}1\text{-}50)$$
$$\beta(0,2) = f'(1) - 4Z(2,0,1) + (\mu-2)Z(1,0,1)$$

由方程（4-1-49）可解出

$$b_2(l) = \gamma_1(l) + \gamma_2(l), \quad l = 1,2 \qquad (4\text{-}1\text{-}51)$$

改写解式（4-1-47）为

$$U_2^{(k)}(x) = \sum_{l=1}^{2}\big[\gamma_1(l) + \gamma_2(l)\big]Z(k,l,x) + Z(k,3,x) + Z(k,0,x)$$
$$= \Pi_1(k,x) + \Pi_2(k,x)$$

$$(4\text{-}1\text{-}52)$$

略去与 $U_1^{(k)}(x)$ 线性相关的函数 $\Pi_1(k,x)$ 得到

$$U_2^{(k)}(x) = \Pi_2(k,x) \qquad (4\text{-}1\text{-}53a)$$

这里

$$\Pi_2(k,x) = \sum_{l=1}^{2}\gamma_2(l)Z(k,l,x) + Z(k,0,x) \qquad (4\text{-}1\text{-}53b)$$

所以解式（4-1-23）写为如下形式：

$$y(x) = c_1\Pi_1(0,x) + c_2\big[\Pi_1(0,x)\ln(1-x) + \Pi_2(0,x)\big]$$

$$(4\text{-}1\text{-}54)$$

4. 算例

1）取两组不同的参数，满足方程（4-1-6）的解 $U(x,\rho_1) = \Pi_0(0,x,1)$ 和 $U(x,\rho_2) = \Pi_0(0,x,2)$ 的分布及对应的相对误差 $\mathrm{Err}(x,1)$ 和 $\mathrm{Err}(x,2)$ 列在表 4-1 和表 4-2 中

表 4-1　$\Pi_0(0, x, l)$ 和 Err(x, l), $l = 1, 2$ 的分布

（ $\lambda = 1.5$, $\mu = 10.0$, $N = 50$ ）

x	$\rho = 0$		$\rho = 1 - \lambda = -0.5$	
	$\Pi_0(0, x, 1)$	Err$(x, 1)$	$\Pi_0(0, x, 2)$	Err$(x, 2)$
0.0	1.0000	3.0×10^{-5}	1.0000	3.1×10^{-5}
0.1	1.1280	1.0×10^{-6}	0.3285	5.2×10^{-5}
0.2	1.1445	7.2×10^{-7}	−0.3246	1.1×10^{-5}
0.3	1.0391	1.6×10^{-6}	−0.9025	1.1×10^{-5}
0.4	0.8029	2.0×10^{-6}	−1.3511	9.8×10^{-6}
0.5	0.4297	1.9×10^{-6}	−1.6182	9.1×10^{-6}
0.6	−0.0939	4.9×10^{-7}	−1.6534	1.0×10^{-5}
0.7	−0.7688	2.6×10^{-7}	−1.4080	6.6×10^{-6}
0.8	−1.6033	1.6×10^{-7}	−0.8344	4.3×10^{-6}
0.9	−2.6031	5.5×10^{-7}	0.1138	2.9×10^{-6}
1.0	−3.7738	7.6×10^{-6}	1.4821	2.9×10^{-5}

表 4-2　$\Pi_0(0, x, l)$ 和 Err(x, l), $l = 1, 2$ 的分布

（ $\lambda = \mathrm{i} = \sqrt{-1}$, $\mu = 10.0$, $N = 100$ ）

x	$\rho_1 = 0$		$\rho_2 = 1 - \mathrm{i}$	
	$\Pi_0(0, x, 1)$	Err$(x, 1)$	$\Pi_0(0, x, 2)$	Err$(x, 2)$
0.0	$1.0000 - \mathrm{i}0.3031$	10^{-4}	$1.0000 - \mathrm{i}0.8437$	10^{-5}
0.1	$0.8590 - \mathrm{i}0.5895$	10^{-5}	$0.8369 + \mathrm{i}1.0790$	10^{-6}
0.2	$0.6270 - \mathrm{i}0.8206$	10^{-5}	$0.5896 + \mathrm{i}1.3187$	10^{-5}
0.3	$0.3571 - \mathrm{i}0.9773$	10^{-5}	$0.2506 + \mathrm{i}1.5622$	10^{-5}
0.4	$0.0456 - \mathrm{i}1.0470$	10^{-6}	$-0.1870 + \mathrm{i}1.8090$	10^{-5}
0.5	$-0.2689 - \mathrm{i}1.0228$	10^{-5}	$-0.7300 + \mathrm{i}2.0592$	10^{-5}
0.6	$-0.5572 - \mathrm{i}0.9035$	10^{-6}	$-1.3848 + \mathrm{i}2.3127$	10^{-6}
0.7	$-0.7896 - \mathrm{i}0.6931$	10^{-5}	$-2.1577 + \mathrm{i}2.5696$	10^{-6}
0.8	$-0.9367 - \mathrm{i}0.4007$	10^{-5}	$-3.0547 + \mathrm{i}2.8304$	10^{-6}
0.9	$-0.9702 - \mathrm{i}0.0394$	10^{-6}	$-4.0815 + \mathrm{i}3.0954$	10^{-6}
1.0	$-0.8627 - \mathrm{i}0.3732$	10^{-4}	$-5.2428 + \mathrm{i}3.3652$	10^{-6}

　　从以上计算结果不难看出只要取 $N = 100$ ，解满足方程的相对误差就不超过 10^{-4} 。

2）当 $\lambda=1.0$，指标方程（4-1-5）有重根 $\rho_1=\rho_2=0$，满足方程（4-1-25）和（4-1-26）的两个解 $U(x,1)=\Pi_1(0,x),U(x,2)=\Pi_2(0,x)$ 的分布及收敛速度见表 4-3 和表 4-4

表 4-3　$U(x,1)=\Pi_1(0,x),U(x,2)=\Pi_2(0,x)$ 的分布

（$\lambda=1.0,\ \mu=12.0$）

x	$\Pi_1(0,x)$		$\Pi_2(0,x)$	
	$N=100$	$N=200$	$N=400$	$N=500$
0.0	−0.0000	−0.0000	−0.7221	−0.7222
0.1	−0.0983	−0.0983	−0.7936	−0.7939
0.2	−0.1866	−0.1866	−0.7684	−0.7690
0.3	−0.2550	−0.2550	−0.6390	−0.6399
0.4	−0.2933	−0.2933	−0.4001	−0.4002
0.5	−0.2917	−0.2917	−0.0482	−0.0492
0.6	−0.2400	−0.2400	0.4187	0.4179
0.7	−0.1283	−0.1283	1.0010	1.0006
0.8	0.0533	0.0533	1.6978	1.6980
0.9	0.3150	0.3150	2.5072	2.5083
1.0	0.6667	0.6667	3.4265	3.4287

表 4-4　$U(x,1)=\Pi_1(0,x),U(x,2)=\Pi_2(0,x)$ 的分布

（$\lambda=1.0,\ \mu=20.0$）

x	$\Pi_1(0,x)$		$\Pi_2(0,x)$	
	$N=100$	$N=200$	$N=400$	$N=500$
0.0	0.7142	0.7143	−0.7695	−0.7570
0.1	0.6436	0.6437	−1.1629	−1.1519
0.2	0.4418	0.4419	−1.3160	−1.3087
0.3	0.1389	0.1389	−1.1438	−1.1420
0.4	−0.2152	−0.2153	−0.5630	−0.5674
0.5	−0.5505	−0.5506	0.5085	0.4984
0.6	−0.7770	−0.7771	2.1513	2.1575
0.7	−0.7847	−0.7849	4.4447	4.4310
0.8	−0.4437	−0.4438	7.4660	7.4589
0.9	0.3960	0.3961	11.293	11.301
1.0	1.9044	1.9047	16.015	16.046

不难看出取 $N=100\sim200$ 计算出解 $U_1(x)$ 的分布已精确到有效数值第 3 位。$U_2(x)$ 是在 $U_1(x)$ 的基础上再计算的结果，当 $N=400\sim500$ 时，计算出的 $U_2(x)$ 的分布也精确到有效数值第 3 位。

附录

将解式（4-1-24b）代入方程（4-1-22）得到

$$L\{U_1(x)\ln(1-x)\}+L\{U_2(x)\}=0 \qquad (\text{A-1})$$

或

$$L\{U_2(x)\}=-L\{U_1(x)\ln(1-x)\}\equiv-f(x) \qquad (\text{A-2})$$

所以有

$$
\begin{aligned}
f(x)&=L\{U_1(x)\ln(1-x)\}\\
&=L\{U_1(x)\}\ln(1-x)\\
&\quad+(1-x^2)\{2U_1'(x)\ln'(1-x)+U_1\ln''(1-x)\}\\
&\quad-2x\{U_1\ln'(1-x)\}
\end{aligned}
\qquad (\text{A-3})
$$

其中第一项为零，于是得到

$$
\begin{aligned}
f(x)&=(1-x^2)\left[\frac{-2}{1-x}U_1'+\frac{-1}{(1-x)^2}U_1\right]-2x\frac{-1}{1-x}U_1\\
&=-2(1+x)U_1'-\frac{(1+x)}{(1-x)}U_1+\frac{2x}{1-x}U_1\\
&=-2(1+x)U_1'(x)-U_1(x)
\end{aligned}
\qquad (\text{A-4})
$$

已知

$$U_1(x)=\varPi_1(0,x),\quad U_1'(x)=\varPi_1(1,x) \qquad (\text{A-5})$$

所以有

$$
\begin{aligned}
f(x)&=-2(1+x)\varPi_1(1,x)-\varPi_1(0,x)\\
f'(x)&=-2(1+x)\varPi_1(2,x)-3\varPi_1(1,x)
\end{aligned}
\qquad (\text{A-6})
$$

进而得到

$$
\begin{aligned}
f(x)\big|_0^1&=-4\varPi_1(1,1)-\varPi_1(0,1)\\
&\quad+2\varPi_1(1,0)+\varPi_1(0,0)\\
f'(x)\big|_{x=1}&=-4\varPi_1(2,1)-3\varPi_1(1,1)
\end{aligned}
\qquad (\text{A-7})
$$

将 $f(x)$ 写为两部分：

$$f(x) = f_1(x) + f_2(x) \qquad (\text{A-8})$$

其中

$$
\begin{aligned}
f_1(x) &= -2(1+x)\Pi_1(1,x) \\
&= -2\sum_{l=1}^{3}\gamma_1(l)\left[\begin{array}{l}\sum_{|n|\leqslant N}(\mathrm{i}\alpha_n)Be(l,n)(1+x)\exp\{\mathrm{i}\alpha_n x\}\\ +(1+x)Jee(l-1,x)\end{array}\right] \qquad (\text{A-9a})
\end{aligned}
$$

$$
f_2(x) = -\sum_{l=1}^{3}\gamma_1(l)\left[\begin{array}{l}\sum_{|n|\leqslant N}Be(l,n)\exp\{\mathrm{i}\alpha_n x\}\\ +Jee(l,x)\end{array}\right] \qquad (\text{A-9b})
$$

于是

$$
\begin{aligned}
S(0,n_0) &= -F^{-1}\langle f(x)\rangle_{n_0} = -F^{-1}\langle f_1(x)+f_2(x)\rangle_{n_0} \\
&= S_1(0,n_0) + S_2(0,n_0)
\end{aligned} \qquad (\text{A-10})
$$

其中

$$
\begin{aligned}
S_1(0,n_0) &= -F^{-1}\langle f_1(x)\rangle_{n_0} \\
&= 2\sum_{l=1}^{3}\gamma_1(l)\left[\begin{array}{l}\sum_{|n|\leqslant N}(\mathrm{i}\alpha_n)Be(l,n)\left[\Pi_0(0,n_0-n)+\Pi_0(1,n_0-n)\right]\\ +\Pi_0(l-1,n_0)+l\cdot\Pi_0(l,n_0)\end{array}\right]
\end{aligned}
$$

$$(\text{A-11a})$$

和

$$
\begin{aligned}
S_2(0,n_0) &= -F^{-1}\langle f_2(x)\rangle_{n_0} \\
&= \sum_{l=1}^{3}\gamma_1(l)\left[\sum_{|n|\leqslant N}Be(l,n)\Pi_0(0,n_0-n)+\Pi_0(l,n_0)\right]
\end{aligned} \qquad (\text{A-11b})
$$

4.1.2　Legendre 方程在半无界区域[1,∞) 上的统一解（ $\lambda \neq 1$ ）

Legendre 方程的一般形式为

$$(1-x^2)y''(x) - 2\lambda x y'(x) + \mu y(x) = 0 \qquad (\text{4-1-55})$$

这里 λ, μ 为非零复常数，本文要求 $\lambda \neq 1$。

1. 派生方程的导出

1）引进伸缩坐标

$$\eta = \eta(x) = x^{-1}, \quad x = \eta^{-1} \qquad (\text{4-1-56})$$

在新坐标下，$x \to \infty$ 对应 $\eta = 0$，$x = 1$ 对应 $\eta = 1$，所以伸缩坐标将半无界区域 $x \in [1, \infty)$ 变为有界区间 $\eta \in [0, 1]$。有如下关系式：

$$\eta' = \eta'(x) = -x^{-2} = -\eta^2$$
$$\eta'' = \eta''(x) = -2\eta\eta' = -2\eta\left(-\eta^2\right) = 2\eta^3 \tag{4-1-57}$$

于是

$$y(x) = y\left(\eta^{-1}\right) \equiv Y(\eta)$$
$$y'(x) = Y'\eta' = -\eta^2 Y'$$
$$y''(x) = Y''\eta'^2 + Y'\eta'' = \eta^4 Y'' + 2\eta^3 Y' \tag{4-1-58}$$

改写方程（4-1-55）为如下形式：

$$\left(1-\eta^2\right)\eta^2 Y'' + 2\left[\left(1-\eta^2\right) - \lambda\right]\eta\, Y' - \mu\, Y = 0 \tag{4-1-59}$$

该方程有正则奇点 $\eta = 0$ 和 $\eta = 1$。

2）在 $\eta = 0$ 邻域，方程的解取为如下形式：

$$Y(\eta) = \eta^\rho V(\eta), \quad V(0) \neq 0 \tag{4-1-60}$$

代入方程（4-1-59）得到

$$\left(1-\eta^2\right)\eta^2\left[V'' + 2\rho\eta^{-1}V' + \rho(\rho-1)\eta^{-2}V\right]$$
$$+ 2\left[\left(1-\eta^2\right) - \lambda\right]\eta\left(V' + \rho\eta^{-1}V\right) - \mu V = 0 \tag{4-1-61a}$$

或

$$\left(1-\eta^2\right)\eta^2 V'' + 2\left[(\rho+1)\left(1-\eta^2\right) - \lambda\right]\eta V'$$
$$+ \left\{\rho(\rho-1)\left(1-\eta^2\right) + 2\rho\left[\left(1-\eta^2\right) - \lambda\right] - \mu\right\}V = 0 \tag{4-1-61b}$$

令 $\eta \to 0$，得到指标方程

$$\rho(\rho-1) + 2\rho(1-\lambda) - \mu = 0 \tag{4-1-62a}$$

或

$$\rho^2 - 2\lambda_0\rho - \mu = 0$$
$$\lambda_0 = \lambda - 0.5 \tag{4-1-62b}$$

可解出

$$\rho_j = \lambda_0 \pm \Delta, \quad \Delta = \sqrt{\lambda_0^2 + \mu} \neq 0, \quad j = 1, 2 \tag{4-1-63}$$

这里只考虑非重根情况 $\Delta \neq 0$，即 $\lambda_0^2 + \mu \neq 0$。方程（4-1-61）化简为

$$L_1\{V, j\} \equiv \left(1-\eta^2\right)\eta V''(\eta, j) + 2\left[\left(\rho_j+1\right)\left(1-\eta^2\right) - \lambda\right]V'(\eta, j)$$
$$- \rho_j\left(\rho_j+1\right)\eta V(\eta, j) = 0 \tag{4-1-64}$$

于是方程（4-1-64）有解 $V(\eta,j)$，$j=1,2$，于是（据引理 3）有

$$Y(\eta) = \left\{ \eta^{\rho_1} V(\eta,1); \ \eta^{\rho_2} V(\eta,2) \right\} \tag{4-1-65}$$

3）在 $\eta=1$ 邻域（据引理 3）解 $V(\eta,j)$ 写为如下形式：

$$V(\eta,j) = (1-\eta)^{\sigma} U(\eta,j), \quad U(1,j) \ne 0 \tag{4-1-66}$$

代入方程（4-1-64）得到

$$\left(1-\eta^2\right)\eta\left[U'' - 2\sigma(1-\eta)^{-1} U' + \sigma(\sigma-1)(1-\eta)^{-2} U \right]$$
$$+2\left[(\rho_j+1)(1-\eta^2) - \lambda \right]\left[U' - \sigma(1-\eta)^{-1} U \right] - \rho_j(\rho_j+1)\eta U = 0 \tag{4-1-67}$$

进而得到

$$\left(1-\eta^2\right)\eta U'' + 2\left[-\sigma(1+\eta)\eta + (\rho_j+1)(1-\eta^2) - \lambda \right] U'$$
$$+ \left[G(\eta,j) - 2\sigma(\rho_j+1)(1+\eta) - \rho_j(\rho_j+1)\eta \right] U = 0 \tag{4-1-68}$$

这里

$$G(\eta,j) = \left[\sigma(\sigma-1)(1+\eta)\eta + 2\sigma\lambda \right](1-\eta)^{-1}$$
$$= \left[-\sigma(\sigma-1)(1-\eta+1-\eta^2-2) + 2\sigma\lambda \right](1-\eta)^{-1} \tag{4-1-69}$$
$$= \left[2\sigma(\sigma-1) + 2\sigma\lambda \right](1-\eta)^{-1} - \sigma(\sigma-1)(2+\eta)$$

消除 $(1-\eta)^{-1}$ 阶奇异项，得到指标方程

$$\sigma(\sigma-1) + \sigma\lambda = 0 \tag{4-1-70a}$$

定出

$$\sigma_{j_0} = \begin{cases} 0, & j_0 = 1 \\ 1-\lambda, & j_0 = 2 \end{cases} \tag{4-1-70b}$$

于是方程（4-1-68）进一步写为如下形式[注意：$-\sigma(\sigma-1)=\sigma\lambda$]：

$$\left(1-\eta^2\right)\eta U'' + 2\left[-\sigma_{j_0}(1+\eta)\eta + (\rho_j+1)(1-\eta^2) - \lambda \right] U'$$
$$+ \left[\sigma_{j_0}\lambda(2+\eta) - 2\sigma_{j_0}(\rho_j+1)(1+\eta) - \rho_j(\rho_j+1)\eta \right] U = 0 \tag{4-1-71}$$

因为 $\lambda \ne 1$，所以 $\sigma_1 \ne \sigma_2$。

于是解式（4-1-66）写为如下形式：

$$V(\eta,j) = a_0(j,1) U(\eta,j,1) + a_0(j,2)(1-\eta)^{\sigma_2} U(\eta,j,2) \tag{4-1-72}$$

方程（4-1-71）改写为如下派生方程：

$$L_0\{U,j,j_0\} \equiv \left(1-\eta^2\right)\eta U'' + qq_1(\eta,j,j_0) U' + qq_2(\eta,j,j_0) U = 0 \tag{4-1-73}$$

这里

$$qq_1(\eta, j, j_0) = q_{10}(j, j_0) + q_{11}(j, j_0)\eta + q_{12}(j, j_0)\eta^2$$
$$qq_2(\eta, j, j_0) = q_{20}(j, j_0) + q_{21}(j, j_0)\eta \qquad (4\text{-}1\text{-}74)$$

其中

$$q_{10}(j, j_0) = 2(1-\lambda) + 2\rho_j$$
$$q_{11}(j, j_0) = -2\sigma_{j_0} \qquad (4\text{-}1\text{-}75\text{a})$$
$$q_{12}(j, j_0) = -2(\sigma_{j_0} + \rho_j + 1)$$

$$q_{20}(j, j_0) = -2\sigma_{j_0}(\rho_j + 1 - \lambda) \qquad (4\text{-}1\text{-}75\text{b})$$
$$q_{21}(j, j_0) = -2\sigma_{j_0}(\rho_j + 1 - \lambda/2) - \rho_j(\rho_j + 1)$$

2. 派生方程（4-1-73）的求解

将函数 $U(\eta, j, j_0)$ 展开为如下 2-阶可微的改进 Fourier 级数：

$$U^{(k)}(\eta, j, j_0) = \sum_{|n| \leqslant N} (\mathrm{i}\alpha_n)^k A_n(j, j_0) \exp\{\mathrm{i}\alpha_n \eta\} + \sum_{l=1}^{3} a_l(j, j_0) Jee(l-k, \eta), \quad k = 0, 1, 2$$

$$(4\text{-}1\text{-}76)$$

这里

$$\alpha_n = 2n\pi, \quad Jee(l, \eta) = \begin{cases} \dfrac{\eta^l}{l!}, & l \geqslant 0 \\ 0, & l < 0 \end{cases} \qquad (4\text{-}1\text{-}77\text{a})$$

引进 Fourier 投影

$$F^{-1}\langle\ \rangle_{n_0} = \int_0^1 \langle\ \rangle \exp\{-\mathrm{i}\alpha_{n_0}\eta\} \mathrm{d}\eta \qquad (4\text{-}1\text{-}77\text{b})$$

将展开式（4-1-76）代入方程（4-1-73）得到（见附录 A）

$$\sum_{|n| \leqslant N} A_n(j, j_0) GR_0(n, \eta, j, j_0) \exp\{\mathrm{i}\alpha_n \eta\} + \sum_{l=1}^{3} a_l(j, j_0) GS_0(l, \eta, j, j_0) = 0$$

$$(4\text{-}1\text{-}78)$$

求 Fourier 投影得到（见附录 A）

$$\sum_{|n| \leqslant N} A_n(j, j_0) R_0(n, n_0, j, j_0) = \sum_{l=1}^{3} a_l(j, j_0) S_0(l, n_0, j, j_0) \qquad (4\text{-}1\text{-}79)$$

可解出

$$A_n\left(j,j_0\right) = \sum_{l=1}^{3} a_l\left(j,j_0\right) Ae\left(l,n,j,j_0\right) \tag{4-1-80}$$

这里 $Ae\left(l,n,j,j_0\right)$ 为如下方程的解：

$$\sum_{|n| \leqslant N} Ae\left(l,n,j,j_0\right) R_0\left(n,n_0,j,j_0\right) = S_0\left(l,n_0,j,j_0\right), \quad |n_0| \leqslant N \tag{4-1-81}$$

将解式（4-1-80）代入展式（4-1-76）得到解式

$$U^{(k)}\left(\eta,j,j_0\right) = \sum_{l=1}^{3} a_l\left(j,j_0\right) Z_0\left(k,l,\eta,j,j_0\right), \quad k = 0,1,2 \tag{4-1-82a}$$

这里

$$Z_0\left(k,l,\eta,j,j_0\right) = \sum_{|n| \leqslant N} \left(\mathrm{i}\alpha_n\right)^k Ae\left(l,n,j,j_0\right) \exp\{\mathrm{i}\alpha_n\eta\} + Jee\left(l-k,\eta\right)$$

$$\tag{4-1-82b}$$

据引理 1 和引理 4，方程（4-1-73）需满足相容性条件和约束条件

$$L_0\left\{U\left(\eta,j,j_0\right)\right\}\Big|_0^1 = 0$$

$$L_0'\left\{U\left(\eta,j,j_0\right)\right\}\Big|_{\eta=1} = 0 \tag{4-1-83}$$

利用解式（4-1-82），得到如下确定系数 $a_l\left(j,j_0\right)$ 的方程（见附录 A）：

$$\sum_{l=1}^{2} a_l\left(j,j_0\right) \beta_0\left(l,l_0,j,j_0\right) = -\beta_0\left(3,l_0,j,j_0\right), \quad l_0 = 1,2 \tag{4-1-84}$$

可定出

$$a_l\left(j,j_0\right) = \gamma_0\left(l,j,j_0\right), \quad l = 1,2 \tag{4-1-85}$$

改写解式（4-1-82）为如下形式：

$$U^{(k)}\left(\eta,j,j_0\right) = \Pi_0\left(k,\eta,j,j_0\right), \quad k = 0,1,2 \tag{4-1-86a}$$

这里

$$\Pi_0\left(k,\eta,j,j_0\right) = \sum_{l=1}^{2} \gamma_0\left(l,j,j_0\right) Z_0\left(k,l,\eta,j,j_0\right) + Z_0\left(k,3,\eta,j,j_0\right)$$

$$\tag{4-1-86b}$$

这里 $\left(j,j_0\right)$ 对应 $(1,1),(1,2),(2,1),(2,2)$ 4 个解。但我们知道，2-阶线性常微分方程只有两个线性独立的解。为保证 2-阶导数 $V''(\eta,j)\big|_{\eta=0}$ 有界，还应有一个约束条件将这 4 个解组合成两个（在该区间 $\eta \in [0,1]$ 上）线性独立的解 $V(\eta,1),V(\eta,2)$。

3. $\eta = 0$ 处约束条件的引进

据引理 4，方程（4-1-64）在 $\eta = 0$ 时应满足的约束条件为

$$L_1'\{V(\eta,j)\}_{\eta=0} = (2\rho_j - 2\lambda + 3)V''(0,j) - \rho_j(\rho_j + 1)V(0,j) = 0$$

（4-1-87）

利用解式（4-1-86）将解式（4-1-72）写为如下形式：

$$V(\eta,j) = a_0(j,1)\varPi_0(0,\eta,j,1) + a_0(j,2)(1-\eta)^{\sigma_2}\varPi_0(0,\eta,j,2)$$ （4-1-88）

进而得到

$$V''(\eta,j) = a_0(j,1)\varPi_0(2,\eta,j,1)$$
$$+ a_0(j,2)\begin{bmatrix}(1-\eta)^{\sigma_2}\varPi_0(2,\eta,j,2) - 2\sigma_2(1-\eta)^{\sigma_2-1}\varPi_0(1,\eta,j,2)\\ + \sigma_2(\sigma_2-1)(1-\eta)^{\sigma_2-2}\varPi_0(0,\eta,j,2)\end{bmatrix}$$

（4-1-89）

于是有

$$V(0,j) = a_0(j,1)\varPi_0(0,0,j,1) + a_0(i,2)\varPi_0(0,0,j,2)$$
$$V''(0,j) = a_0(j,1)\varPi_0(2,0,j,1)$$ （4-1-90）
$$+ a_0(j,2)\begin{bmatrix}\varPi_0(2,0,j,2) - 2\sigma_2\varPi_0(1,0,j,2)\\ + \sigma_2(\sigma_2-1)\varPi_0(0,0,j,2)\end{bmatrix}$$

或缩写为如下形式：

$$V(0,j) = a_0(j,1)\mu_{11}(j) + a_0(j,2)\mu_{12}(j)$$
$$V''(0,j) = a_0(j,1)\mu_{21}(j) + a_0(j,2)\mu_{22}(j)$$

（4-1-91a）

这里

$$\mu_{11}(j) = \varPi_0(0,0,j,1)$$
$$\mu_{12}(j) = \varPi_0(0,0,j,2)$$
$$\mu_{21}(j) = \varPi_0(2,0,j,1)$$ （4-1-91b）
$$\mu_{22}(j) = \varPi_0(2,0,j,2) - 2\sigma_2\varPi_0(1,0,j,2) + \sigma_2(\sigma_2-1)\varPi_0(0,0,j,2)$$

代入约束条件（4-1-87）得到

$$(2\rho_j - 2\lambda + 3)\big[a_0(j,1)\mu_{21}(j) + a_0(j,2)\mu_{22}(j)\big]$$
$$-(2\rho_j\lambda + \mu)\big[a_0(j,1)\mu_{11}(j) + a_0(j,2)\mu_{12}(j)\big] = 0$$

（4-1-92）

整理后得到

$$a_0(j,1)\varOmega_1(j) + a_0(j,2)\varOmega_2(j) = 0$$ （4-1-93a）

这里

$$\Omega_1(j) = (2\rho_j - 2\lambda + 3)\mu_{21}(j) - (2\rho_j\lambda + \mu)\mu_{11}(j)$$

$$\Omega_2(j) = (2\rho_j - 2\lambda + 3)\mu_{22}(j) - (2\rho_j\lambda + \mu)\mu_{12}(j) \tag{4-1-93b}$$

于是有关系式

$$a_0(j,1) \equiv a_0(j)$$

$$a_0(j,2) = a_0(j)\Omega_0(j) \tag{4-1-94a}$$

这里

$$\Omega_0(j) = -\Omega_1(j) / \Omega_2(j) \tag{4-1-94b}$$

代入解式（4-1-88），得到

$$V(\eta,j) = a_0(j)V_0(\eta,j)$$

$$V_0(\eta,j) = \left[\Pi_0(0,\eta,j,1) + (1-\eta)^{\sigma_2}\Omega_0(j)\Pi_0(0,\eta,j,2)\right] \tag{4-1-95}$$

4. 算例

取参数 $\lambda = 4$，$\mu = 10.0$，于是得到

$$\rho_j = \begin{cases} 8.2170, & j=1 \\ -1.2170, & j=2 \end{cases}; \quad \sigma_{j_0} = \begin{cases} 0, & j_0 = 1 \\ -3, & j_0 = 2 \end{cases} \tag{4-1-96}$$

取 $N = 100$，计算出解式 $U^{(k)}(\eta,j,j_0) = \Pi_0(k,\eta,j,j_0), k=0,1,2$列于表 4-5 和表 4-6 中。

表 4-5　解式 $U(\eta,j,j_0) = \Pi_0(0,\eta,j,j_0)$ 的分布

$(\lambda = 4, \mu = 10.0)$

η	$\Pi_0(0,\eta,1,1)$	$\Pi_0(0,\eta,1,2)$	$\Pi_0(0,\eta,2,1)$	$\Pi_0(0,\eta,2,2)$
0.0	−0.63425	−0.38406	−57.6207	−0.59371
0.1	−0.54114	−0.28202	−52.1964	−0.51053
0.2	−0.46066	−0.19618	−46.7461	−0.43937
0.3	−0.39181	−0.12555	−41.2687	−0.37922
0.4	−0.33359	−0.06913	−35.7632	−0.32909
0.5	−0.28501	−0.02592	−30.2287	−0.28797
0.6	−0.24507	0.00509	−24.6642	−0.25487
0.7	−0.21275	0.02489	−19.0686	−0.22878
0.8	−0.18708	0.03448	−13.4410	−0.20870
0.9	−0.16704	0.03487	−7.7803	−0.19364
0.95	−0.15881	0.03192	−4.9373	−0.18768
1.0	−0.15163	0.02704	−2.0856	−0.18260

表 4-6 解式 $U^{(k)}(0,j,j_0)=\Pi_0(k,0,j,j_0)$ 的分布

$(\lambda=4,\mu=10.0)$

$\Pi_0(0,0,1,1)$	$\Pi_0(0,0,1,2)$	$\Pi_0(0,0,2,1)$	$\Pi_0(0,0,2,2)$
−0.63425	−0.38406	−57.6207	−0.59371
$\Pi_0(1,0,1,1)$	$\Pi_0(1,0,1,2)$	$\Pi_0(1,0,2,1)$	$\Pi_0(1,0,2,2)$
0.99767	1.10482	54.1162	0.89518
$\Pi_0(2,0,1,1)$	$\Pi_0(2,0,1,2)$	$\Pi_0(2,0,2,1)$	$\Pi_0(2,0,2,2)$
−1.36341	−1.72075	2.50452	−1.30147

据（4-1-91）、（4-1-93）、（4-1-94）式得到

$$\mu_{11}(j)=\begin{cases}-0.63425\\-57.6207\end{cases},\quad \mu_{12}(j)=\begin{cases}-0.38406\\-0.59371\end{cases}$$

$$\mu_{21}(j)=\begin{cases}-1.36341\\2.50452\end{cases},\quad \mu_{22}(j)=\begin{cases}0.29945\\-3.0956\end{cases}$$

$$2\rho_j-2\lambda+3=\begin{cases}11.434\\-7.434\end{cases},\quad -\left(2\rho_j\lambda+\mu\right)=\begin{cases}-75.7361\\-0.2641\end{cases}$$

和

$$\Omega_1(1)=32.4464,\quad \Omega_2(1)=32.5111,\quad \Omega_0(1)=-\Omega_1(1)/\Omega_2(1)=-0.9980$$

$$\Omega_1(2)=-3.4010,\quad \Omega_2(2)=23.1695,\quad \Omega_0(2)=-\Omega_1(2)/\Omega_2(2)=0.1468$$

进而计算出

$$V(\eta,j)=a_0(j)V_0(\eta,j)$$

$$V_0(\eta,j)=\left[\Pi_0(0,\eta,j,1)+(1-\eta)^{\sigma_2}\Omega_0(j)\Pi_0(0,\eta,j,2)\right]$$

统一解式 $V_0(\eta,j)$ 的分布如表 4-7 所示。

表 4-7 统一解式 $V_0(\eta,j)$ 的分布

$(\lambda=4,\mu=10.0)$

η	$V_0(\eta,1)$	$V_0(\eta,2)$
0.0	0.2510	57.708
0.1	0.1550	52.299
0.2	0.07826	46.872
0.3	0.02651	41.431
0.4	0.01418	35.987
0.5	0.01418	30.567

续表

η	$V_0(\eta,1)$	$V_0(\eta,2)$
0.6	0.07822	25.249
0.7	1.1328	20.312
0.8	6.6613	17.270
0.9	34.967	36.206
0.95	255.01	225.35
1.0	∞	∞

方程（4-1-64）在区间 $\eta \in [0,1]$ 上的解为 $V_0(\eta,j)$，而方程（4-1-59）在区间 $\eta \in [0,1]$ 上的解为 $Y_1(\eta) = \eta^{\rho_1} V_0(\eta,1)$ 和 $Y_2(\eta) = \eta^{\rho_2} V_0(\eta,2)$，其中

$$\rho_1 = 8.2170, \quad \rho_2 = -1.2170$$

可见，区间两端都为奇点时，求该区间上的统一解，是一个比较复杂的运算过程。如果只关注奇点邻域内的解的性质，就没有必要求统一解，那么求解过程就要简单一些。

附录

方程（4-1-78）中

$$\begin{aligned}
GR_0(n,\eta,j,j_0) &= (\mathrm{i}\alpha_n)^2 (\eta - \eta^3) \\
&\quad + (\mathrm{i}\alpha_n)(q_{10} + q_{11}\eta + q_{12}\eta^2) + (q_{20} + q_{21}\eta) \\
&= \big[(\mathrm{i}\alpha_n)q_{10} + q_{20}\big] + \big[(\mathrm{i}\alpha_n)^2 + (\mathrm{i}\alpha_n)q_{11} + q_{21}\big]\eta \\
&\quad + (\mathrm{i}\alpha_n)q_{12}\eta^2 - (\mathrm{i}\alpha_n)^2 \eta^3
\end{aligned}$$

（A-1）

$$\begin{aligned}
GS_0(l,\eta,j,j_0) &= (\eta - \eta^3) Jee(l-2,x) \\
&\quad + (q_{10} + q_{11}\eta + q_{12}\eta^2) Jee(l-1,x) \\
&\quad + (q_{20} + q_{21}\eta) Jee(l,x) \\
&= \big[(l-1) + q_{10}\big] Jee(l-1,x) + (l \cdot q_{11} + q_{20}) Jee(l,x) \\
&\quad + (l+1)\big[-l(l-1) + l \cdot q_{12} + q_{21}\big] Jee(l+1,x)
\end{aligned}$$

（A-2）

方程（4-1-79）中

$$R_0\left(n,n_0,j,j_0\right)=F^{-1}\left\langle GR\left(n,\eta,j,j_0\right)\right\rangle_{n_0-n}$$

$$=\left[\left(\mathrm{i}\alpha_n\right)q_{10}+q_{20}\right]\Pi_0\left(0,n_0-n\right)$$

$$+\left[\left(\mathrm{i}\alpha_n\right)^2+\left(\mathrm{i}\alpha_n\right)q_{11}+q_{21}\right]\Pi_0\left(1,n_0-n\right)$$

$$+2\left(\mathrm{i}\alpha_n\right)q_{12}\Pi_0\left(2,n_0-n\right)-6\left(\mathrm{i}\alpha_n\right)^2\Pi_0\left(3,n_0-n\right)$$

$$（A\text{-}3）$$

$$S_0\left(l,n_0,i,j\right)=-F^{-1}\left\langle GS\left(l,\eta,i,j\right)\right\rangle_{n_0}$$

$$=-\left\{\begin{matrix}\left[\left(l-1\right)+q_{10}\right]\Pi_0\left(l-1,n_0\right)+\left(l\cdot q_{11}+q_{20}\right)\Pi_0\left(l,n_0\right)\\+\left(l+1\right)\left[-l\left(l-1\right)+l\cdot q_{12}+q_{21}\right]Jee\left(l+1,n_0\right)\end{matrix}\right\}$$

$$（A\text{-}4）$$

这里

$$\Pi_0\left(l,n_0\right)=F^{-1}\left\langle Jee\left(l,\eta\right)\right\rangle_{n_0}\qquad（A\text{-}5）$$

相容性条件和约束条件（4-1-83）写为如下形式：

$$L_0\left\{U\left(\eta,j,j_0\right)\right\}\Big|_0^1=qq_1\left(1,j,j_0\right)U'\left(1,j,j_0\right)+qq_2\left(1,j,j_0\right)U\left(1,j,j_0\right)$$

$$-qq_1\left(0,j,j_0\right)U'\left(0,j,j_0\right)-qq_2\left(0,j,j_0\right)U\left(0,j,j_0\right)=0$$

$$（A\text{-}6）$$

$$L_0'\left\{U\left(\eta,j,j_0\right)\right\}\Big|_{\eta=1}=\left[-2+q_1\left(1,j,j_0\right)\right]U''\left(1,j,j_0\right)$$

$$+\left[q_1'\left(1,j,j_0\right)+q_2\left(1,j,j_0\right)\right]U'\left(1,j,j_0\right)$$

$$+q_2'\left(1,j,j_0\right)U\left(1,j,j_0\right)=0\qquad（A\text{-}7）$$

方程（4-1-84）中

$$\beta_0\left(l,1,j,j_0\right)=q_1\left(1,j,j_0\right)Z_0\left(1,l,1,j,j_0\right)+q_2\left(1,j,j_0\right)Z_0\left(0,l,1,j,j_0\right)$$

$$-q_1\left(0,j,j_0\right)Z_0\left(1,l,0,j,j_0\right)-q_2\left(0,j,j_0\right)Z_0\left(0,l,0,j,j_0\right)$$

$$（A\text{-}8）$$

$$\beta_0\left(l,2,j,j_0\right)=\left[-2+q_1\left(1,j,j_0\right)\right]Z_0\left(2,l,1,j,j_0\right)$$

$$+\left[q_1'\left(1,j,j_0\right)+q_2\left(1,j,j_0\right)\right]Z_0\left(1,l,1,j,j_0\right)$$

$$+q_2'\left(1,j,j_0\right)Z_0\left(0,l,1,j,j_0\right)$$

$$（A\text{-}9）$$

4.1.3　方程在半无界区域[1, ∞) 上的统一解（ $\lambda = 1$ ）

引进坐标变换 $x = \eta^{-1}$ ，参照 4.1.2 节中方程（4-1-59），Legendre 方程写为如下形式：

$$\left(1 - \eta^2\right)\eta^2 Y'' - 2\eta^3 Y' - \mu Y = 0 \tag{4-1-97}$$

该方程有正则奇点 $\eta = 0$ 和 $\eta = 1$ 。

1. 分别求方程在奇点邻域的解

1）为求方程在奇点 $\eta = 0$ 邻域的解，取

$$Y(\eta) = \eta^\rho V(\eta), \quad V(0) \neq 0 \tag{4-1-98}$$

代入方程（4-1-97）得到

$$\begin{aligned}
&\left(1 - \eta^2\right)\eta^2 \left[V'' + 2\rho\eta^{-1}V' + \rho(\rho-1)\eta^{-2}V\right] \\
&-2\eta^3\left(V' + \rho\eta^{-1}V\right) - \mu V = 0
\end{aligned} \tag{4-1-99}$$

或

$$\begin{aligned}
&\left(1 - \eta^2\right)\eta^2 V'' + \left[2\rho\left(1-\eta^2\right)\eta - 2\eta^3\right]V' \\
&+ \left[\rho(\rho-1)\left(1-\eta^2\right) - 2\rho\eta^2 - \mu\right]V = 0
\end{aligned} \tag{4-1-100}$$

令 $\eta \to 0$ ，得到指标方程

$$\rho(\rho-1) - \mu = 0 \tag{4-1-101a}$$

可解出

$$\rho_j = 0.5 \pm \varDelta_0, \quad \varDelta_0 = \sqrt{0.25 + \mu}, \quad j = 1,2 \tag{4-1-101b}$$

这里只考虑非重根情况 $\rho_1 \neq \rho_2$ ，即 $0.25 + \mu \neq 0$ 。方程（4-1-100）化简为如下形式：

$$\begin{aligned}
L_0\{V, j\} &\equiv \left(1 - \eta^2\right)\eta V'' + \left[2\rho_j\left(1-\eta^2\right) - 2\eta^2\right]V' \\
&\quad - \left(2\rho_j + \mu\right)\eta V = 0
\end{aligned} \tag{4-1-102}$$

于是方程（4-1-97）的解为

$$Y(\eta) = \left\{\eta^{\rho_1} V(\eta,1), \eta^{\rho_2} V(\eta,2)\right\} \tag{4-1-103}$$

2）函数 $V(\eta, j)$ 在 $\eta = 1$ 邻域写为如下形式：

$$V(\eta, j) = (1 - \eta)^\sigma U(\eta, j), \quad U(1, j) \neq 0 \tag{4-1-104}$$

代入方程（4-1-102）得到

$$\left(1-\eta^{2}\right)\eta\left[U''-2\sigma\left(1-\eta\right)^{-1}U'+\sigma\left(\sigma-1\right)\left(1-\eta\right)^{-2}U\right]$$

$$+\left[2\rho_{j}\left(1-\eta^{2}\right)-2\eta^{2}\right]\left[U'-\sigma\left(1-\eta\right)^{-1}U\right] \tag{4-1-105a}$$

$$-\left(2\rho_{j}+\mu\right)\eta U=0$$

$$\left(1-\eta^{2}\right)\eta U''+\left[-2\sigma\left(1+\eta\right)\eta+2\rho_{j}\left(1-\eta^{2}\right)-2\eta^{2}\right]U'$$

$$+\left[\sigma\left(\sigma-1\right)\left(1+\eta\right)\eta-2\rho_{j}\sigma\left(1-\eta^{2}\right)+2\sigma\eta^{2}\right]\left(1-\eta\right)^{-1}U \tag{4-1-105b}$$

$$-\left(2\rho_{j}+\mu\right)\eta U=0$$

消除 $\left(1-\eta\right)^{-1}$ 阶奇异性，得到指标方程

$$\sigma\left(\sigma-1\right)+\sigma=\sigma^{2}=0 \tag{4-1-106}$$

由于指标方程（4-1-106）给出重根 $\sigma=0$，所以方程（4-1-102）有如下两组解：

$$V\left(\eta,j\right)=\left\{V_{1}\left(\eta,j\right),V_{2}\left(\eta,j\right)\right\} \tag{4-1-107}$$

据引理 5，这里

$$V_{1}\left(\eta,j\right)=U_{1}\left(\eta,j\right)$$

$$V_{2}\left(\eta,j\right)=U_{1}\left(\eta,j\right)\ln\left(1-\eta\right)+U_{2}\left(\eta,j\right) \tag{4-1-108}$$

其中函数 $U_{1}\left(\eta,j\right),U_{2}\left(\eta,j\right)$ 分别满足如下派生方程：

$$L\left\{U_{1}\right\}\equiv\left(1-\eta^{2}\right)\eta U_{1}''+\left[2\rho_{j}\left(1-\eta^{2}\right)-2\eta^{2}\right]U_{1}'$$

$$-\left(2\rho_{j}+\mu\right)\eta U_{1}=0 \tag{4-1-109a}$$

和

$$L\left\{U_{2}\right\}\equiv\left(1-\eta^{2}\right)\eta U_{2}''+\left[2\rho_{j}\left(1-\eta^{2}\right)-2\eta^{2}\right]U_{2}'$$

$$-\left(2\rho_{j}+\mu\right)\eta U_{2}=-f\left(\eta,j\right) \tag{4-1-109b}$$

这里（见附录 A）

$$f\left(\eta,j\right)=L\left\{U_{1}\left(\eta,j\right)\ln\left(1-\eta\right)\right\} \tag{4-1-110}$$

将函数 $U_{1}\left(\eta,j\right),U_{2}\left(\eta,j\right)$ 展开为如下 2-阶可微的改进 Fourier 级数：

$$U_{1}^{(k)}\left(\eta,j\right)=\sum_{|n|\leqslant N}\left(\mathrm{i}\alpha_{n}\right)^{k}B_{1}\left(n,j\right)\exp\left\{\mathrm{i}\alpha_{n}\eta\right\}+\sum_{l=1}^{3}b_{1}\left(l,j\right)Jee\left(l-k,\eta\right)$$

$$\tag{4-1-111a}$$

$$U_{2}^{(k)}\left(\eta,j\right)=\sum_{|n|\leqslant N}\left(\mathrm{i}\alpha_{n}\right)^{k}B_{2}\left(n,j\right)\exp\left\{\mathrm{i}\alpha_{n}\eta\right\}+\sum_{l=1}^{3}b_{2}\left(l,j\right)Jee\left(l-k,\eta\right)$$

$$\tag{4-1-111b}$$

将它们分别代入方程（4-1-109a,b），得到（见附录 B）

$$\sum_{|n|\leqslant N} B_1(n,j)GR(n,\eta,j)\exp\{i\alpha_n\eta\} + \sum_{l=1}^{3} b_1(l,j)GS(l,\eta,j) = 0$$

（4-1-112a）

$$\sum_{|n|\leqslant N} B_2(n,j)GR(n,\eta,j)\exp\{i\alpha_n\eta\} + \sum_{l=1}^{3} b_2(l,j)GS(l,\eta,j) = -f(\eta,j)$$

（4-1-112b）

求 Fourier 投影得到

$$\sum_{|n|\leqslant N} B_1(n,j)R(n,n_0,j) = \sum_{l=1}^{3} b_1(l,j)S(l,n_0,j)$$ （4-1-113a）

$$\sum_{|n|\leqslant N} B_2(n,j)R(n,n_0,j) = \sum_{l=1}^{3} b_2(l,j)S(l,n_0,j) + S(0,n_0,j)$$ （4-1-113b）

这里（见附录 B）

$$R(n,n_0,j) = F^{-1}\langle GR(n,\eta,j)\rangle_{n_0-n}$$ （4-1-114a）

$$S(l,n_0,j) = -F^{-1}\langle GS(l,\eta,j)\rangle_{n_0}, \quad l>0$$ （4-1-114b）

和

$$S(0,n_0,j) = -F^{-1}\langle f(\eta,j)\rangle_{n_0}$$ （4-1-114c）

可以解出

$$B_1(n,j) = \sum_{l=1}^{3} b_1(l,j)Be(l,n,j)$$ （4-1-115a）

$$B_2(n,j) = \sum_{l=1}^{3} b_2(l,j)Be(l,n,j) + Be(0,n,j)$$ （4-1-115b）

这里 $Be(l,n,j)$ 是如下方程的解：

$$\sum_{|n|\leqslant N} Be(l,n,j)R(n,n_0,j) = S(l,n_0,j), \quad l\neq 0$$ （4-1-116a）

和

$$\sum_{|n|\leqslant N} Be(0,n,j)R(n,n_0,j) = S(0,n_0,j), \quad l=0$$ （4-1-116b）

将解式（4-1-115）代入展式（4-1-111）得到

$$U_1^{(k)}(\eta,j) = \sum_{l=1}^{3} b_1(l,j)Z(k,l,\eta,j)$$ （4-1-117a）

$$U_2^{(k)}(\eta,j) = \sum_{l=1}^{3} b_2(l,j) Z(k,l,\eta,j) + Z(k,0,\eta,j) \qquad (4\text{-}1\text{-}117\text{b})$$

这里

$$Z(k,l,\eta,j) = \sum_{|n| \leqslant N} (\mathrm{i}\alpha_n)^k Be(l,n,j)\exp\{\mathrm{i}\alpha_n\eta\} + Jee(l-k,\eta) \qquad (4\text{-}1\text{-}118\text{a})$$

$$Z(k,0,\eta,j) = \sum_{|n| \leqslant N} (\mathrm{i}\alpha_n)^k Be(0,n,j)\exp\{\mathrm{i}\alpha_n\eta\} \qquad (4\text{-}1\text{-}118\text{b})$$

据引理 1 和引理 4, 方程 (4-1-109a) 满足如下相容性条件与约束条件:

$$L\{U_1(\eta,j)\}\big|_0^1 = -2U_1'(1,j) - (2\rho_j+\mu)U_1(1,j)$$
$$-2\rho_j U_1'(0,j) = 0 \qquad (4\text{-}1\text{-}119\text{a})$$

$$L'\{U_1(\eta,j)\}_{\eta=1} = -4U_1''(1,j) - (6\rho_j+4+\mu)U_1'(1,j)$$
$$-(2\rho_j+\mu)U_1(1,j) = 0 \qquad (4\text{-}1\text{-}119\text{b})$$

方程 (4-1-109b) 满足如下相容性条件与约束条件:

$$L\{U_2(\eta,j)\}\big|_0^1 = -2U_2'(1,j) - (2\rho_j+\mu)U_2(1,j)$$
$$-2\rho_j U_2'(0,j) = -f(\eta,j)\big|_0^1 \qquad (4\text{-}1\text{-}120\text{a})$$

$$L'\{U_2(\eta,j)\}_{\eta=1} = -4U_2''(1,j) - (6\rho_j+4+\mu)U_2'(1,j)$$
$$-(2\rho_j+\mu)U_2(1,j) = -f'(1,j) \qquad (4\text{-}1\text{-}120\text{b})$$

将解式 (4-1-117a) 代入条件 (4-1-119) 得到如下方程 (见附录 B):

$$\sum_{l=1}^{2} b_1(l,j)\beta(l,l_0,j) = -\beta(3,l_0,j), \quad l_0=1,2 \qquad (4\text{-}1\text{-}121\text{a})$$

将解式 (4-1-117b) 代入条件 (4-1-120) 得到如下方程 (见附录 B):

$$\sum_{l=1}^{2} b_2(l,j)\beta(l,l_0,j) = -\beta(3,l_0,j) - \beta(0,l_0,j), \quad l_0=1,2$$
$$(4\text{-}1\text{-}121\text{b})$$

可解出

$$b_1(l,j) = \gamma_1(l,j), \quad l=1,2 \qquad (4\text{-}1\text{-}122)$$

和

$$b_2(l,j) = \gamma_1(l,j) + \gamma_2(l,j), \quad l=1,2 \qquad (4\text{-}1\text{-}123)$$

改写解式 (4-1-117a) 为

$$U_1^{(k)}(\eta,j) = \Pi_1(k,\eta,j)$$

$$\Pi_1(k,\eta,j) = \sum_{l=1}^{2} \gamma_1(l,j) Z(k,l,\eta,j) + Z(k,3,\eta,j) \qquad (4\text{-}1\text{-}124)$$

改写解式（4-1-117b）为

$$U_2^{(k)}(\eta,j) = \sum_{l=1}^{2} b_2(l,j) Z(k,l,\eta,j) + Z(k,3,\eta,j) + Z(k,0,\eta,j)$$

$$= \sum_{l=1}^{2} \left[\gamma_1(l,j) + \gamma_2(l,j) \right] Z(k,l,\eta,j) + Z(k,3,\eta,j) + Z(k,0,\eta,j)$$

$$= \Pi_1(k,\eta,j) + \Pi_2(k,\eta,j)$$

$$(4\text{-}1\text{-}125)$$

忽略（4-1-125）式中与 $U_1^{(k)}(\eta,j)$ 线性相关的部分 $\Pi_1(k,\eta,j)$，得到

$$U_2^{(k)}(\eta,j) = \Pi_2(k,\eta,j) \qquad (4\text{-}1\text{-}126\text{a})$$

其中

$$\Pi_2(k,\eta,j) = \sum_{l=1}^{2} \gamma_2(l,j) Z(k,l,\eta,j) + Z(k,0,\eta,j) \qquad (4\text{-}1\text{-}126\text{b})$$

2. 区间 $\eta \in [0,1]$ 上的统一解

2-阶常微分方程（4-1-102）只有两个线性无关的解 $V(\eta,1), V(\eta,2)$，但从（4-1-107）、（4-1-108）式不难看出，每一个 $V(\eta,j)$ 都是由两部分 $V_1(\eta,j)$ 和 $V_2(\eta,j)$ 组合而成！实际上为了保证 $V''(\eta,j)\big|_{\eta=0}$ 有界，方程（4-1-102）应满足如下约束条件（据引理4）：

$$L_0'\{V,j\}_{\eta=0} = (1+2\rho_j)V''(0,j) - (2\rho_j + \mu)V(0,j) = 0$$

$$(4\text{-}1\text{-}127)$$

据（4-1-108）、（4-1-124）和（4-1-126）式得到

$$V(\eta,j) = b_0(j,1)\Pi_1(0,\eta,j)$$
$$+ b_0(j,2)\left[\Pi_1(0,\eta,j)\ln(1-\eta) + \Pi_2(0,\eta,j) \right]$$

$$(4\text{-}1\text{-}128)$$

和

$$V'(\eta,j) = b_0(j,1)\Pi_1(1,\eta,j)$$
$$+ b_0(j,2)\left[-\Pi_1(0,\eta,j)/(1-\eta) + \Pi_1(1,\eta,j)\ln(1-\eta) + \Pi_2(1,\eta,j) \right]$$

$$(4\text{-}1\text{-}129\text{a})$$

$$V''(\eta,j) = b_0(j,1)\Pi_1(2,\eta,j)$$
$$+ b_0(j,2)\begin{bmatrix} -\Pi_1(0,\eta,j)/(1-\eta)^2 - 2\Pi_1(1,\eta,j)/(1-\eta) \\ +\Pi_1(2,\eta,j)\ln(1-\eta) + \Pi_2(2,\eta,j) \end{bmatrix}$$

（4-1-129b）

于是

$$V(0,j) = b_0(j,1)\mu_{11}(j) + b_0(j,2)\mu_{12}(j)$$
$$V''(0,j) = b_0(j,1)\mu_{21}(j) + b_0(j,2)\mu_{22}(j)$$

（4-1-130）

这里

$$\mu_{11}(j) = \Pi_1(0,0,j)$$
$$\mu_{12}(j) = \Pi_2(0,0,j)$$
$$\mu_{21}(j) = \Pi_1(2,0,j)$$

（4-1-131）

$$\mu_{22}(j) = -\Pi_1(0,0,j) - 2\Pi_1(1,0,j) + \Pi_2(2,0,j)$$

将（4-1-130）式代入方程（4-1-127），得到

$$b_0(j,1)\Omega(j,1) + b_0(j,2)\Omega(j,2) = 0$$

（4-1-132a）

这里

$$\Omega(j,1) = (1+2\rho_j)\mu_{21}(j) - (2\rho_j+\mu)\mu_{11}(j)$$
$$\Omega(j,2) = (1+2\rho_j)\mu_{22}(j) - (2\rho_j+\mu)\mu_{12}(j)$$

（4-1-132b）

定出

$$b_0(j,1) \equiv b_0(j)$$
$$b_0(j,2) = \Omega_0(j)b_0(j)$$

（4-1-133a）

这里

$$\Omega_0(j) = -\Omega(j,1)/\Omega(j,2)$$

（4-1-133b）

于是

$$V(\eta,j) = b_0(j)V_0(\eta,j)$$

（4-1-134a）

这里

$$V_0(\eta,j) = \Pi_1(0,\eta,j) + \Omega_0(j)\begin{bmatrix} \Pi_1(0,\eta,j)\ln(1-\eta) \\ +\Pi_2(0,\eta,j) \end{bmatrix}$$

（4-1-134b）

3. 算例

取 $\lambda=1$，$\mu=15$，$N=300$，得到

$$\rho_1 = 4.4051, \quad \rho_2 = -3.4051$$

$$U_1^{(k)}(\eta, j) = \Pi_1(k, \eta, j), \quad U_2^{(k)}(\eta, j) = \Pi_2(k, \eta, j)$$

如表 4-8 和表 4-9 所示。

表 4-8　解式 $\Pi_1(0, \eta, j), \Pi_2(0, \eta, j)$ 的分布

$(\lambda = 1, \mu = 15, \rho_1 = 4.4051, \rho_2 = -3.4051, N = 300)$

η	$\Pi_1(0, \eta, 1)$	$\Pi_2(0, \eta, 1)$	$\Pi_1(0, \eta, 2)$	$\Pi_2(0, \eta, 2)$
0.0	0.61097	−63.9339	3.16193	−1191.5
0.1	0.63631	−64.2877	3.13983	−1183.1
0.2	0.76437	−66.7361	3.07394	−1158.0
0.3	1.01831	−71.0079	2.96437	−1116.3
0.4	1.37351	−77.2840	2.81092	−1058.1
0.5	1.77160	−85.7654	2.61336	−983.72
0.6	2.13018	−96.6663	2.37180	−893.37
0.7	2.34986	−110.210	2.08697	−787.43
0.8	2.31837	−126.629	1.76066	−666.37
0.9	1.91410	−146.152	1.39634	−530.82
1.0	1.0000	−165.646	1.0000	−381.63

表 4-9　解式 $\Pi_1(k, 0, j), \Pi_2(k, 0, j)$ 的分布

$(\lambda = 1, \mu = 15, \rho_1 = 4.4051, \rho_2 = -3.4051, N = 300)$

$\Pi_1(0, 0, 1)$	$\Pi_2(0, 0, 1)$	$\Pi_1(0, 0, 2)$	$\Pi_2(0, 0, 2)$
0.61097	−63.934	3.1619	−1191.5
$\Pi_1(1, 0, 1)$	$\Pi_2(1, 0, 1)$	$\Pi_1(1, 0, 2)$	$\Pi_2(1, 0, 2)$
0.77185	297.67	−0.002676	−2.6473
$\Pi_1(2, 0, 1)$	$\Pi_2(2, 0, 1)$	$\Pi_1(2, 0, 2)$	$\Pi_2(2, 0, 2)$
−1283.65	−7098.3	−1.6419	3003.6

可进一步计算出

$$\mu_{11}(j) = \begin{cases} 0.6110 \\ 3.1619 \end{cases}, \quad \mu_{12}(j) = \begin{cases} -63.934 \\ -1191.5 \end{cases}$$

$$\mu_{21}(j) = \begin{cases} -1283.6 \\ -1.6419 \end{cases}, \quad \mu_{22}(j) = \begin{cases} -7100.45 \\ 3000.44 \end{cases}$$

$$\left(1+2\rho_j\right)=\begin{cases}9.8102\\-5.8102\end{cases},\quad -\left(2\rho_j+\mu\right)=\begin{cases}-23.8102\\-8.1898\end{cases}$$

$$\Omega(1,1)=-12606.9,\quad \Omega(1,2)=-68134.6$$

$$\Omega(2,1)=-16.3555,\quad \Omega(2,2)=-7675.0$$

$$\Omega_0(1)=-0.1850,\quad \Omega_0(2)=-0.002131$$

得到（见表 4-10）

$$V(\eta,j)=b_0(j)V_0(\eta,j)$$
$$V_0(\eta,j)=\Pi_1(0,\eta,j)+\Omega_0(j)\big[\Pi_1(0,\eta,j)\ln(1-\eta)+\Pi_2(0,\eta,j)\big]$$

表 4-10　统一解式 $V_0(\eta,j)$ 的分布

$(\lambda=1,\mu=15)$

η	$V_0(\eta,1)$	$V_0(\eta,2)$
0.0	11.7147	2.5390
0.1	11.9056	2.5218
0.2	12.3777	2.4691
0.3	13.2036	2.3810
0.4	14.3763	2.2579
0.5	16.0938	2.1002
0.6	18.2444	1.9084
0.7	20.9122	1.6834
0.8	24.1166	1.4261
0.9	27.8535	1.1380
1.0	$-\ln(1-\eta)$	$-\ln(1-\eta)$

参数 $\lambda=1$ 是本文要求的，而 $\mu=15$ 是随意选取的。之所以给出最终数值结果，只是说明，利用本文的方法确实可以得到区域内的统一解。但是不难看出，计算求解过程还是很复杂的！所以，如果只关心孤立奇点邻域解的变化规律，那么求解区域只需包含一个奇点，求解过程是比较简单的（参见 4.3 节的 Weber 方程在奇点 $x\to\infty$ 的解）。

附录 A

据（4-1-110）式

$$f(\eta,j) = L\{U_1(\eta,j)\ln(1-\eta)\}$$
$$= (1-\eta^2)\eta\left[2U_1'\ln'(1-\eta) + U_1\ln''(1-\eta)\right] \quad \text{（A-1）}$$
$$+ \left[2\rho_j(1-\eta^2) - 2\eta^2\right]\left[U_1\ln'(1-\eta)\right]$$

这里利用了 $L\{U_1(\eta,j)\} = 0$，进而得到

$$f(\eta,j) = -(1-\eta^2)\eta\left[\frac{2U_1'}{(1-\eta)} + \frac{U_1}{(1-\eta)^2}\right] - \left[2\rho_j(1-\eta^2) - 2\eta^2\right]\frac{U_1}{(1-\eta)}$$
$$= -2(1+\eta)\eta U_1' - \frac{(\eta+\eta^2)U_1}{(1-\eta)} - 2\rho_j(1+\eta)U_1 + \frac{2\eta^2 U_1}{(1-\eta)} \quad \text{（A-2）}$$
$$= -2(\eta+\eta^2)U_1' - \left[2\rho_j + (2\rho_j+1)\eta\right]U_1$$

据解式（4-1-124）重写（A-2）式为如下形式：

$$f(\eta,j) = -2(\eta+\eta^2)\Pi_1(1,\eta,j) - \left[2\rho_j + (2\rho_j+1)\eta\right]\Pi_1(0,\eta,j) \quad \text{（A-3）}$$
$$= f_1(\eta,j) + f_2(\eta,j)$$

这里

$$f_1(\eta,j) = -2(\eta+\eta^2)\Pi_1(1,\eta,j)$$
$$f_2(\eta,j) = -\left[2\rho_j + (2\rho_j+1)\eta\right]\Pi_1(0,\eta,j) \quad \text{（A-4）}$$

利用（4-1-118）式进一步得到

$$f_1(\eta,j) = -2\sum_{l=1}^{3}\gamma_1(l,j)(\eta+\eta^2)\left\{\begin{array}{l}\sum_{|n|\leqslant N}(\mathrm{i}\alpha_n)Be(l,n,j)\exp\{\mathrm{i}\alpha_n\eta\} \\ + Jee(l-1,\eta)\end{array}\right\} \quad \text{（A-5a）}$$
$$\equiv -\sum_{l=1}^{3}\gamma_1(l,j)H_1(l,\eta,j)$$

和

$$f_2(\eta,j) = -\sum_{l=1}^{3}\gamma_1(l,j)\left[2\rho_j + (2\rho_j+1)\eta\right]\left\{\begin{array}{l}\sum_{|n|\leqslant N}Be(l,n,j)\exp\{\mathrm{i}\alpha_n\eta\} \\ + Jee(l,\eta)\end{array}\right\} \quad \text{（A-5b）}$$
$$\equiv -\sum_{l=1}^{3}\gamma_1(l,j)H_2(l,\eta,j)$$

这里

$$H_1(l,\eta,j) = 2\left\langle \begin{array}{l} \displaystyle\sum_{|n|\leqslant N}(\mathrm{i}\alpha_n)Be(l,n,j)(\eta+\eta^2)\exp\{\mathrm{i}\alpha_n\eta\} \\ +l\cdot Jee(l,\eta)+l(l+1)Jee(l+1,\eta) \end{array}\right\rangle \quad (\text{A-6a})$$

$$H_2(l,\eta,j) = \left\langle \begin{array}{l} \displaystyle\sum_{|n|\leqslant N}Be(l,n,j)\big[2\rho_j+(2\rho_j+1)\eta\big]\exp\{\mathrm{i}\alpha_n\eta\} \\ +2\rho_j Jee(l,\eta)+(2\rho_j+1)(l+1)Jee(l+1,\eta) \end{array}\right\rangle \quad (\text{A-6b})$$

于是

$$S(0,n_0,j) = -F^{-1}\langle f(\eta,j)\rangle = S_{01}(0,n_0,j)+S_{02}(0,n_0,j) \quad (\text{A-7})$$

其中

$$S_{01}(0,n_0,j) = -F^{-1}\langle f_1(\eta,j)\rangle_{n_0} = \sum_{l=1}^{3}\gamma_1(l,j)ddd_1(l,n_0,j)$$
$$S_{02}(0,n_0,j) = -F^{-1}\langle f_2(\eta,j)\rangle_{n_0} = \sum_{l=1}^{3}\gamma_1(l,j)ddd_2(l,n_0,j)$$

$$(\text{A-8})$$

这里

$$\begin{aligned} ddd_1(l,n_0,j) &\equiv F^{-1}\langle H_1(l,\eta,j)\rangle_{n_0} \\ &= 2\left\langle \begin{array}{l} \displaystyle\sum_{|n|\leqslant N}(\mathrm{i}\alpha_n)Be(l,n,j)\big[\varPi_0(1,n_0-n)+2\varPi_0(2,n_0-n)\big] \\ +l\cdot\varPi_0(l,n_0)+l(l+1)\varPi_0(l+1,n_0) \end{array}\right\rangle \end{aligned}$$

$$(\text{A-9a})$$

$$\begin{aligned} ddd_2(l,n_0,j) &\equiv F^{-1}\langle H_2(l,\eta,j)\rangle_{n_0} \\ &= \sum_{|n|\leqslant N}Be(l,n,j)\big[2\rho_j\varPi_0(0,n_0-n)+(2\rho_j+1)\varPi_0(1,n_0-n)\big] \\ &\quad +2\rho_j\varPi_0(l,n_0)+(2\rho_j+1)(l+1)\varPi_0(l+1,n_0) \end{aligned} \quad (\text{A-9b})$$

另外，据（A-3）式

$$f(\eta,j) = -2(\eta+\eta^2)\varPi_1(1,\eta,j)-\big[2\rho_j+(2\rho_j+1)\eta\big]\varPi_1(0,\eta,j)$$
$$f'(\eta,j) = -2(\eta+\eta^2)\varPi_1(2,\eta,j)-\big[2\rho_j+2+(2\rho_j+5)\eta\big]\varPi_1(1,\eta,j)$$
$$-(2\rho_j+1)\varPi_1(0,\eta,j)$$

$$(\text{A-10})$$

附录 B

方程（4-1-112）中

$$
\begin{aligned}
GR(n,\eta,j) &= (\mathrm{i}\alpha_n)^2\left(\eta-\eta^3\right)+(\mathrm{i}\alpha_n)\left[2\rho_j-2(\rho_j+1)\eta^2\right]\\
&\quad -(2\rho_j+\mu)\eta\\
&= 2(\mathrm{i}\alpha_n)\rho_j+\left[(\mathrm{i}\alpha_n)^2-(2\rho_j+\mu)\right]\eta\\
&\quad -2(\mathrm{i}\alpha_n)(\rho_j+1)\eta^2-(\mathrm{i}\alpha_n)^2\eta^3
\end{aligned}
\tag{B-1}
$$

$$
\begin{aligned}
GS(l,\eta,j) &= \left(\eta-\eta^3\right)Jee(l-2,\eta)\\
&\quad +\left[2\rho_j-2(\rho_j+1)\eta^2\right]Jee(l-1,\eta)-(2\rho_j+\mu)\eta Jee(l,\eta)\\
&= \left[(l-1)+2\rho_j\right]Jee(l-1,\eta)\\
&\quad -(l+1)\left[l(l-1)+2l(\rho_j+1)+(2\rho_j+\mu)\right]Jee(l+1,\eta)
\end{aligned}
\tag{B-2}
$$

（4-1-114）式中

$$
\begin{aligned}
R(n,n_0,j) &= F^{-1}\left\langle GR(n,\eta,j)\right\rangle_{n_0-n}\\
&= 2(\mathrm{i}\alpha_n)\rho_j\Pi_0(0,n_0-n)+\left[(\mathrm{i}\alpha_n)^2-(2\rho_j+\mu)\right]\Pi_0(1,n_0-n)\\
&\quad -4(\mathrm{i}\alpha_n)(\rho_j+1)\Pi_0(2,n_0-n)-6(\mathrm{i}\alpha_n)^2\Pi_0(3,n_0-n)
\end{aligned}
\tag{B-3}
$$

$$
\begin{aligned}
S(l,n_0,j) &= -F^{-1}\left\langle GS(l,\eta,j)\right\rangle_{n_0}\\
&= -\left[(l-1)+2\rho_j\right]\Pi_0(l-1,n_0)\\
&\quad +(l+1)\left[l(l-1)+2l(\rho_j+1)+(2\rho_j+\mu)\right]\Pi_0(l+1,n_0)
\end{aligned}
\tag{B-4}
$$

另外据附录 A 中的表达式（A-7）~（A-9）得到

$$
\begin{aligned}
S(0,n_0,j) &= S_{01}(0,n_0,j)+S_{02}(0,n_0,j)\\
&= \sum_{l=1}^{3}\gamma_1(l,j)\left[ddd_1(l,n,j)+ddd_2(l,n,j)\right]
\end{aligned}
\tag{B-5}
$$

方程（4-1-121）中

$$
\begin{aligned}
\beta(l,1,j) &= -2Z(1,l,1,j)-(2\rho_j+\mu)Z(0,l,1,j)\\
&\quad -2\rho_j Z(1,l,0,j)\\
\beta(l,2,j) &= -4Z(2,l,1,j)-(6\rho_j+4+\mu)Z(1,l,1,j)\\
&\quad -(2\rho_j+\mu)Z(0,l,1,j)
\end{aligned}
\tag{B-6}
$$

和

$$\beta(0,1,j) = -2Z(1,0,1,j) - (2\rho_j + \mu)Z(0,0,1,j)$$
$$- 2\rho_j Z(1,0,0,j) + f(\eta,j)\big|_0^1$$
$$\beta(0,2,j) = -4Z(2,0,1,j) - (6\rho_j + 4 + \mu)Z(1,0,1,j)$$
$$- (2\rho_j + \mu)Z(0,0,1,j) + f'(1,j)$$

（B-7）

据表达式（A-10）可得到

$$f(\eta,j)\big|_0^1 = -4\Pi_1(1,1,j) - (4\rho_j + 1)\Pi_1(0,1,j) + 2\rho_j\,\Pi_1(0,0,j)$$
$$f'(\eta,j)_{\eta=1} = -4\Pi_1(2,1,j) - (4\rho_j + 7)\Pi_1(1,1,j) - (2\rho_j + 1)\Pi_1(0,1,j)$$

（B-8）

4.2　贝塞尔（Bessel）方程的解[5,6,8]

Bessel 方程的一般形式为

$$x^2 y''(x) + \lambda_1 x y'(x) + (\lambda_2 x^2 + \lambda_3)y(x) = 0$$

这里 $\lambda_1, \lambda_2, \lambda_3$ 为任意非零复常数。显然方程关于零点 $x=0$ 是对称的，所以只需在正实数轴 $[0,\infty)$ 上讨论 Bessel 方程的求解。

为了与已有的研究工作对比，将正实数轴划分为有界区间 $[0, x_0]$ 和半无界区域 $[1,\infty)$ 分别求解（这里 $x_0 > 0$）。

4.2.1　Bessel 方程在有界区间 $[0, x_0]$ 上的解

Bessel 方程的一般形式为

$$x^2 y''(x) + \lambda_1 x y'(x) + (\lambda_2 x^2 + \lambda_3)y(x) = 0 \qquad (4\text{-}2\text{-}1)$$

这里 $\lambda_1, \lambda_2, \lambda_3$ 为任意非零复常数 $(x_0 > 0)$。

1. 派生方程的导出

在正则奇点 $x=0$ 邻域取如下分解式：

$$y(x) = x^\rho U(x), \quad U(0) \neq 0 \qquad (4\text{-}2\text{-}2)$$

代入方程（4-2-1）得到

$$x^2 U'' + (2\rho + \lambda_1) x U'$$
$$+ \left[\rho(\rho - 1) + \rho\lambda_1 + \lambda_2 x^2 + \lambda_3 \right] U = 0 \tag{4-2-3}$$

令 $x \to 0$ 得到指标方程

$$\rho(\rho - 1) + \rho\lambda_1 + \lambda_3 = 0 \tag{4-2-4}$$

定出

$$\rho_j = \begin{cases} \lambda_0 + \Delta, & j = 1 \\ \lambda_0 - \Delta, & j = 2 \end{cases}, \quad \Delta = \sqrt{\lambda_0^2 - \lambda_3}; \lambda_0 = (1 - \lambda_1)/2 \tag{4-2-5}$$

方程（4-2-3）进一步化简为如下派生方程：

$$L\{U, j\} \equiv x U'' + (2\rho_j + \lambda_1) U' + \lambda_2 x U = 0 \tag{4-2-6}$$

[注释：如果 $2\rho_j + \lambda_1 = 0$，那么方程（4-2-6）退化为 $U'' + \lambda_2 U = 0$。]

2. 若 $\Delta \neq 0$，指标方程有两个不同的根 $\rho_1 \neq \rho_2$

将解式 $U(x, j)$ 展开为如下 2-阶可微的改进 Fourier 级数

$$U^{(k)}(x, j) = \sum_{|n| \leqslant N} (i\alpha_n)^k A(n, j) \exp\{i\alpha_n x\} + \sum_{l=1}^{3} a(l, j) Jee(l - k, x) \tag{4-2-7}$$
$$k = 0, 1, 2$$

这里

$$\alpha_n = \frac{2n\pi}{x_0}, \quad Jee(l, x) = \begin{cases} \dfrac{x^l}{l!}, & l \geqslant 0 \\ 0, & l < 0 \end{cases} \tag{4-2-8a}$$

引进 Fourier 投影

$$F^{-1} \langle \ \rangle_{n_0} = \frac{1}{x_0} \int_0^{x_0} \langle \ \rangle \exp\{-i\alpha_{n_0} x\} dx \tag{4-2-8b}$$

将展式（4-2-7）代入派生方程（4-2-6），得到

$$\sum_{|n| \leqslant N} A(n, j) GR(n, x, j) \exp\{i\alpha_n x\} + \sum_{l=1}^{3} a(l, j) GS(l, x, j) = 0 \tag{4-2-9}$$

求 Fourier 投影得到

$$\sum_{|n| \leqslant N} A(n, j) R(n, n_0, j) = \sum_{l=1}^{3} a(l, j) S(l, n_0, j) \tag{4-2-10}$$

这里

$$R(n, n_0, j) = F^{-1} \langle GR(x, n, j) \rangle_{n_0 - n}$$
$$S(l, n_0, j) = -F^{-1} \langle GS(x, l, j) \rangle_{n_0} \tag{4-2-11}$$

由方程（4-2-10）可解出

$$A(n,j) = \sum_{l=1}^{3} a(l,j) Ae(l,n,j) \qquad （4-2-12）$$

这里 $Ae(l,n,j)$ 是如下代数方程的解：

$$\sum_{|n| \leqslant N} Ae(l,n,j) R(n,n_0,j) = S(l,n_0,j), \quad |n_0| \leqslant N \qquad （4-2-13）$$

将解式（4-2-12）代入展式（4-2-7）得到

$$U^{(k)}(x,j) = \sum_{l=1}^{3} a(l,j) Z(k,l,x,j), \quad k=0,1,2 \qquad （4-2-14a）$$

这里

$$Z(k,l,x,j) = \sum_{|n| \leqslant N} (\mathrm{i}\alpha_n)^k Ae(l,n,j) \exp\{\mathrm{i}\alpha_n x\} + Jee(l-k,x) \qquad （4-2-14b）$$

据引理 1 和引理 4，方程（4-2-6）应满足相容性条件和约束条件：

$$L\{U,j\}\big|_0^{x_0} = x_0 U''(x_0,j) + (2\rho_j + \lambda_1)\big[U'(x_0,j) - U'(0,j)\big] + \lambda_2 x_0 U(x_0,j) = 0$$
$$（4-2-15a）$$

$$L'\{U,j\}_{x=0} = (2\rho_j + \lambda_1 + 1) U''(0,j) + \lambda_2 U(0,j) = 0 \qquad （4-2-15b）$$

这里 $2\rho_j + \lambda_1 + 1 \neq 0$，否则将引进更高阶的约束条件。

利用解式（4-2-14）得到如下方程：

$$\sum_{l=1}^{2} a(l,j)\beta(l,l_0,j) = -a(3,j)\beta(3,l_0,j), \quad l_0 = 1,2 \qquad （4-2-16）$$

这里

$$\beta(l,1,j) = x_0 Z(2,l,x_0,j) + (2\rho_j + \lambda_1)\big[Z(1,l,x_0,j) - Z(1,l,0,j)\big]$$
$$+ \lambda_2 x_0 Z(0,l,x_0,j) \qquad （4-2-17）$$

$$\beta(l,2,j) = (2\rho_j + \lambda_1 + 1) Z(2,l,0,j) + \lambda_2 Z(0,l,0,j)$$

由方程（4-2-16）可定出

$$a(l,j) = a_0(j)\gamma(l,j), \quad l=1,2 \qquad （4-2-18）$$

改写解式（4-2-15）为如下形式：

$$U^{(k)}(x,j) = a_0(j)\Pi(k,x,j), \quad k=0,1,2 \qquad （4-2-19a）$$

这里

$$\Pi(k,x,j) = \sum_{l=1}^{2} \gamma(l,j) Z(k,l,x,j) + Z(k,3,x,j) \qquad (4\text{-}2\text{-}19b)$$

于是 Bessel 方程（4-2-1）的解为

$$y_1(x) = x^{\rho_1} U(x,1) = a_0(1) x^{\rho_1} \Pi(0,x,1)$$
$$y_2(x) = x^{\rho_2} U(x,2) = a_0(2) x^{\rho_2} \Pi(0,x,2) \qquad (4\text{-}2\text{-}20)$$

3. 若 $\lambda_3 = (1-\lambda_1)^2 / 4$，那么 $\Delta = 0$，指标方程有重根

$$\rho = \rho_0 = (1-\lambda_1)/2 \qquad (4\text{-}2\text{-}21)$$

据引理 5，此时 Bessel 方程（4-2-1）的解为

$$y(x) = \begin{cases} x^{\rho_0} V_1(x) \\ x^{\rho_0} \left[V_1(x) \ln(x) + V_2(x) \right] \end{cases} \qquad (4\text{-}2\text{-}22)$$

其中 $V_j(x)$ 为如下方程[注意方程（4-2-6）中 $2\rho + \lambda_1 = 1$]：

$$L_0\{V_j\} \equiv x V_j'' + V_j' + \lambda_2 x V_j = -f(x)\delta(j-2) \qquad (4\text{-}2\text{-}23)$$

的非奇异解。这里

$$\delta(j-2) = \begin{cases} 0, & j=1 \\ 1, & j=2 \end{cases} \qquad (4\text{-}2\text{-}24)$$

和（见附录 A）

$$f(x) = L_0\{V_1(x)\ln(x)\} = 2V_1'(x) \qquad (4\text{-}2\text{-}25)$$

解式 $V_j(x)$ 可展开为 2-阶可微的改进 Fourier 级数

$$V_j^{(k)}(x) = \sum_{|n| \leqslant N} (i\alpha_n)^k B_n(j) \exp\{i\alpha_n x\} + \sum_{l=1}^{3} b_l(j) Jee(1-k,x), \quad k=0,1,2$$

$$(4\text{-}2\text{-}26)$$

将该展式代入方程（4-2-23）得到

$$\sum_{|n| \leqslant N} B_n(j) GR_0(x,n) \exp\{i\alpha_n x\} + \sum_{l=1}^{3} b_l(j) GS_0(x,l)$$
$$= -f(x)\delta(j-2) \qquad (4\text{-}2\text{-}27)$$

求 Fourier 投影得到

$$\sum_{|n| \leqslant N} B_n(j) R_0(n,n_0) = \sum_{l=1}^{3} b_l(j) S_0(l,n_0) + S_0(0,n_0)\delta(j-2) \qquad (4\text{-}2\text{-}28)$$

这里

$$R_0(n, n_0) = F^{-1} \langle GR_0(x, n) \rangle_{n_0 - n}$$

$$S_0(l, n_0) = -F^{-1} \langle GS_0(x, l) \rangle_{n_0}, \quad l \neq 0 \qquad (4\text{-}2\text{-}29)$$

$$S_0(0, n_0) = -F^{-1} \langle f(x) \rangle_{n_0}$$

由方程（4-2-28）可解出

$$B_n(j) = \sum_{l=1}^{3} b_l(j) Be(l, n) + Be(0, n)\delta(j-2) \qquad (4\text{-}2\text{-}30)$$

这里，$Be(l, n)$ 是如下方程的解：

$$\sum_{|n| \le N} Be(l, n) R_0(n, n_0) = S_0(l, n_0), \quad |n_0| \le N; l = 0, 1, 2, 3 \qquad (4\text{-}2\text{-}31)$$

将解式（4-2-30）代入展式（4-2-26）得到

$$V_j^{(k)}(x) = \sum_{l=1}^{3} b_l(j) Z_0(k, l, x) + Z_0(k, 0, x)\delta(j-2), \quad k = 0, 1, 2 \qquad (4\text{-}2\text{-}32)$$

这里，当 $l \neq 0$

$$Z_0(k, l, x) = \sum_{|n| \le N} (i\alpha_n)^k Be(l, n) \exp\{i\alpha_n x\} + Jee(l-k, x) \qquad (4\text{-}2\text{-}33\text{a})$$

当 $l = 0$

$$Z_0(k, 0, x) = \sum_{|n| \le N} (i\alpha_n)^k Be(0, n) \exp\{i\alpha_n x\}\theta \qquad (4\text{-}2\text{-}33\text{b})$$

据引理 1 和引理 4，方程（4-2-23）应满足如下相容性条件和约束条件：

$$L_0\{V_j\}\big|_0^{x_0} = x_0 V_j''(x_0) + \left[V_j'(x_0) - V_j'(0)\right] + \lambda_2 x_0 V_j(x_0)$$

$$= -f(x)\big|_0^{x_0}\delta(j-2) \qquad (4\text{-}2\text{-}34\text{a})$$

$$L_0'\{V_j(x)\}_{x=0} = 2V_j''(0) + \lambda_2 V_j(0) = -f'(0)\delta(j-2) \qquad (4\text{-}2\text{-}34\text{b})$$

利用解式（4-2-32）可得到确定 $b_l(j)$ 的方程：

$$\sum_{l=1}^{2} b_l(j)\beta_0(l, l_0) = -b_3(j)\beta_0(3, l_0) - \beta_0(0, l_0)\delta(j-2), \quad l_0 = 1, 2$$

$$(4\text{-}2\text{-}35)$$

这里，当 $l \neq 0$ 时

$$\beta_0(l, 1) = x_0 Z_0(2, l, x_0) + \lambda_2 x_0 Z_0(0, l, x_0)$$

$$+ \left[Z_0(1, l, x_0) - Z_0(1, l, 0)\right] \qquad (4\text{-}2\text{-}36)$$

$$\beta_0(l, 2) = 2Z_0(2, l, 0) + \lambda_2 Z_0(0, l, 0)$$

当 $l = 0$ 时

$$\beta_0(0,1) = \begin{bmatrix} x_0 Z_0(2,0,x_0) + \lambda_2 x_0 Z_0(0,0,x_0) \\ + Z_0(1,0,x_0) - Z_0(1,0,0) \end{bmatrix} + f(x)\big|_0^{x_0} \qquad (4\text{-}2\text{-}37)$$

$$\beta_0(0,2) = \left[2Z_0(2,0,0) + \lambda_2 Z_0(0,0,0) \right] + f'(0)$$

由方程（4-2-35）可解出

$$b_l(j) = b_0(j)\gamma_0(l) + \gamma_{00}(l)\delta(j-2), \quad l = 1,2 \qquad (4\text{-}2\text{-}38)$$

代入解式（4-2-32）得到

$$V_j^{(k)}(x) = \sum_{l=1}^{2} \left[b_0(j)\gamma_0(l) + \gamma_{00}(l)\delta(j-2) \right] Z_0(k,l,x) \qquad (4\text{-}2\text{-}39)$$
$$+ Z_0(k,3,x) + Z_0(k,0,x)\delta(j-2)$$

最终得到［取 $b_0(j)=1$］

$$V_j^{(k)} = \Pi_0(k,x) + \Pi_{00}(k,x)\delta(j-2) \qquad (4\text{-}2\text{-}40)$$

这里

$$\Pi_0(k,x) = \sum_{l=1}^{2} \gamma_0(l) Z_0(k,l,x) + Z_0(k,3,x) \qquad (4\text{-}2\text{-}41)$$
$$\Pi_{00}(k,x) = \sum_{l=1}^{2} \gamma_{00}(l) Z_0(k,l,x) + Z_0(k,0,x)$$

重写解式（4-2-40）为

$$V_1^{(k)} = \Pi_0(k,x)$$
$$V_2^{(k)} = \Pi_0(k,x) + \Pi_{00}(k,x) \qquad (4\text{-}2\text{-}42)$$

在 $V_2^{(k)}$ 中消除与 $V_1^{(k)}$ 线性相关部分 $\Pi_0(k,x)$，最终得到

$$V_1^{(k)} = \Pi_0(k,x)$$
$$V_2^{(k)} = \Pi_{00}(k,x) \qquad (4\text{-}2\text{-}43)$$

4. 算例与讨论

1）取 $\lambda_1 = (1+\mathrm{i})/2$，$\lambda_2 = 1.0$，$\lambda_3 = -v^2\ (v=0.3)$，$x_0 = 20$，$N = 100$

得到

$$\rho_1 = (0.5993, -0.4789), \quad \rho_2 = (-0.09930, -0.07107)$$

在以下给出的表 4-11（a）中列出了 $U(x,1)$ 和 $U(x,2)$ 的分布，表 4-11（b）中列出了解式满足方程（4-2-6）的相对误差。不难看出虽然解式随 x 的变化剧烈摆动，但解式仍能精确地满足方程，其相对误差 $\mathrm{Error}(x,1), \mathrm{Error}(x,2)$ 只有 10^{-4} 量阶。

表 4-11（a） 解式 $U(x,1), U(x,2)$ 的分布

$$\left(\lambda_1 = (1+i)/2, \lambda_2 = 1.0, \lambda_3 = -(0.3)^2, x_0 = 20, N = 100\right)$$

x/x_0	$U(x,1)$	$U(x,2)$
0	$8.3180 - i0.4579$	$6.1829 + i1.4297$
0.2	$-2.0449 - i0.4704$	$-3.7174 - i0.2284$
0.4	$1.2245 + i0.1330$	$0.6811 + i0.9800$
0.6	$-0.3621 + i0.1409$	$2.1932 - i1.5550$
0.8	$-0.2888 - i0.2823$	$-3.3449 + i1.2863$
1.0	$0.5415 + i0.2470$	$2.2608 - i0.1769$

表 4-11（b） 相对误差 Error(x,1), Error(x,2) 的分布

$$\left(\lambda_1 = (1+i)/2, \lambda_2 = 1.0, \lambda_3 = -(0.3)^2, x_0 = 20, N = 100\right)$$

x/x_0	$\text{Error}(x,1)$	$\text{Error}(x,2)$
0	1.21×10^{-5}	2.36×10^{-4}
0.2	2.27×10^{-5}	3.06×10^{-5}
0.4	0.57×10^{-4}	2.59×10^{-5}
0.6	2.34×10^{-4}	1.10×10^{-5}
0.8	2.63×10^{-4}	2.33×10^{-5}
1.0	0.85×10^{-4}	3.46×10^{-4}

2）取 $\lambda_1 = \lambda_2 = 1.0$，$\lambda_3 = -\nu^2$ $(\nu = 0.3)$，$x_0 = 20$，$N = 100$

此时 $(2\nu = 0.6 \neq m)$ Bessel 方程有第一类 Bessel 函数解为 $J_\nu(x)$ 和 $J_{-\nu}(x)$：

$$J_\mu(x) = x^\mu W(x,\mu), \quad \mu = \pm\nu$$

其中

$$W(x,\mu) = \sum_{k=1}^{\infty} \frac{(-1)^k}{k!} \frac{(x/2)^{2k}}{\Gamma(\mu+k+1)} \frac{1}{2^\mu}$$

对于相同的参数 $\{\lambda_j\}$，本文所给出的解为

$$y_1(x) = x^{\rho_1} U(x,1), \quad y_2(x) = x^{\rho_2} U(x,2)$$

这里

$$\rho_{1,2} = \frac{1}{2}\left[(1-\lambda_1) \pm \Delta\right] = \pm\Delta/2$$

$$\Delta = \sqrt{(1-\lambda_1)^2 - 4\lambda_3} = \sqrt{4\nu^2} = 2\nu$$

所以有 $\rho_{1,2} = \pm \nu$ ，于是有

$$y_1(x) = x^\nu U(x,1), \quad y_2(x) = x^{-\nu} U(x,2)$$

所以函数 $y_1(x)$ 与 $J_\nu(x)$ 及函数 $y_2(x)$ 与 $J_{-\nu}(x)$ 应该具有相同的变化规律，比如它们具有相同的零点分布，见表 4-12。

记 $J_\nu(x)$ 的零点为 $x_1(m)$ ， $J_{-\nu}(x)$ 的零点为 $x_2(m)$ ，此零点分布从已有的参考书中可查到。

记 $y_1(x)$ 的零点为 $\widetilde{x_1}(m)$ ， $y_2(x)$ 的零点为 $\widetilde{x_2}(m)$ ，此零点分布是本文计算的。

表 4-12　零点分布的对比

$$\left(\lambda_1 = \lambda_2 = 1.0, \lambda_3 = -(0.3)^2, x_0 = 20, N = 100 \right)$$

m	$x_1(m)$	$\tilde{x}_1(m)$	$x_2(m)$	$\tilde{x}_2(m)$
1	2.854	2.854	1.922	1.921
2	5.982	5.982	5.042	5.040
3	9.119	9.119	8.177	8.175
4	12.258	12.258	11.316	11.314
5	15.394	15.399	14.451	14.454
6	18.535	18.539	17.593	17.595

不难看出在区间 $0 < x < 20$ 范围内第一类 Bessel 函数共有 6 个零点。对比本文计算结果表明，其零点分布 $x_1(m)$ 与 $\widetilde{x_1}(m)$ 及 $x_2(m)$ 与 $\widetilde{x_2}(m)$ 几乎是完全一致的，只在第 4 位有效数字后才略有差别。这再次验证了本文给出的计算方法是可信的。

附录

$$L_0\{V_1 \ln(x)\} = L_0\{V_1\}\ln(x) + x\left[2V_1'\ln'(x) + V_1\ln''(x)\right] + V_1\ln'(x)$$

$$= x\left(\frac{2}{x}V_1' - \frac{1}{x^2}V_1\right) + \frac{1}{x}V_1 = 2V_1'(x)$$

4.2.2　Bessel 方程在半无界区域 $[1,\infty)$ 上的解

Bessel 方程的一般形式为

$$x^2 y''(x) + \lambda_1 x y'(x) + \left(\lambda_2 x^2 + \lambda_3\right)y(x) = 0 \quad （4-2-44）$$

这里 $\lambda_1, \lambda_2, \lambda_3$ 为任意非零复常数。

1. 派生方程的导出

取伸缩坐标

$$\eta = x^{-1}, \quad x = \eta^{-1} \tag{4-2-45}$$

$x = \infty$ 对应 $\eta = 0$，$x = 1$ 对应 $\eta = 1$，求解区间变为 $\eta \in [0,1]$。有如下关系式：

$$\eta' = -x^{-2} = -\eta^2$$
$$\eta'' = -2\eta\eta' = -2\eta\left(-\eta^2\right) = 2\eta^3 \tag{4-2-46}$$

于是

$$y(x) = y\left(\eta^{-1}\right) \equiv Y(\eta)$$
$$y'(x) = Y'(\eta)\eta' = -\eta^2 Y'(\eta)$$
$$y''(x) = Y''(\eta)\eta'^2 + Y'(\eta)\eta'' = \eta^4 Y'' + 2\eta^3 Y' \tag{4-2-47}$$

于是，在新坐标下方程（4-2-44）写为如下形式：

$$\eta^4 Y''(\eta) + (2 - \lambda_1)\eta^3 Y'(\eta) + \left(\lambda_2 + \lambda_3\eta^2\right)Y(\eta) = 0 \tag{4-2-48}$$

由于 $\lambda_2 \neq 0$，所以 $\eta = 0$ 为方程的非正则奇点。

1）取如下分解式

$$Y(\eta) = R(\eta)V(\eta) \tag{4-2-49}$$

代入方程（4-2-48）得到

$$\eta^4 V'' + p_1(\eta)V' + p_2(\eta)V = 0 \tag{4-2-50}$$

其中

$$p_1(\eta) = 2\eta^4 \frac{R'}{R} + (2 - \lambda_1)\eta^3$$
$$p_2(\eta) = \eta^4 \frac{R''}{R} + (2 - \lambda_1)\eta^3 \frac{R'}{R} + \left(\lambda_2 + \lambda_3\eta^2\right) \tag{4-2-51}$$

据引理 6，取（见附录 A）

$$R(\eta) = \exp\{Q(\eta)\}$$
$$Q(\eta) = \sigma\eta^{-1} \tag{4-2-52}$$

其中 σ 为待定常数，有如下关系式：

$$\frac{R'}{R} = Q' = -\sigma\eta^{-2}$$
$$\frac{R''}{R} = Q'' + Q'^2 = 2\sigma\eta^{-3} + \sigma^2\eta^{-4} \tag{4-2-53}$$

代入（4-2-51）式得到

$$p_1(\eta) = 2\eta^4\left(-\sigma\eta^{-2}\right) + (2-\lambda_1)\eta^3 = -2\sigma\eta^2 + (2-\lambda_1)\eta^3$$

$$p_2(\eta) = \eta^4\left(2\sigma\eta^{-3} + \sigma^2\eta^{-4}\right) + (2-\lambda_1)\eta^3\left(-\sigma\eta^{-2}\right) + \left(\lambda_2 + \lambda_3\eta^2\right) \quad (4\text{-}2\text{-}54)$$

$$= \left(\sigma^2 + \lambda_2\right) + \sigma\lambda_1\eta + \lambda_3\eta^2$$

令 $p_2(0)=0$ 得到指标方程

$$\sigma^2 + \lambda_2 = 0 \qquad (4\text{-}2\text{-}55a)$$

定出

$$\sigma_j = \begin{cases} \sqrt{-\lambda_2}, & j=1 \\ -\sqrt{-\lambda_2}, & j=2 \end{cases} \qquad (4\text{-}2\text{-}55b)$$

方程（4-2-50）化简为如下形式：

$$\eta^3 V''(\eta,j) + \left[-2\sigma_j + (2-\lambda_1)\eta\right]\eta V'(\eta,j) + \left(\sigma_j\lambda_1 + \lambda_3\eta\right)V(\eta,j) = 0$$

$$(4\text{-}2\text{-}56)$$

2）再取

$$V(\eta,j) = \eta^\rho U(\eta,j), \quad U(0,j) \neq 0 \qquad (4\text{-}2\text{-}57)$$

代入方程（4-2-56），得到

$$\eta^3 U'' + \left[-2\sigma_j + (2\rho+2-\lambda_1)\eta\right]\eta U'$$
$$+ \left\{\sigma_j(-2\rho+\lambda_1) + \left[\rho(\rho+1-\lambda_1)+\lambda_3\right]\eta\right\}U = 0 \qquad (4\text{-}2\text{-}58)$$

令 $\eta \to 0$ 得到

$$\rho = \rho_0 = \lambda_1/2 \qquad (4\text{-}2\text{-}59)$$

方程（4-2-58）进一步化简为如下派生方程：

$$L\{U(\eta,j)\} \equiv \eta^2 U'' + 2(\eta-\sigma_j)U' + \lambda_4 U = 0$$
$$\lambda_4 = \frac{\lambda_1}{2}\left(1-\frac{\lambda_1}{2}\right) + \lambda_3 \qquad (4\text{-}2\text{-}60)$$

2. 派生方程（4-2-60）的求解

将 $U(\eta,j)$ 展开为如下 2-阶可微的改进 Fourier 级数：

$$U^{(k)}(\eta,j) = \sum_{|n|\leqslant N}(\mathrm{i}\alpha_n)^k A_n(j)\exp\{\mathrm{i}\alpha_n\eta\} + \sum_{l=1}^{3}a_l(j)Jee(l-k,\eta), \quad k=0,1,2$$

$$(4\text{-}2\text{-}61)$$

这里

$$\alpha_n = 2n\pi, \quad Jee(l,\eta) = \begin{cases} \dfrac{\eta^l}{l!}, & l \geqslant 0 \\ 0, & l < 0 \end{cases} \quad (4\text{-}2\text{-}62\text{a})$$

同时引进 Fourier 投影

$$F^{-1}\langle \ \rangle_{n_0} = \int_0^1 \langle \ \rangle \exp\{-i\alpha_{n_0}\eta\} d\eta \quad (4\text{-}2\text{-}62\text{b})$$

将展式（4-2-61）代入派生方程（4-2-60）得到

$$\sum_{|n|\leqslant N} A_n(j) GR(n,\eta,j) \exp\{i\alpha_n\eta\} + \sum_{l=1}^{3} a_l(j) GS(l,\eta,j) = 0 \quad (4\text{-}2\text{-}63)$$

这里

$$\begin{aligned} GR(n,\eta,j) &= (i\alpha_n)^2\eta^2 + 2i\alpha_n(\eta - \sigma_j) + \lambda_4 \\ &= (\lambda_4 - 2i\alpha_n\sigma_j) + 2i\alpha_n\eta + (i\alpha_n)^2\eta^2 \end{aligned} \quad (4\text{-}2\text{-}64\text{a})$$

$$\begin{aligned} GS(l,\eta,j) &= \eta^2 Jee(l-2,\eta) + 2(\eta - \sigma_j) Jee(l-1,\eta) \\ &\quad + \lambda_4 Jee(l,\eta) \\ &= -2\sigma_j Jee(l-1,\eta) + (l^2 + l + \lambda_4) Jee(l,\eta) \end{aligned} \quad (4\text{-}2\text{-}64\text{b})$$

对方程（4-2-63）求 Fourier 投影，得到

$$\sum_{|n|\leqslant N} A_n(j) R(n,n_0,j) = \sum_{l=1}^{3} a_l(j) S(l,n_0,j) \quad (4\text{-}2\text{-}65)$$

这里

$$\begin{aligned} R(n,n_0,j) &= F^{-1}\langle GR(n,\eta,j)\rangle_{n_0-n} \\ &= (\lambda_4 - 2i\alpha_n\sigma_j)\Pi_0(0,n_0-n) + 2i\alpha_n\Pi_0(1,n_0-n) + 2(i\alpha_n)^2\Pi_0(2,n_0-n) \end{aligned}$$

$$(4\text{-}2\text{-}66\text{a})$$

$$\begin{aligned} S(l,n_0,j) &= -F^{-1}\langle GS(l,\eta,j)\rangle_{n_0} \\ &= 2\sigma_j\Pi_0(l-1,n_0) - (l^2 + l + \lambda_4)\Pi_0(l,n_0) \end{aligned} \quad (4\text{-}2\text{-}66\text{b})$$

其中

$$\Pi_0(l,n_0) = F^{-1}\langle Jee(l,\eta)\rangle_{n_0} \quad (4\text{-}2\text{-}66\text{c})$$

由方程（4-2-65）可解出

$$A_n(j) = \sum_{l=1}^{3} a_l(j) Ae(l,n,j) \quad (4\text{-}2\text{-}67)$$

这里 $Ae(l,n,j)$ 是如下代数方程的解：

$$\sum_{|n|\leqslant N} Ae(l,n,j)R(n,n_0,j)=S(l,n_0,j),\quad |n_0|\leqslant N \qquad (4\text{-}2\text{-}68)$$

将解式（4-2-67）代入展式（4-2-61）得到

$$U^{(k)}(\eta,j)=\sum_{l=1}^{3}a_l(j)Z(k,l,\eta,j),\quad k=0,1,2 \qquad (4\text{-}2\text{-}69a)$$

这里

$$Z(k,l,\eta,j)=\sum_{|n|\leqslant N}(\mathrm{i}\alpha_n)^k Ae(l,n,j)\exp\{\mathrm{i}\alpha_n\eta\}+Jee(l-k,\eta) \qquad (4\text{-}2\text{-}69b)$$

据引理 1 和引理 4，派生方程（4-2-60）应满足相容性条件和约束条件

$$L\{U(\eta,j)\}\big|_0^1=U''(1,j)+2(1-\sigma_j)U'(1,j)+2\sigma_j U'(0,j)$$
$$+\lambda_4\big[U(1,j)-U(0,j)\big]=0 \qquad (4\text{-}2\text{-}70)$$
$$L'\{U(\eta,j)\}\big|_{\eta=0}=-2\sigma_j U''(0,j)+(2+\lambda_4)U'(0,j)=0$$

利用解式（4-2-69），可得到确定系数 $\{a_l(j)\}$ 的方程

$$\sum_{l=1}^{2}a_l(j)\beta(l,l_0,j)=-a_0(j)\beta(3,l_0,j),\quad l_0=1,2 \qquad (4\text{-}2\text{-}71)$$

这里

$$\beta(l,1,j)=Z(2,l,1,j)+2(1-\sigma_j)Z(1,l,1,j)$$
$$+2\sigma_j Z(1,l,0,j)+\lambda_4\big[Z(0,l,1,j)-Z(0,l,0,j)\big] \qquad (4\text{-}2\text{-}72)$$
$$\beta(l,2,j)=-2\sigma_j Z(2,l,0,j)+(2+\lambda_4)Z(1,l,0,j)$$

由方程（4-2-71）可解出

$$a_l(j)=a_0(j)\gamma(l,j),\quad l=1,2 \qquad (4\text{-}2\text{-}73)$$

进一步改写解式（4-2-69）为如下形式：

$$U^{(k)}(\eta,j)=a_0(j)\Pi(k,\eta,j) \qquad (4\text{-}2\text{-}74a)$$

这里

$$\Pi(k,\eta,j)=\sum_{l=1}^{2}\gamma(l,j)Z(k,l,\eta,j)+Z(k,3,\eta,j) \qquad (4\text{-}2\text{-}74b)$$

最终得到

$$Y(\eta,j)=\begin{cases}\eta^{\rho_0}\exp\{\sigma_1\eta^{-1}\}\Pi(0,\eta,1)\\ \eta^{\rho_0}\exp\{\sigma_2\eta^{-1}\}\Pi(0,\eta,2)\end{cases} \qquad (4\text{-}2\text{-}75)$$

这里 $\sigma_1=\sqrt{-\lambda_2}$，$\sigma_2=-\sqrt{-\lambda_2}$，$\rho_0=\lambda_1/2$。

3. 算例和讨论

取如下两组不同参数，计算出解的分布 $U(\eta,j)$ 与满足方程的相对误差 $\text{Err}(\eta,j)$，分别列于表 4-13 和表 4-14 中。

表 4-13 $U(\eta,j)$, $\text{Err}(\eta,j)$ 的分布

$\left(\lambda_1=1, \lambda_2=-1, \lambda_3=1, \rho_0=0.5, \sigma_1=1, \sigma_2=-1, N=400\right)$

η	$U(\eta,1)$	$\text{Err}(\eta,1)$	$U(\eta,2)$	$\text{Err}(\eta,2)$
0.0	0.2390	2.4×10^{-6}	1.1663	2.0×10^{-6}
0.1	0.2553	1.1×10^{-6}	1.0987	1.8×10^{-6}
0.2	0.2758	2.0×10^{-7}	1.0398	1.5×10^{-6}
0.3	0.3054	4.1×10^{-7}	0.9876	8.6×10^{-6}
0.4	0.3482	6.8×10^{-7}	0.9408	4.2×10^{-6}
0.5	0.4000	1.2×10^{-6}	0.8983	7.0×10^{-6}
0.6	0.4534	2.3×10^{-6}	0.8596	4.8×10^{-6}
0.7	0.5028	6.1×10^{-7}	0.8240	2.4×10^{-6}
0.8	0.5453	3.0×10^{-7}	0.7911	1.2×10^{-5}
0.9	0.5796	6.9×10^{-7}	0.7605	3.6×10^{-5}
1.0	0.6058	8.8×10^{-7}	0.7321	2.1×10^{-6}

此时方程（4-2-48）的解写为如下形式：

$$Y(\eta)=a(1)\eta^{0.5}U(\eta,1)\exp\{\eta^{-1}\}+a(2)\eta^{0.5}U(\eta,2)\exp\{-\eta^{-1}\}$$

表 4-14 $U(\eta,j)$, $\text{Err}(\eta,j)$ 的分布

$\left(\lambda_1=1, \lambda_2=1, \lambda_3=-(0.3)^2, \rho_0=0.5, \sigma_1=i, \sigma_2=-i, N=400\right)$

η	$U(\eta,1)$	$\text{Err}(\eta,1)$	$U(\eta,2)$	$\text{Err}(\eta,2)$
0.0	$1.0537-i0.3671$	1.1×10^{-6}	$1.0538+i0.3671$	4.1×10^{-6}
0.1	$1.0504-i0.3753$	2.7×10^{-6}	$1.0505+i0.3753$	1.0×10^{-6}
0.2	$1.0462-i0.3830$	1.3×10^{-6}	$1.0464+i0.3830$	4.9×10^{-6}
0.3	$1.0416-i0.3900$	4.8×10^{-6}	$1.0418+i0.3901$	7.5×10^{-6}
0.4	$1.0366-i0.3964$	2.1×10^{-6}	$1.0368+i0.3965$	1.1×10^{-5}
0.5	$1.0314-i0.4022$	1.0×10^{-5}	$1.0316+i0.4023$	1.3×10^{-5}
0.6	$1.0261-i0.4074$	2.4×10^{-5}	$1.0263+i0.4075$	2.4×10^{-5}
0.7	$1.0208-i0.4122$	1.0×10^{-5}	$1.0210+i0.4122$	2.3×10^{-5}

续表

η	$U(\eta,1)$	Err$(\eta,1)$	$U(\eta,2)$	Err$(\eta,2)$
0.8	$1.0155-i0.4164$	4.1×10^{-5}	$1.0157+i0.4165$	1.8×10^{-5}
0.9	$1.0102-i0.4203$	6.0×10^{-5}	$1.0104+i0.4203$	4.0×10^{-5}
1.0	$1.0050-i0.4238$	1.9×10^{-6}	$1.0052+i0.4238$	5.8×10^{-6}

从表中不难看出 $U(\eta,1)$ 和 $U(\eta,2)$ 是共轭复数。

方程（4-2-48）的解为

$$Y(\eta)=\eta^{0.5}U(\eta,1)\exp\left\{i\eta^{-1}\right\}+\eta^{0.5}U(\eta,2)\exp\left\{-i\eta^{-1}\right\}$$

从表 4-13 和表 4-14 中不难看出取项数 $N=400$ 的改进 Fourier 级数解满足派生方程的相对误差在 10^{-5} 量级，即改进 Fourier 级数足够精确地一致收敛地满足方程。从表中不难看出解 $U(\eta,j)$ 随 η（η 从 0 到 1，相当于 x 从 1 到 ∞）的变化确实比较缓慢。这样缓变的函数用幂级数去逼近只能取第一项——常数项！但本文所得到的是缓慢变化的一致收敛地精确满足方程的解，不是渐近解，更不是形式解。

特别需要强调的是，本文所给出的求解方法对方程的系数没有任何限制。

附录

据（4-2-51）式

$$p_2(\eta)=\eta^4\frac{R''}{R}+(2-\lambda_1)\eta^3\frac{R'}{R}+(\lambda_2+\lambda_3\eta^2)$$

于是有（据引理 6）

$$\left\langle\eta^4\frac{R''}{R}\right\rangle=\eta^{-2m+2},\quad\left\langle\eta^3\frac{R'}{R}\right\rangle=\eta^{-m+2},\quad\left\langle\lambda_2+\lambda_3\eta^2\right\rangle=\eta^0$$

第一项与第二项对比：$-2m+2=-m+2\rightarrow m=0$

第一项与第三项对比：$-2m+2=0\rightarrow m=1$

取最大的值：$m=1$

4.3　韦伯（Weber）方程的解[5,6]

Weber 方程

$$\psi''(x) + \left(\lambda - \mu^2 x^2\right)\psi(x) = 0$$

在实轴上关于零点 $x = 0$ 是对称的，且在有界区间内不存在奇点，奇异性只可能存在于 $x \to \infty$。

1. 问题的提出和简化

韦伯方程的一般形式为

$$\psi''(x) + \left(\lambda - \mu^2 x^2\right)\psi(x) = 0 \tag{4-3-1}$$

这里 $\lambda = n + 0.5$，$\mu = 0.5$。

1）对于半无界的求解区域引进如下伸缩坐标：

$$\eta(x) = \frac{1}{1+x}, \quad x = \eta^{-1} - 1 \tag{4-3-2}$$

$x = \infty$ 对应 $\eta = 0$，$x = 0$ 对应 $\eta = 1$，于是求解区域变为有限区间 $\eta \in [0,1]$。有如下微分关系式：

$$\eta' = \frac{-1}{(1+x)^2} = -\eta^2$$
$$\eta'' = -2\eta\eta' = -2\eta\left(-\eta^2\right) = 2\eta^3 \tag{4-3-3}$$

进而有

$$\psi(x) = \psi\left(\eta^{-1} - 1\right) \equiv \phi(\eta)$$
$$\psi''(x) = \phi''\eta'^2 + \phi'\eta'' = \eta^4\phi'' + 2\eta^3\phi' \tag{4-3-4}$$

于是，在新坐标下方程（4-3-1）写为如下形式：

$$\eta^4\phi'' + 2\eta^3\phi' + \left[\lambda - \mu^2\left(\eta^{-1} - 1\right)^2\right]\phi = 0 \tag{4-3-5a}$$

或

$$\eta^6\phi'' + 2\eta^5\phi' + \left[\lambda\eta^2 - \mu^2\left(1 - \eta\right)^2\right]\phi = 0 \tag{4-3-5b}$$

或

$$\eta^6\phi'' + 2\eta^5\phi' + \left(\lambda_0 + \lambda_1\eta + \lambda_2\eta^2\right)\phi = 0 \tag{4-3-5c}$$
$$\lambda_0 = -\mu^2, \quad \lambda_1 = 2\mu^2, \quad \lambda_2 = \lambda - \mu^2$$

不难看出 $\eta = 0$ 为方程的非正则奇点。

2）首先将奇异解写为如下形式：

$$\phi(\eta) = R(\eta)V(\eta) \tag{4-3-6}$$

代入方程（4-3-5），得到

$$\eta^6 V''(\eta) + p_1(\eta)V'(\eta) + p_2(\eta)V(\eta) = 0 \tag{4-3-7}$$

这里

$$p_1(\eta) = 2\eta^6 \frac{R'}{R} + 2\eta^5$$
$$p_2(\eta) = \eta^6 \frac{R''}{R} + 2\eta^5 \frac{R'}{R} + \left(\lambda_0 + \lambda_1\eta + \lambda_2\eta^2\right) \tag{4-3-8}$$

据引理 6，取（见附录 A）

$$R(\eta) = \exp\{Q(\eta)\}$$
$$Q(\eta) = \sigma_1\eta^{-1} + \sigma_2\eta^{-2} \tag{4-3-9}$$

有关系式

$$\frac{R'}{R} = Q' = -\sigma_1\eta^{-2} - 2\sigma_2\eta^{-3}$$
$$\frac{R''}{R} = Q'' + Q'^2 \tag{4-3-10}$$
$$= 2\sigma_1\eta^{-3} + \left(\sigma_1^2 + 6\sigma_2\right)\eta^{-4} + 4\sigma_1\sigma_2\eta^{-5} + 4\sigma_2^2\eta^{-6}$$

于是

$$p_1(\eta) = -4\sigma_2\eta^3 - 2\sigma_1\eta^4 + 2\eta^5$$
$$p_2(\eta) = \left[2\sigma_1\eta^3 + \left(\sigma_1^2 + 6\sigma_2\right)\eta^2 + 4\sigma_1\sigma_2\eta + 4\sigma_2^2\right]$$
$$- \left(2\sigma_1\eta^3 + 4\sigma_2\eta^2\right) + \lambda_0 + \lambda_1\eta + \lambda_2\eta^2 \tag{4-3-11}$$
$$= \left(4\sigma_2^2 + \lambda_0\right) + \left(4\sigma_1\sigma_2 + \lambda_1\right)\eta + \left(\sigma_1^2 + 2\sigma_2 + \lambda_2\right)\eta^2$$

要求

$$p_2(0) = 4\sigma_2^2 + \lambda_0 = 4\sigma_2^2 - \mu^2 = 0$$
$$p_2'(0) = 4\sigma_1\sigma_2 + \lambda_1 = 4\sigma_1\sigma_2 + 2\mu^2 = 0 \tag{4-3-12a}$$

定出

$$\sigma_2(j) = \begin{cases} \mu/2, & j=1 \\ -\mu/2, & j=2 \end{cases}$$
$$\sigma_1(j) = \begin{cases} -\mu, & j=1 \\ \mu, & j=2 \end{cases} \tag{4-3-12b}$$

方程（4-3-7）化简为如下形式：

$$L\{V, j\} \equiv \eta^4 V'' + \left[-4\sigma_2(j) - 2\sigma_1(j)\eta + 2\eta^2\right]\eta V' + \left[\lambda + 2\sigma_2(j)\right]V = 0 \tag{4-3-13}$$

3）再取

$$V(\eta,j) = \eta^\rho U(\eta,j), \quad U(0,j) \neq 0 \qquad (4\text{-}3\text{-}14)$$

代入方程（4-3-13）得到

$$\eta^4 \left[U'' + 2\rho\eta^{-1}U' + \rho(\rho-1)\eta^{-2}U \right] \\ + \left(-4\sigma_2 - 2\sigma_1\eta + 2\eta^2 \right)\eta \left(U' + \rho\eta^{-1}U \right) + (\lambda + 2\sigma_2)U = 0 \qquad (4\text{-}3\text{-}15a)$$

$$\eta^4 U'' + \left[2\rho\eta^3 + \left(-4\sigma_2 - 2\sigma_1\eta + 2\eta^2 \right)\eta \right] U' \\ + \left[\rho(\rho-1)\eta^2 + \rho\left(-4\sigma_2 - 2\sigma_1\eta + 2\eta^2 \right) + \lambda + 2\sigma_2 \right] U = 0 \qquad (4\text{-}3\text{-}15b)$$

令 $\eta \to 0$，得到指标方程

$$-4\rho\sigma_2 + \lambda + 2\sigma_2 = 0 \qquad (4\text{-}3\text{-}16a)$$

定出

$$\rho_j = \frac{2\sigma_2(j) + \lambda}{4\sigma_2(j)} = \begin{cases} 0.5(1 + \lambda/\mu), & j = 1 \\ 0.5(1 - \lambda/\mu), & j = 2 \end{cases} \qquad (4\text{-}3\text{-}16b)$$

得到如下派生方程：

$$L_0\{U,j\} \equiv \eta^2 U'' + qq_1(\eta,j)U' + qq_2(\eta,j)U = 0 \qquad (4\text{-}3\text{-}17)$$

这里

$$qq_1(\eta,j) = q_{10}(j) + q_{11}(j)\eta + q_{12}(j)\eta^2 \\ qq_2(\eta,j) = q_{20}(j) + q_{21}(j)\eta \qquad (4\text{-}3\text{-}18a)$$

其中

$$q_{10}(j) = -4\sigma_2(j), \quad q_{11}(j) = -2\sigma_1(j), \quad q_{12}(j) = 2 + 2\rho_j \\ q_{20}(j) = -2\rho_j\sigma_1(j), \quad q_{21}(j) = \rho_j(\rho_j + 1) \qquad (4\text{-}3\text{-}18b)$$

2. 派生方程的求解

由于方程（4-3-17）的 1-阶导数项的系数的非零性：

$$qq_1(0,j) = q_{10}(j) = -4\sigma_2(j) = \mp 2\mu \neq 0 \qquad (4\text{-}3\text{-}19)$$

所以方程（4-3-17）存在非奇异解 $U(\eta,j)$，将 $U(\eta,j)$ 展开为如下 2-阶可微的改进 Fourier 级数：

$$U^{(k)}(\eta,j) \\ = \sum_{|n| \leqslant N} (\mathrm{i}\alpha_n)^k A_n(j)\exp\{\mathrm{i}\alpha_n\eta\} + \sum_{l=1}^{3} a_l(j) Jee(l-k,\eta), \quad k = 0,1,2 \qquad (4\text{-}3\text{-}20)$$

这里

$$\alpha_n = 2n\pi, \quad Jee(l,\eta) = \begin{cases} \dfrac{\eta^l}{l!}, & l \geqslant 0 \\ 0, & l < 0 \end{cases} \quad （4\text{-}3\text{-}21\text{a}）$$

同时引进 Fourier 投影

$$F^{-1}\langle \ \rangle_{n_0} = \int_0^1 \langle \ \rangle \exp\{-\mathrm{i}\alpha_{n_0}\eta\}\mathrm{d}\eta \quad （4\text{-}3\text{-}21\text{b}）$$

将展式（4-3-20）代入派生方程（4-3-17）得到

$$\sum_{|n| \leqslant N} A_n(j)GR(n,\eta,j)\exp\{\mathrm{i}\alpha_n\eta\} + \sum_{l=1}^{3} a_l(j)GS(l,\eta,j) = 0 \quad （4\text{-}3\text{-}22）$$

这里

$$GR(n,\eta,j) = (\mathrm{i}\alpha_n)^2\eta^2 + (\mathrm{i}\alpha_n)\big[q_{10}(j) + q_{11}(j)\eta + q_{12}(j)\eta^2\big]$$
$$+ \big[q_{20}(j) + q_{21}(j)\eta\big]$$
$$（4\text{-}3\text{-}23\text{a}）$$

或

$$GR(n,\eta,j) = \big[(\mathrm{i}\alpha_n)q_{10}(j) + q_{20}(j)\big]$$
$$+ \big[(\mathrm{i}\alpha_n)q_{11}(j) + q_{21}(j)\big]\eta + \big[(\mathrm{i}\alpha_n)^2 + (\mathrm{i}\alpha_n)q_{12}(j)\big]\eta^2$$
$$（4\text{-}3\text{-}23\text{b}）$$

和

$$GS(l,\eta,j) = \begin{cases} \eta^2 Jee(l-2,\eta) \\ + \big[q_{10}(j) + q_{11}(j)\eta + q_{12}(j)\eta^2\big]Jee(l-1,\eta) \\ + \big[q_{20}(j) + q_{21}(j)\eta\big]Jee(l,\eta) \end{cases} \quad （4\text{-}3\text{-}24\text{a}）$$

或

$$GS(l,\eta,j) = q_{10}(j)Jee(l-1,\eta)$$
$$+ \big[l(l-1) + l \cdot q_{11}(j) + q_{20}(j)\big]Jee(l,\eta) \quad （4\text{-}3\text{-}24\text{b}）$$
$$+ (l+1)\big[l \cdot q_{12}(j) + q_{21}(j)\big]Jee(l+1,\eta)$$

对方程（4-3-22）求 Fourier 投影，得到

$$\sum_{|n| \leqslant N} A_n(j)R(n,n_0,j) = \sum_{l=1}^{3} a_l(j)S(l,n_0,j) \quad （4\text{-}3\text{-}25）$$

这里

$$R(n,n_0,j) = F^{-1}\left\langle GR(n,\eta,j)\right\rangle_{n_0-n}$$
$$= \left[(i\alpha_n)q_{10}(j) + q_{20}(j)\right]\Pi_0(0,n_0-n)$$
$$+ \left[(i\alpha_n)q_{11}(j) + q_{21}(j)\right]\Pi_0(1,n_0-n) \quad (4\text{-}3\text{-}26a)$$
$$+ 2\left[(i\alpha_n)^2 + (i\alpha_n)q_{12}(j)\right]\Pi_0(2,n_0-n)$$

和

$$S(l,n_0,j) = -F^{-1}\left\langle GS(l,\eta,j)\right\rangle_{n_0}$$
$$= -\left\{ \begin{array}{l} q_{10}(j)\Pi_0(l-1,n_0) \\ + \left[l(l-1) + l\cdot q_{11}(j) + q_{20}(j)\right]\Pi_0(l,n_0) \\ + (l+1)\left[l\cdot q_{12}(j) + q_{21}(j)\right]\Pi_0(l+1,n_0) \end{array} \right\} \quad (4\text{-}3\text{-}26b)$$

其中

$$\Pi_0(l,n_0) = F^{-1}\left\langle Jee(l,\eta)\right\rangle_{n_0} \quad (4\text{-}3\text{-}26c)$$

由方程（4-3-25）可以解出

$$A_n(j) = \sum_{l=1}^{3} a_l(j)Ae(l,n,j) \quad (4\text{-}3\text{-}27)$$

这里 $Ae(l,n,j)$ 是如下代数方程的解：

$$\sum_{|n|\leqslant N} Ae(l,n,j)R(n,n_0,j) = S(l,n_0,j), \quad |n_0|\leqslant N \quad (4\text{-}3\text{-}28)$$

将解式（4-3-27）代入展式（4-3-20）得到

$$U^{(k)}(\eta,j) = \sum_{l=1}^{3} a_l(j)Z(k,l,\eta,j), \quad k=0,1,2 \quad (4\text{-}3\text{-}29a)$$

这里

$$Z(k,l,\eta,j) = \sum_{|n|\leqslant N} (i\alpha_n)^k Ae(l,n,j)\exp\{i\alpha_n\eta\} + Jee(l-k,\eta) \quad (4\text{-}3\text{-}29b)$$

据引理 1 和引理 4，派生方程（4-3-17）应满足相容性条件

$$L_0\{U,j\}\big|_{\eta=0}^{\eta=1} = U''(1,j) + qq_1(1,j)U'(1,j) + qq_2(1,j)U(1,j)$$
$$- qq_1(0,j)U'(0,j) - qq_2(0,j)U(0,j) = 0 \quad (4\text{-}3\text{-}30a)$$

和约束条件

$$L_0'\{U,j\}_{\eta=0}$$
$$= q_{10}(j)U''(0,j) + \left[q_{11}(j) + q_{20}(j)\right]U'(0,j) + q_{21}(j)U(0,j) = 0$$
$$(4\text{-}3\text{-}30b)$$

利用解式（4-3-29）可得到确定系数 $\{a_l(j)\}$ 的方程

$$\sum_{l=1}^{2} a_l(j)\beta(l,l_0,j) = -a_0(j)\beta(3,l_0,j), \quad l_0 = 1,2 \qquad (4\text{-}3\text{-}31)$$

这里

$$\begin{aligned}\beta(l,1,j) &= Z(2,l,1,j) + qq_1(1,j)Z(1,l,1,j) + qq_2(1,j)Z(0,l,1,j) \\ &\quad - qq_1(0,j)Z(1,l,0,j) - qq_2(0,j)Z(0,l,0,j)\end{aligned} \qquad (4\text{-}3\text{-}32\text{a})$$

$$\begin{aligned}\beta(l,2,j) &= q_{10}(j)Z(2,l,0,j) + \left[q_{11}(j) + q_{20}(j)\right]Z(1,l,0,j) \\ &\quad + q_{21}(j)Z(0,l,0,j)\end{aligned} \qquad (4\text{-}3\text{-}32\text{b})$$

由方程（4-3-31）可解出

$$a_l(j) = a_0(j)\gamma(l,j), \quad l = 1,2 \qquad (4\text{-}3\text{-}33)$$

改写解式（4-3-29）为如下形式：

$$U^{(k)}(\eta,j) = a_0(j)\Pi(k,\eta,j), \quad j=1,2; \ k=0,1,2 \qquad (4\text{-}3\text{-}34\text{a})$$

这里

$$\Pi(k,\eta,j) = \sum_{l=1}^{2}\gamma(l,j)Z(k,l,\eta,j) + Z(k,3,\eta,j) \qquad (4\text{-}3\text{-}34\text{b})$$

于是方程（4-3-5）的解为如下形式：

$$\begin{aligned}\phi_1(\eta) &= \eta^{\rho_1}\Pi(0,\eta,1)\exp\{\sigma_1(1)\eta^{-1} + \sigma_2(1)\eta^{-2}\} \\ \phi_2(\eta) &= \eta^{\rho_2}\Pi(0,\eta,2)\exp\{\sigma_1(2)\eta^{-1} + \sigma_2(2)\eta^{-2}\}\end{aligned} \qquad (4\text{-}3\text{-}35)$$

这里 $\rho_j, \sigma_1(j), \sigma_2(j)$ 见（4-3-16b）、（4-3-12b）式。

3. 算例

解的分布 $\Pi(0,\eta,j)$ 及该解满足方程的相对误差 $\mathrm{Err}(\eta,j)$ 列表如下：

1）取 $\lambda = 5.5$，$\mu = 0.5, N = 100$，于是计算结果见表 4-15

表 4-15　解式 $\Pi(0,\eta,j)$ 的分布

（$\lambda = 5.5, \mu = 0.5, N = 100$）

η	$\sigma_1 = 25.0, \rho_1 = 3.0$	$\sigma_2 = -25.0, \rho_2 = -2.5$
	$\Pi(0,\eta,1)$	$\Pi(0,\eta,2)$
0.0	15.477	14.168
0.1	15.808	14.027
0.2	16.151	13.886

η	$\sigma_1 = 25.0, \rho_1 = 3.0$	$\sigma_2 = -25.0, \rho_2 = -2.5$
	$\Pi(0,\eta,1)$	$\Pi(0,\eta,2)$
0.3	16.507	13.745
0.4	16.878	13.605
0.5	17.263	13.465
0.6	17.663	13.326
0.7	18.081	13.187
0.8	18.516	13.049
0.9	18.971	12.911
1.0	19.445	12.773
Error	$<1.0^{-6}$	$<1.0^{-6}$

2）取 $\lambda = 5.5 + i$，$\mu = 0.5, N = 100$，于是计算结果见表 4-16

表 4-16　解式 $\Pi(0,\eta,j)$ 的分布

$$(\lambda = 5.5 + i, \mu = 0.5, N = 100)$$

η	$\sigma_1 = 25.0, \rho_1 = 3.0 + i0.5$	$\sigma_2 = -25.0, \rho_2 = -2.5 - i0.5$
	$\Pi(0,\eta,1)$	$\Pi(0,\eta,2)$
0.0	$10.180 - i10.757$	$12.864 - i5.3690$
0.1	$10.465 - i10.913$	$12.718 - i5.3757$
0.2	$10.761 - i11.073$	$12.572 - i5.3820$
0.3	$11.070 - i11.235$	$12.426 - i5.3880$
0.4	$11.392 - i11.400$	$12.281 - i5.3935$
0.5	$11.728 - i11.569$	$12.137 - i5.3986$
0.6	$12.080 - i11.741$	$11.992 - i5.4034$
0.7	$12.448 - i11.917$	$11.848 - i5.4078$
0.8	$12.833 - i12.095$	$11.704 - i5.4118$
0.9	$13.237 - i12.277$	$11561 - i5.4155$
1.0	$13.660 - i12.462$	$11.992 - i5.4034$
Error	$<1.0^{-6}$	$<1.0^{-6}$

可见只要取 $N = 100$，就可得到精确满足方程的解。

4.4　合流（confluent）Lame 方程的解

confluent Lame 方程的一般形式为

$$x(1-x)y''(x)+(\lambda_1+\lambda_2 x)y'(x)+(\lambda_3+\lambda_4 x)y(x)=0$$

这里 λ_l $(l=1,2,3,4)$ 为非零复数。这里只考虑方程在正实轴上的解[负实轴$(x<0)$上只有 $x\to-\infty$ 是奇异点，与解在奇异点 $x\to\infty$ 邻域的性质是相似的，这里不再单独讨论]。

4.4.1　confluent Lame 方程在有界区间[0,1]上的统一解

方程为如下形式：

$$x(1-x)y''(x)+(\lambda_1+\lambda_2 x)y'(x)+(\lambda_3+\lambda_4 x)y(x)=0 \qquad (4\text{-}4\text{-}1)$$

不难看出在区间 $[0,1]$ 上，方程只有正则奇点 $x=0$ 和 $x=1$。

1. 派生方程的导出

1）奇点 $x=0$ 邻域内的解取为如下形式：

$$y(x)=x^\rho V(x), \quad V(0)\neq 0 \qquad (4\text{-}4\text{-}2)$$

将分解式（4-4-2）代入方程（4-4-1），得到

$$
\begin{aligned}
&x(1-x)\left[V''+2\rho x^{-1}V'+\rho(\rho-1)x^{-2}V\right]\\
&+(\lambda_1+\lambda_2 x)(V'+\rho x^{-1}V)+(\lambda_3+\lambda_4 x)V=0
\end{aligned} \qquad (4\text{-}4\text{-}3)
$$

进而有

$$
\begin{aligned}
&x(1-x)V''+\left[2\rho(1-x)+\lambda_1+\lambda_2 x\right]V'\\
&+\left\{\left[\rho(\rho-1)+\rho\lambda_1\right]x^{-1}-\rho(\rho-1)+\rho\lambda_2+\lambda_3+\lambda_4 x\right\}V=0
\end{aligned} \qquad (4\text{-}4\text{-}4)
$$

消除 x^{-1} 阶奇异项，得到指标方程

$$\rho(\rho-1)+\rho\lambda_1=0 \qquad (4\text{-}4\text{-}5a)$$

定出

$$\rho_j=\begin{cases}0, & j=1\\ 1-\lambda_1, & j=2\end{cases} \qquad (4\text{-}4\text{-}5b)$$

这里只考虑非重根情况 $\rho_2 \neq \rho_1$，即 $\lambda_1 \neq 1$，于是方程（4-4-4）化简为如下形式：

$$L_1\{V(x,j)\} = x(1-x)V'' + \left[2\rho(1-x) + \lambda_1 + \lambda_2 x\right]V'$$
$$+ \left[\rho_j(\lambda_1 + \lambda_2) + \lambda_3 + \lambda_4 x\right]V = 0 \tag{4-4-6}$$

2）$V(x,j)$ 在 $x=1$ 邻域写为如下形式：

$$V(x,j) = (1-x)^\sigma U(x,j), \quad U(1,j) \neq 0 \tag{4-4-7}$$

代入方程（4-4-6）得到

$$L_2\{U,j\} = x(1-x)\left[U'' - 2\sigma(1-x)^{-1}U' + \sigma(\sigma-1)(1-x)^{-2}U\right]$$
$$+ \left[2\rho_j(1-x) + \lambda_1 + \lambda_2 x\right]\left[U' - \sigma(1-x)^{-1}U\right] + \left[\rho_j(\lambda_1 + \lambda_2) + \lambda_3 + \lambda_4 x\right]U \tag{4-4-8a}$$

或

$$L_2\{U,j\} = x(1-x)U'' + \left[-2\sigma x + 2\rho_j(1-x) + \lambda_1 + \lambda_2 x\right]U'$$
$$+ G(x)U + \left[\rho_j(\lambda_1 + \lambda_2) + \lambda_3 + \lambda_4 x\right]U = 0 \tag{4-4-8b}$$

这里

$$G(x) = \left\{\sigma(\sigma-1)x - \sigma\left[2\rho_j(1-x) + \lambda_1 + \lambda_2 x\right]\right\}(1-x)^{-1}$$
$$= \left\{-\sigma(\sigma-1)(1-x-1) - \sigma\left[2\rho_j(1-x) + \lambda_1 - \lambda_2(1-x-1)\right]\right\}(1-x)^{-1}$$
$$= \left[\sigma(\sigma-1) - \sigma(\lambda_1 + \lambda_2)\right](1-x)^{-1} - \left[\sigma(\sigma-1) + \sigma(2\rho_j - \lambda_2)\right] \tag{4-4-9}$$

消除 $(1-x)^{-1}$ 阶奇异性，得到指标方程

$$\sigma(\sigma-1) - \sigma(\lambda_1 + \lambda_2) = 0 \tag{4-4-10a}$$

定出

$$\sigma(j_0) = \begin{cases} 0, & j_0 = 1 \\ 1 + \lambda_1 + \lambda_2, & j_0 = 2 \end{cases} \tag{4-4-10b}$$

不考虑重根，要求 $\lambda_1 + \lambda_2 \neq -1$。

方程（4-4-8）进一步简化为如下派生方程：

$$L_0\{U, j, j_0\} = x(1-x)U''(x, j, j_0)$$
$$+ \left[q_{10}(j, j_0) + q_{11}(j, j_0)x\right]U'(x, j, j_0) \tag{4-4-11}$$
$$+ \left[q_{20}(j, j_0) + q_{21}(j, j_0)x\right]U(x, j, j_0) = 0$$

这里

$$q_{10}(j,j_0) = \lambda_1 + 2\rho_j$$
$$q_{11}(j,j_0) = \lambda_2 - 2\rho_j - 2\sigma(j_0)$$
$$q_{20}(j,j_0) = \left[\rho_j - \sigma(j_0)\right](\lambda_1 + \lambda_2) + \sigma(j_0)(\lambda_2 - 2\rho_j) + \lambda_3 \qquad (4\text{-}4\text{-}12)$$
$$q_{21}(j,j_0) = \lambda_4$$

2. 派生方程（4-4-11）的求解

将函数 $U(x,j,j_0)$ 展开为如下 2-阶可微的改进 Fourier 级数（为书写方便，暂略去脚标 j,j_0）

$$U^{(k)}(x) = \sum_{|n| \leqslant N} (\mathrm{i}\alpha_n)^k A_n \exp\{\mathrm{i}\alpha_n x\} + \sum_{l=1}^{3} a_l Jee(l-k,x), \quad k = 0,1,2$$

$$(4\text{-}4\text{-}13)$$

这里

$$\alpha_n = 2n\pi, \quad Jee(l,x) = \begin{cases} \dfrac{x^l}{l!}, & l \geqslant 0 \\ 0, & l < 0 \end{cases} \qquad (4\text{-}4\text{-}14a)$$

同时引进 Fourier 投影

$$F^{-1}\langle\ \rangle_{n_0} = \int_0^1 \langle\ \rangle \exp\{-\mathrm{i}\alpha_{n_0} x\} \mathrm{d}x \qquad (4\text{-}4\text{-}14b)$$

将展式（4-4-13）代入方程（4-4-11），得到（见附录 A）

$$\sum_{|n| \leqslant N} A_n GR(n,x) \exp\{\mathrm{i}\alpha_n x\} + \sum_{l=1}^{3} a_l GS(l,x) = 0 \qquad (4\text{-}4\text{-}15)$$

求 Fourier 投影，得到

$$\sum_{|n| \leqslant N} A_n R(n,n_0) = \sum_{l=1}^{3} a_l S(l,n_0) \qquad (4\text{-}4\text{-}16)$$

求解该方程得到

$$A_n = \sum_{l=1}^{3} a_l Ae(l,n) \qquad (4\text{-}4\text{-}17)$$

这里 $Ae(l,n)$ 为如下代数方程的解：

$$\sum_{|n| \leqslant N} Ae(l,n) R(n,n_0) = S(l,n_0), \quad |n_0| \leqslant N \qquad (4\text{-}4\text{-}18)$$

将解式（4-4-17）代入展式（4-4-13），得到

$$U^{(k)}(x,j,j_0) = \sum_{l=1}^{3} a_l(j,j_0) Z(k,l,x,j,j_0) \qquad (4\text{-}4\text{-}19a)$$

其中

$$Z(k,l,x,j,j_0) = \sum_{|n| \leqslant N} (\mathrm{i}\alpha_n)^k Ae(l,n,j,j_0)\exp\{\mathrm{i}\alpha_n x\} + Jee(l-k,x)$$

（4-4-19b）

据引理 1 和引理 4，派生方程（4-4-11）应满足如下相容性条件和约束条件（见附录 B）：

$$L_0\{U,j,j_0\}\big|_0^1 = 0$$
$$L_0'\{U,j,j_0\}_{x=1} = 0$$

（4-4-20）

利用解式（4-4-19）可得到确定 $a_l(j,j_0)$ 的方程

$$\sum_{l=1}^{2} a_l(j,j_0)\beta(l,l_0,j,j_0) = -a_0(j,j_0)\beta(3,l_0,j,j_0), \quad l_0 = 1,2 \quad （4\text{-}4\text{-}21）$$

可解出

$$a_l(j,j_0) = a_0(j,j_0)\gamma_l(j,j_0), \quad l = 1,2$$

（4-4-22）

于是将解式（4-4-19）改写为如下形式：

$$U^{(k)}(x,j,j_0) = a_0(j,j_0)\Pi(k,x,j,j_0)$$

（4-4-23a）

这里

$$\Pi(k,x,j,j_0) = \sum_{l=1}^{2} \gamma_l(j,j_0)Z(k,l,x,j,j_0) + Z(k,3,x,j,j_0) \quad （4\text{-}4\text{-}23b）$$

3. 据引理 4，方程（4-4-6）需满足约束条件

$$L_1'\{V,j\}_{x=0} = (1+2\rho_j+\lambda_1)V''(0,j)$$
$$+\left[\rho_j(\lambda_1+\lambda_2-2)+\lambda_2+\lambda_3\right]V'(0,j)+\lambda_4 V(0,j) = 0$$

（4-4-24）

或

$$rr_3(j)V''(0,j) + rr_2(j)V'(0,j) + rr_1(j)V(0,j) = 0 \quad （4\text{-}4\text{-}25a）$$

这里

$$rr_3(j) = 1+2\rho_j+\lambda_1$$
$$rr_2(j) = \rho_j(\lambda_1+\lambda_2-2)+\lambda_2+\lambda_3$$
$$rr_1(j) = \lambda_4$$

（4-4-25b）

这里只考虑

$$rr_3(j) \neq 0, \quad \lambda_1 \neq -1,3$$

（4-4-26）

据解式（4-4-7）

$$V(x,j) = a_0(j,1) \Pi(0,x,j,1) + a_0(j,2)(1-x)^{\sigma_0} \Pi(0,x,j,2) \quad （4\text{-}4\text{-}27）$$

这里 $\sigma_0 = \sigma(2)$，得到

$$\begin{aligned} V'(x,j) = {} & a_0(j,1) \Pi(1,x,j,1) \\ & + a_0(j,2) \left[(1-x)^{\sigma_0} \Pi(1,x,j,2) - \sigma_0(1-x)^{\sigma_0-1} \Pi(0,x,j,2) \right] \end{aligned}$$
$$（4\text{-}4\text{-}28\text{a}）$$

$$\begin{aligned} V''(x,j) = {} & a_0(j,1) \Pi(2,x,j,1) \\ & + a_0(2,j) \left[\begin{array}{l} (1-x)^{\sigma_0} \Pi(2,x,j,2) - 2\sigma_0(1-x)^{\sigma_0-1} \Pi(1,x,j,2) \\ + \sigma_0(\sigma_0-1)(1-x)^{\sigma_0-2} \Pi(0,x,j,2) \end{array} \right] \end{aligned}$$
$$（4\text{-}4\text{-}28\text{b}）$$

进而得到

$$\begin{aligned} V(0,j) &= a_0(j,1)\mu_{11}(j) + a_0(j,2)\mu_{12}(j) \\ V'(0,j) &= a_0(j,1)\mu_{21}(j) + a_0(j,2)\mu_{22}(j) \\ V''(0,j) &= a_0(j,1)\mu_{31}(j) + a_0(j,2)\mu_{32}(j) \end{aligned} \quad （4\text{-}4\text{-}29）$$

其中

$$\begin{aligned} \mu_{11}(j) &= \Pi(0,0,j,1) \\ \mu_{12}(j) &= \Pi(0,0,j,2) \end{aligned} \quad （4\text{-}4\text{-}30\text{a}）$$

$$\begin{aligned} \mu_{21}(j) &= \Pi(1,0,j,1) \\ \mu_{22}(j) &= \Pi(1,0,j,2) - \sigma_0 \Pi(0,0,j,2) \end{aligned} \quad （4\text{-}4\text{-}30\text{b}）$$

$$\begin{aligned} \mu_{31}(j) &= \Pi(2,0,j,1) \\ \mu_{32}(j) &= \Pi(2,0,j,2) - 2\sigma_0 \Pi(1,0,j,2) \\ & \quad + \sigma_0(\sigma_0-1)\Pi(0,0,j,2) \end{aligned} \quad （4\text{-}4\text{-}30\text{c}）$$

将关系式（4-4-29）代入（4-4-25a）式得到

$$a_0(j,1)\Omega(j,1) + a_0(j,2)\Omega(j,2) = 0 \quad （4\text{-}4\text{-}31\text{a}）$$

这里

$$\begin{aligned} \Omega(j,1) &= rr_3(j)\mu_{31}(j) + rr_2(j)\mu_{21}(j) + rr_1(j)\mu_{11}(j) \\ \Omega(j,2) &= rr_3(j)\mu_{32}(j) + rr_2(j)\mu_{22}(j) + rr_1(j)\mu_{12}(j) \end{aligned} \quad （4\text{-}4\text{-}31\text{b}）$$

定出

$$a_0(j,2) = \Omega_0(j) a_0(j,1) \equiv \Omega_0(j) a_0(j) \quad （4\text{-}4\text{-}32\text{a}）$$

这里

$$\varOmega_0(j) = -\varOmega(j,1)/\varOmega(j,2) \tag{4-4-32b}$$

于是解式（4-4-27）写为如下形式：

$$\begin{cases} V(x,j) = a_0(j)V_0(x,j) \\ V_0(x,j) = \varPi(0,x,j,1) + \varOmega_0(j)(1-x)^\sigma \varPi(0,x,j,2) \end{cases} \tag{4-4-33}$$

4. 算例

注意，前面的推导中，我们对系数 λ_1, λ_2 作了些限制：比如（4-4-5b）、（4-4-10b）、（4-4-26b）和（B-6）式，考虑到这些限制，这里取 $\lambda_1 = 1.5, \lambda_2 = -5.5$, $\lambda_3 = 2, \lambda_4 = 2$。

1）首先计算出解式 $\varPi(k,x,j,j_0)$，见表 4-17 和表 4-18。

表 4-17 $\varPi(0,x,j,j_0), j = 1,2; j_0 = 1,2$ 的分布

（$\lambda_1 = 1.5, \lambda_2 = -5.5, \lambda_3 = 2, \lambda_4 = 2, N = 150$）

x	$\sigma = 0, \rho = 0$	$\sigma = 0, \rho = -3$	$\sigma = -0.5, \rho = 0$	$\sigma = -0.5, \rho = -3$
	$\varPi(0,x,1,1)$	$\varPi(0,x,1,2)$	$\varPi(0,x,2,1)$	$\varPi(0,x,2,2)$
0.0	−0.4539	−121.57	−0.0017	3.0050
0.1	−0.3382	−73.740	0.0727	0.2318
0.2	−0.1603	−35.898	0.1425	−1.5136
0.3	0.0682	−8.1235	0.2310	−2.3551
0.4	0.3234	9.9588	0.3357	−2.4466
0.5	0.5809	19.220	0.4519	−1.9737
0.6	0.8155	21.052	0.5743	−1.1492
0.7	1.0013	17.394	0.6967	−0.2053
0.8	1.1118	10.737	0.8128	0.6170
0.9	1.1200	4.1128	0.9160	1.0840
1.0	1.0000	1.0000	1.0000	1.0000

表 4-18 $\varPi(k,0,j,j_0), k = 0,1,2$ 的分布

（$\lambda_1 = 1.5, \lambda_2 = -5.5, \lambda_3 = 2, \lambda_4 = 2, N = 150$）

$\varPi(0,0,1,1)$	$\varPi(0,0,1,2)$	$\varPi(0,0,2,1)$	$\varPi(0,0,2,2)$
−0.4539	−121.57	−0.0017	3.0050
$\varPi(1,0,1,1)$	$\varPi(1,0,1,2)$	$\varPi(1,0,2,1)$	$\varPi(1,0,2,2)$
4.3058	529.23	2.7815	−33.693

$\Pi(2,0,1,1)$	$\Pi(2,0,1,2)$	$\Pi(2,0,2,1)$	$\Pi(2,0,2.2)$
−81.097	−1733.5	−15.920	191.27

2）计算出（4-4-30）、（4-4-31）式中各个参数：

$$\mu_{11}(j)=\begin{cases}-0.4539\\-0.0017\end{cases},\quad \mu_{12}(j)=\begin{cases}-121.57\\3.0050\end{cases}$$

$$\mu_{21}(j)=\begin{cases}4.3058\\2.7815\end{cases},\quad \mu_{22}(j)=\begin{cases}164.52\\-24.678\end{cases}$$

$$\mu_{31}(j)=\begin{cases}-81.097\\-15.920\end{cases},\quad \mu_{32}(j)=\begin{cases}-16.96\\25.172\end{cases}$$

$$rr_3(j)=\begin{cases}2.5\\-3.5\end{cases},\quad rr_2(j)=\begin{cases}-3.5\\14.5\end{cases},\quad rr_1(j)=\lambda_4=2.0$$

$$\Omega(j,1)=\begin{cases}-218.72\\96.048\end{cases},\quad \Omega(j,2)=\begin{cases}-1243.0\\-439.92\end{cases}$$

$$\Omega_0(1)=-0.17596,\quad \Omega_0(2)=0.21833$$

3）计算出方程（4-4-6）的统一解（见表 4-19）

表 4-19　统一解 $V_0(\eta,j)$ 的分布

$(\lambda_1=1.5,\lambda_2=-5.5,\lambda_3=2,\lambda_4=2,N=150)$

x	$V_0(x,1)$	$V_0(x,2)$
0.0	38.542	0.0639
0.1	17.460	0.1421
0.2	12.180	−0.5028
0.3	4.2368	−1.2678
0.4	−7.7911	−2.1369
0.5	−26.480	−2.9950
0.6	−57.077	−3.3455
0.7	−112.38	−0.9629
0.8	−235.10	17.648
0.9	−722.74	237.56
1.0	$-\infty$	∞

这是方程（4-4-6）在区间 $x\in[0,1]$ 上的统一解 $V_0(x,j)$，而方程（4-4-1）在区间 $x\in[0,1]$ 上的解 $y_1(x)$，$y_2(x)$ 为

$$y_1(x) = V_0(x,1), \quad y_2(x) = x^{-3}V_0(x,2)$$

附录 A

方程（4-4-15）中

$$\begin{aligned}
GR(n,x,j,j_0) &= (i\alpha_n)^2 x(1-x) + (i\alpha_n)(q_{10}+q_{11}x) + (q_{20}+q_{21}x) \\
&= [(i\alpha_n)q_{10}+q_{20}] + [(i\alpha_n)^2 + (i\alpha_n)q_{11}+q_{21}]x - (i\alpha_n)^2 x^2
\end{aligned}$$

（A-1）

$$\begin{aligned}
GS(l,x,j,j_0) &= x(1-x)Jee(l-2,x) + (q_{10}+q_{11}x)Jee(l-1,x) \\
&\quad + (q_{20}+q_{21}x)Jee(l,x) \\
&= [(l-1)+q_{10}]Jee(l-1,x) + [-l(l-1)+l\cdot q_{11}+q_{20}]Jee(l,x) \\
&\quad + (l+1)q_{21}Jee(l+1,x)
\end{aligned}$$

（A-2）

方程（4-4-16）中

$$R(n,n_0,j,j_0) = \left\{\begin{array}{l} [(i\alpha_n)q_{10}+q_{20}]\varPi_0(0,n_0-n) \\ +[(i\alpha_n)^2+(i\alpha_n)q_{11}+q_{21}]\varPi_0(1,n_0-n) \\ -2(i\alpha_n)^2\varPi_0(2,n_0-n) \end{array}\right\}$$

（A-3）

$$S(l,n_0,j,j_0) = -\left\{\begin{array}{l} [(l-1)+q_{10}]\varPi_0(l-1,n_0) \\ +[-l(l-1)+l\cdot q_{11}+q_{20}]\varPi_0(l,n_0) \\ +(l+1)q_{21}\varPi_0(l+1,n_0) \end{array}\right\}$$

（A-4）

这里

$$\varPi_0(l,n_0) = F^{-1}\langle Jee(l,x)\rangle_{n_0}$$

（A-5）

附录 B

相容性条件和约束条件（4-4-20）写为

$$\begin{aligned}
L_0\{U,j,j_0\}\big|_0^1 &= (q_{10}+q_{11})U'(1) + (q_{20}+q_{21})U(1) \\
&\quad - q_{10}U'(0) - q_{20}U(0) = 0
\end{aligned}$$

（B-1）

和

$$L_0'\{U,j,j_0\}_{x=1} = (-1+q_{10}+q_{11})U''(1)$$
$$+(q_{11}+q_{20}+q_{21})U'(1)+q_{21}U(1)=0 \quad (\text{B-2})$$

方程（4-4-21）中

$$\beta(l,1,j,j_0) = \big[q_{10}(j,j_0)+q_{11}(j,j_0)\big]Z(1,l,1,j,j_0)$$
$$+\big[q_{20}(j,j_0)+q_{21}(j,j_0)\big]Z(0,l,1,j,j_0) \quad (\text{B-3})$$
$$-q_{10}(j,j_0)Z(1,l,0,j,j_0)-q_{20}(j,j_0)Z(0,l,0,j,j_0)$$

$$\beta(l,2,j,j_0) = \big[-1+q_{10}(j,j_0)+q_{11}(j,j_0)\big]Z(2,l,1,j,j_0)$$
$$+\big[q_{11}(j,j)+q_{20}(j,j_0)+q_{21}(j,j_0)\big]Z(1,l,1,j,j_0) \quad (\text{B-4})$$
$$+q_{21}(j,j_0)Z(0,l,1,j,j_0)$$

约束条件（B-2）中为保障 $U''(1)$ 有界，要求

$$-1+q_{10}+q_{11}=\lambda_1+\lambda_2-2\sigma_j-1\neq 0 \quad (\text{B-5})$$

等价于

$$\begin{cases}\lambda_1+\lambda_2\neq 1\\ \lambda_1+\lambda_2\neq -3\end{cases} \quad (\text{B-6})$$

4.4.2　confluent Lame 方程在半无界区域[1,∞)上的统一解

方程的一般形式为

$$x(1-x)y''(x)+(\lambda_1+\lambda_2 x)y'(x)+(\lambda_3+\lambda_4 x)y(x)=0,\quad x\in[1,\infty] \quad (4\text{-}4\text{-}34)$$

这里 $\lambda_j(j=1,2,3,4)$ 为任意非零复数[要求 $\mathrm{real}\{1+\lambda_1+\lambda_2\}>0$]。

1. 坐标变换的引入

取伸缩坐标

$$\eta^2=\frac{1}{x},\quad x=\eta^{-2} \quad (4\text{-}4\text{-}35)$$

可见 $x=\infty$ 对应 $\eta=0$ ，$x=1$ 对应 $\eta=1$ ，半无界区域 $x\in[1,\infty)$ 变为有限区间 $\eta\in[0,1]$ 。于是

$$y(x)=y(\eta^{-2})\equiv Y(\eta) \quad (4\text{-}4\text{-}36)$$

对（4-4-35）式求导数

$$2\eta\eta' = -\frac{1}{x^2} = -\eta^4 \tag{4-4-37a}$$

得到

$$\eta' = \frac{-1}{2}\eta^3 \tag{4-4-37b}$$

再求导数得到

$$\eta'' = \frac{-3}{2}\eta^2\eta' = \frac{-3}{2}\eta^2\left(\frac{-1}{2}\eta^3\right) = \frac{3}{4}\eta^5 \tag{4-4-37c}$$

于是

$$y'(x) = Y'(\eta)\eta' = \frac{-1}{2}\eta^3 Y'$$
$$y''(x) = Y''(\eta)\eta'^2 + Y'(\eta)\eta'' = \frac{1}{4}\left(\eta^6 Y'' + 3\eta^5 Y'\right) \tag{4-4-38}$$

代入方程（4-4-34）得到

$$\eta^{-2}\left(1-\eta^{-2}\right)\frac{1}{4}\left(\eta^6 Y'' + 3\eta^5 Y'\right) + \left(\lambda_1 + \lambda_2\eta^{-2}\right)\frac{-1}{2}\eta^3 Y'$$
$$+ \left(\lambda_3 + \lambda_4\eta^{-2}\right)Y = 0 \tag{4-4-39a}$$

或

$$\left(1-\eta^2\right)\left(\eta^4 Y'' + 3\eta^3 Y'\right) + 2\left(\lambda_1\eta^2 + \lambda_2\right)\eta^3 Y'$$
$$-4\left(\lambda_3\eta^2 + \lambda_4\right)Y = 0 \tag{4-4-39b}$$

进一步整理后得到

$$\left(1-\eta^2\right)\eta^4 Y'' + \left[\left(3+2\lambda_2\right) + \left(2\lambda_1 - 3\right)\eta^2\right]\eta^3 Y'$$
$$-4\left(\lambda_3\eta^2 + \lambda_4\right)Y = 0 \tag{4-4-40}$$

因为 $\lambda_4 \neq 0$，所以 $\eta = 0$ 为非正则奇点。

2. 在 $\eta = 0$ 邻域内的解

将 $Y(\eta)$ 分解为如下形式：

$$Y(\eta) = R(\eta)V(\eta), \quad V(0) \neq 0 \tag{4-4-41a}$$

代入方程（4-4-40）得到如下方程：

$$L\{V\} \equiv \left(1-\eta^2\right)\eta^4 V'' + p_1(\eta)V' + p_2(\eta)V = 0 \tag{4-4-41b}$$

这里

$$p_1(\eta) = 2(1-\eta^2)\eta^4 \frac{R'}{R} + \left[(3+2\lambda_2) + (2\lambda_1 - 3)\eta^2\right]\eta^3$$

$$p_2(\eta) = (1-\eta^2)\eta^4 \frac{R''}{R} + \left[(3+2\lambda_2) + (2\lambda_1 - 3)\eta^2\right]\eta^3 \frac{R'}{R} \qquad (4\text{-}4\text{-}42)$$
$$-4(\lambda_3\eta^2 + \lambda_4)$$

据引理 6，取（见附录 A）

$$R(\eta) = \eta^\rho \exp\{Q(\eta)\}, \quad Q(\eta) = \sigma\eta^{-1} \qquad (4\text{-}4\text{-}43)$$

于是

$$\frac{R'}{R} = \rho\eta^{-1} + Q' = \rho\eta^{-1} - \sigma\eta^{-2}$$

$$\frac{R''}{R} = \rho(\rho-1)\eta^{-2} + 2\rho\eta^{-1}Q' + Q'' + Q'^2 \qquad (4\text{-}4\text{-}44)$$

$$= \rho(\rho-1)\eta^{-2} - 2\sigma(\rho-1)\eta^{-3} + \sigma^2\eta^{-4}$$

代入（4-4-42）式得到

$$p_1(\eta) = 2(1-\eta^2)\eta^4\left[\rho\eta^{-1} - \sigma\eta^{-2}\right]$$
$$+\left[(3+2\lambda_2) + (2\lambda_1 - 3)\eta^2\right]\eta^3 \qquad (4\text{-}4\text{-}45)$$
$$= \left\{2(1-\eta^2)(\rho\eta - \sigma) + (3+2\lambda_2)\eta + (2\lambda_1 - 3)\eta^3\right\}\eta^2$$

和

$$p_2(\eta) = (1-\eta^2)\left[\rho(\rho-1)\eta^2 - 2\sigma(\rho-1)\eta + \sigma^2\right]$$
$$+\left[(3+2\lambda_2) + (2\lambda_1 - 3)\eta^2\right](\rho\eta^2 - \sigma\eta) - 4(\lambda_3\eta^2 + \lambda_4)$$

$$(4\text{-}4\text{-}46a)$$

$$p_2(\eta) = (\sigma^2 - 4\lambda_4) - \sigma\left[(2\rho-2) + (3+2\lambda_2)\right]\eta$$
$$+\left[\rho(\rho-1) - \sigma^2 + \rho(3+2\lambda_2) - 4\lambda_3\right]\eta^2$$
$$+\sigma\left[2(\rho-1) - (2\lambda_1 - 3)\right]\eta^3 \qquad (4\text{-}4\text{-}46b)$$
$$+\rho\left[-(\rho-1) + (2\lambda_1 - 3)\right]\eta^4$$

令 $L\{V\}_{\eta=0} = L'\{V\}_{\eta=0} = 0$ 或 $p_2(0) = p_2'(0) = 0$ 得到指标方程

$$\sigma^2 - 4\lambda_4 = 0$$
$$2\rho + 1 + 2\lambda_2 = 0 \qquad (4\text{-}4\text{-}47a)$$

定出

$$\sigma_j = \begin{cases} \sqrt{4\lambda_4}, & j=1 \\ -\sqrt{4\lambda_4}, & j=2 \end{cases} \qquad (4\text{-}4\text{-}47\text{b})$$

$$\rho = -0.5 - \lambda_2$$

方程（4-4-41）化简为如下形式的方程：

$$L_1\{V,j\} \equiv \left(1-\eta^2\right)\eta^2 V'' + pp_1(\eta,j)V' + pp_2(\eta,j)V = 0 \qquad (4\text{-}4\text{-}48)$$

这里

$$pp_1(\eta,j) = p_{10}(j) + p_{11}(j)\eta + p_{12}(j)\eta^2 + p_{13}(j)\eta^3$$
$$pp_2(\eta,j) = p_{20}(j) + p_{21}(j)\eta + p_{22}(j)\eta^2 \qquad (4\text{-}4\text{-}49)$$

其中

$$p_{10}(j) = -2\sigma(j), \quad p_{11}(j) = \left(3 + 2\lambda_2 + 2\rho\right)$$
$$p_{12}(j) = 2\sigma(j), \quad p_{13}(j) = \left(2\lambda_1 - 3 - 2\rho\right) \qquad (4\text{-}4\text{-}50\text{a})$$

和

$$p_{20}(j) = \left[-4\left(\lambda_3 + \lambda_4\right) + \rho\left(\rho - 1\right) + \rho\left(3 + 2\lambda_2\right)\right]$$
$$p_{21}(j) = \sigma_j\left(1 + 2\rho - 2\lambda_1\right) \qquad (4\text{-}4\text{-}50\text{b})$$
$$p_{22}(j) = \rho\left(2\lambda_1 - \rho - 2\right)$$

3. 方程（4-4-48）中正则奇点 $\eta = 1$ 邻域内的解

将解写为如下形式：

$$V(\eta,j) = \left(1-\eta\right)^\nu U(\eta,j), \quad U(1,j) \neq 0 \qquad (4\text{-}4\text{-}51)$$

ν 为待定常数，代入方程（4-4-48）得到

$$\left(1-\eta^2\right)\eta^2\left[U'' - 2\nu\left(1-\eta\right)^{-1}U' + \nu\left(\nu-1\right)\left(1-\eta\right)^{-2}U\right]$$
$$+ pp_1(\eta,j)\left[U' - \nu\left(1-\eta\right)^{-1}U\right] + pp_2(\eta,j)U = 0 \qquad (4\text{-}4\text{-}52)$$

整理后得到

$$\left(1-\eta^2\right)\eta^2 U'' + \left[-2\nu\left(1+\eta\right)\eta^2 + pp_1(\eta,j)\right]U'$$
$$+ \left[G(\eta,j) + pp_2(\eta,j)\right]U = 0 \qquad (4\text{-}4\text{-}53)$$

其中

$$G(\eta,j) \equiv \left[\nu\left(\nu-1\right)\left(\eta^2 + \eta^3\right) - \nu\, pp_1(\eta,j)\right]\left(1-\eta\right)^{-1}$$
$$= \begin{cases} -\nu\left(\nu-1\right)\left(2 - \eta^2 - \eta^3 - 2\right) \\ +\nu\left[pp_1(1,j) - pp_1(\eta,j) - pp_1(1,j)\right] \end{cases}\left(1-\eta\right)^{-1} \qquad (4\text{-}4\text{-}54\text{a})$$

进而

$$G = v\left[2(v-1) - pp_1(1,j)\right](1-\eta)^{-1}$$

$$+v\left\{\begin{array}{l} -(v-1)\left[(1-\eta^2)+(1-\eta^3)\right] \\ +p_{11}(j)(1-\eta)+p_{12}(j)(1-\eta^2) \\ +p_{13}(j)(1-\eta^3) \end{array}\right\}(1-\eta)^{-1} \qquad (4\text{-}4\text{-}54\mathrm{b})$$

要求

$$v\left[2(v-1) - pp_1(1,j)\right] = 0 \qquad (4\text{-}4\text{-}55\mathrm{a})$$

定出

$$v_{j_0} = \begin{cases} 0, & j_0 = 1 \\ 1 + 0.5pp_1(1,j) = 1+\lambda_1+\lambda_2 \equiv v_0, & j_0 = 2 \end{cases} \qquad (4\text{-}4\text{-}55\mathrm{b})$$

这里利用了关系式 $pp_1(1,j) = 2\lambda_1 + 2\lambda_2$,不考虑重根，要求 $v_0 \neq 0$。于是

$$G = G_0(\eta,j,j_0) = v_{j_0}\left[\begin{array}{l}(1-v_{j_0})(2+2\eta+\eta^2)+p_{11}(j) \\ +p_{12}(j)(1+\eta)+p_{13}(j)(1+\eta+\eta^2)\end{array}\right]$$

$$= v_{j_0}\left[2(1-v_{j_0})+p_{11}(j)+p_{12}(j)+p_{13}(j)\right]$$

$$+ v_{j_0}\left[2(1-v_{j_0})+p_{12}(j)+p_{13}(j)\right]\eta + v_{j_0}\left[(1-v_{j_0})+p_{13}(j)\right]\eta^2$$

得到如下派生方程:

$$L_0\{U,j,j_0\} \equiv (1-\eta^2)\eta^2 U'' + qq_1(\eta,j,j_0)U' + qq_2(\eta,j,j_0)U = 0$$

$$(4\text{-}4\text{-}56)$$

这里

$$qq_1(\eta,j,j_0) = -2v_{j_0}(1+\eta)\eta^2 + pp_1(\eta,j)$$

$$= q_{10}(j,j_0)+q_{11}(j,j_0)\eta+q_{12}(j,j_0)\eta^2+q_{13}(j,j_0)\eta^3$$

$$(4\text{-}4\text{-}57\mathrm{a})$$

$$qq_2(\eta,j,j_0) = G_0(\eta,j,j_0)+pp_2(\eta,j)$$

$$= q_{20}(j,j_0)+q_{21}(j,j_0)\eta+q_{22}(j,j_0)\eta^2 \qquad (4\text{-}4\text{-}57\mathrm{b})$$

这里

$$q_{10}(j,j_0) = p_{10}(j), \quad q_{11}(j,j_0) = p_{11}(j)$$

$$q_{12}(j,j_0) = p_{12}(j)-2v_{j_0}, \quad q_{13}(j,j_0) = p_{13}(j)-2v_{j_0} \qquad (4\text{-}4\text{-}58\mathrm{a})$$

和

$$q_{20}(j,j_0) = p_{20}(j) + v_{j_0}\left[2(1-v_{j_0}) + p_{11}(j) + p_{12}(j) + p_{13}(j)\right]$$

$$q_{21}(j,j_0) = p_{21}(j) + v_{j_0}\left[2(1-v_{j_0}) + p_{12}(j) + p_{13}(j)\right] \qquad (4\text{-}4\text{-}58\text{b})$$

$$q_{31}(j,j_0) = p_{22}(j) + v_{j_0}\left[(1-v_{j_0}) + p_{13}(j)\right]$$

4. 派生方程（4-4-56）的求解

将函数 $U(\eta,j,j_0)$ 展开为如下 2-阶可微的改进 Fourier 级数

$$U^{(k)}(\eta,j,j_0) = \sum_{|n|\leqslant N}(\mathrm{i}\alpha_n)^k A_n(j,j_0)\exp\{\mathrm{i}\alpha_n\eta\}$$

$$+ \sum_{l=1}^{3} a_l(j,j_0)Jee(l-k,\eta), \quad k=0,1,2 \qquad (4\text{-}4\text{-}59)$$

这里

$$\alpha_n = 2n\pi, \quad Jee(l,\eta) = \begin{cases} \dfrac{\eta^l}{l!}, & l \geqslant 0 \\ 0, & l < 0 \end{cases} \qquad (4\text{-}4\text{-}60\text{a})$$

同时引进 Fourier 投影

$$F^{-1}\langle\ \rangle_{n_0} = \int_0^1 \langle\ \rangle\exp\{-\mathrm{i}\alpha_{n_0}\eta\}\mathrm{d}\eta \qquad (4\text{-}4\text{-}60\text{b})$$

将展式（4-4-59）代入方程（4-4-56）得到方程（见附录 B）

$$\sum_{|n|\leqslant N} A_n(j,j_0)GR(n,\eta,j,j_0)\exp\{\mathrm{i}\alpha_n\eta\} + \sum_{l=1}^{3} a_l(j,j_0)GS(l,\eta,j,j_0) = 0$$

$$(4\text{-}4\text{-}61)$$

求 Fourier 投影得到（见附录 B）

$$\sum_{|n|\leqslant N} A_n(j,j_0)R(n,n_0,j,j_0) = \sum_{l=1}^{3} a_l(j,j_0)S(l,n_0,j,j_0) \qquad (4\text{-}4\text{-}62)$$

可解出

$$A_n(j,j_0) = \sum_{l=1}^{3} a_l(j,j_0)Ae(l,n,j,j_0) \qquad (4\text{-}4\text{-}63)$$

这里 $Ae(l,n,j,j_0)$ 是如下方程的解：

$$\sum_{|n|\leqslant N} Ae(l,n,j,j_0)R(n,n_0,j,j_0) = S(l,n_0,j,j_0) \qquad (4\text{-}4\text{-}64)$$

将解式（4-4-63）代入展式（4-4-59）得到

$$U^{(k)}(\eta, j, j_0) = \sum_{l=1}^{3} a_l(j, j_0) Z(k, l, \eta, j, j_0), \quad k = 0,1,2 \qquad (4\text{-}4\text{-}65\text{a})$$

这里

$$Z(k, l, \eta, j, j_0) = \sum_{|n| \leqslant N} (\mathrm{i}\alpha_n)^k Ae(l, n, j, j_0) \exp\{\mathrm{i}\alpha_n \eta\} + Jee(l - k, \eta) \qquad$$

$$(4\text{-}4\text{-}65\text{b})$$

据引理 1 和引理 4，派生方程（4-4-56）应满足相容性条件和约束条件（见附录 B）

$$L_0\{U, j, j_0\}\big|_0^1 = 0$$
$$L_0'\{U, j, j_0\}_{\eta=1} = 0 \qquad (4\text{-}4\text{-}66)$$

利用解式（4-4-65a）得到确定参数 $a_l(j, j_0)$ 的方程（见附录 B 和附录 C）

$$\sum_{l=1}^{2} a_l(j, j_0)\beta(l, l_0, j, j_0) = -a_0(j, j_0)\beta(3, l_0, j, j_0), \quad l_0 = 1,2 \qquad (4\text{-}4\text{-}67)$$

可解出

$$a_l(j, j_0) = a_0(j, j_0)\gamma_l(j, j_0), \quad l = 1,2 \qquad (4\text{-}4\text{-}68)$$

于是将解式（4-4-65a）改写为如下形式：

$$U^{(k)}(\eta, j, j_0) = a_0(j, j_0)\Pi(k, \eta, j, j_0) \qquad (4\text{-}4\text{-}69\text{a})$$

这里

$$\Pi(k, \eta, j, j_0) = \sum_{l=1}^{2} \gamma_l(j, j_0) Z(k, l, \eta, j, j_0) + Z(k, 3, \eta, j, j_0) \qquad (4\text{-}4\text{-}69\text{b})$$

5. 方程（4-4-48）在区间 $\eta \in [0,1]$ 上的统一解 $V(\eta, j)$

为保障 $V''(\eta, j)\big|_{\eta=0}$ 有界，据引理 4 方程（4-4-48）需满足如下约束条件：

$$L_1'\{V(\eta, j)\}_{\eta=0} = pp_1(0, j)V''(0, j) + \big[pp_1'(0, j) + pp_2(0, j)\big]V'(0, j)$$
$$+ pp_2'(0, j)V(0, j) = 0$$

$$(4\text{-}4\text{-}70)$$

据分解式（4-4-51）

$$V(\eta, j) = a_0(j, 1)\Pi(0, \eta, j, 1) + a_0(j, 2)(1 - \eta)^{v_0} \Pi(0, \eta, j, 2) \qquad (4\text{-}4\text{-}71)$$

得到

$$V'(\eta, j) = a_0(j, 1)\Pi(1, \eta, j, 1) + a_0(j, 2)\begin{bmatrix} (1 - \eta)^{v_0} \Pi(1, \eta, j, 2) \\ -v_0(1 - \eta)^{v_0 - 1} \Pi(0, \eta, j, 2) \end{bmatrix}$$

$$(4\text{-}4\text{-}72\text{a})$$

$$V''(\eta,j) = a_0(j,1)\Pi(2,\eta,j,1)$$
$$+ a_0(j,2)\begin{bmatrix}(1-\eta)^{v_0}\Pi(2,\eta,j,2)\\ -2v_0(1-\eta)^{v_0-1}\Pi(1,\eta,j,2)\\ +v_0(v_0-1)(1-\eta)^{v_0-2}\Pi(0,\eta,j,2)\end{bmatrix} \quad (4\text{-}4\text{-}72\text{b})$$

于是得到

$$V(0,j) = a_0(j,1)\mu_{11}(j) + a_0(j,2)\mu_{12}(j)$$
$$V'(0,j) = a_0(j,1)\mu_{21}(j) + a_0(j,2)\mu_{22}(j) \quad (4\text{-}4\text{-}73)$$
$$V''(0,j) = a_0(j,1)\mu_{31}(j) + a_0(j,2)\mu_{32}(j)$$

这里

$$\mu_{11}(j) = \Pi(0,0,j,1)$$
$$\mu_{12}(j) = \Pi(0,0,j,2) \quad (4\text{-}4\text{-}74\text{a})$$

$$\mu_{21}(j) = \Pi(1,0,j,1)$$
$$\mu_{22}(j) = \Pi(1,0,j,2) - v_0\Pi(0,0,j,2) \quad (4\text{-}4\text{-}74\text{b})$$

$$\mu_{31}(j) = \Pi(2,0,j,1)$$
$$\mu_{32}(j) = \Pi(2,0,j,2) - 2v_0\Pi(1,0,j,2) + v_0(v_0-1)\Pi(0,0,j,2)$$
$$(4\text{-}4\text{-}74\text{c})$$

将（4-4-73）式代入（4-4-70）式，得到如下约束方程：

$$a_0(j,1)\Omega(j,1) + a_0(j,2)\Omega(j,2) = 0 \quad (4\text{-}4\text{-}75)$$

这里

$$\Omega(j,1) = rr_3(j)\mu_{31}(j) + rr_2(j)\mu_{21}(j) + rr_1(j)\mu_{11}(j)$$
$$\Omega(j,2) = rr_3(j)\mu_{32}(j) + rr_2(j)\mu_{22}(j) + rr_1(j)\mu_{12}(j) \quad (4\text{-}4\text{-}76\text{a})$$

其中

$$rr_1(j) = pp_2'(0,j)$$
$$rr_2(j) = pp_1'(0,j) + pp_2(0,j) \quad (4\text{-}4\text{-}76\text{b})$$
$$rr_3(j) = pp_1(0,j)$$

由（4-4-75）式可定出

$$a_0(j,1) \equiv a_0(j)$$
$$a_0(j,2) = \Omega_0(j)a_0(j) \quad (4\text{-}4\text{-}77\text{a})$$

这里

$$\Omega_0(j) = -\Omega(j,1)/\Omega(j,2) \quad (4\text{-}4\text{-}77\text{b})$$

于是解式（4-4-71）写为如下形式：

$$V(\eta,j) = a_0(j,1)\,\Pi(0,\eta,j,1) + a_0(j,2)(1-\eta)^{v_0}\,\Pi(0,\eta,j,2)$$
$$= a_0(j)V_0(\eta,j)$$

（4-4-78a）

这里

$$V_0(\eta,j) = \Pi(0,\eta,j,1) + \Omega_0(j)(1-\eta)^{v_0}\,\Pi(0,\eta,j,2) \qquad （4-4-78b）$$

6. 算例（要求 $\lambda_1 + \lambda_2 \neq 1$）

取参数 $\lambda_1 = 2.0$, $\lambda_2 = -6.0$, $\lambda_3 = 1.0$, $\lambda_4 = 4.0$, $N = 400$。

1）首先计算出 $\Pi(0,x,j,j_0)$, $j=1,2$, $j_0=1,2$，见表 4-20。

表 4-20　解式 $\Pi(0,x,j,j_0)$ 的分布

（$\lambda_1 = 2.0, \lambda_2 = -6.0, \lambda_3 = 1.0, \lambda_4 = 4.0, N = 400$）

η	$\sigma=4,\rho=5.5$ $v=0$ $\Pi(0,\eta,1,1)$	$\sigma=4,\rho=5.5$ $v=-3$ $\Pi(0,\eta,1,2)$	$\sigma=-4,\rho=5.5$ $v=0$ $\Pi(0,\eta,2,1)$	$\sigma=-4,\rho=5.5$ $v=-3$ $\Pi(0,\eta,2.2)$
0.0	−0.04661	−0.18454	0.04571	0.04863
0.1	−0.03120	−0.07935	0.07555	0.06266
0.2	−0.04249	−0.04098	0.10393	0.07940
0.3	−0.07779	−0.03347	0.12201	0.09935
0.4	−0.12494	−3.74786	0.12682	0.12394
0.5	−0.16738	−4.12523	0.11899	0.15558
0.6	−0.19047	−3.76482	0.10127	0.19815
0.7	−0.18722	−2.26747	0.07746	0.25796
0.8	−0.15977	0.00991	0.05203	0.34650
0.9	−0.11786	0.08769	0.02954	0.48887
1.0	−0.07556	0.33531	0.01441	0.77164

2）再计算出 $\Pi(k,0,j,j_0)$, $k=0,1,2$，见表 4-21。

表 4-21　解式 $\Pi(k,0,j,j_0)$ 的分布

（$\lambda_1 = 2.0, \lambda_2 = -6.0, \lambda_3 = 1.0, \lambda_4 = 4.0, N = 400$）

$\Pi(0,0,1,1)$	$\Pi(0,0,1,2)$	$\Pi(0,0,2,1)$	$\Pi(0,0,2,2)$
−0.04661	−0.18454	0.04571	0.04863

续表

$\Pi(1,0,1,1)$	$\Pi(1,0,1,2)$	$\Pi(1,0,2,1)$	$\Pi(1,0,2,2)$
0.30716	1.58523	0.24962	0.12856
$\Pi(2,0,1,1)$	$\Pi(2,0,1,2)$	$\Pi(2,0,2,1)$	$\Pi(2,0,2,2)$
−101.58	−12.711	−100.90	10.190

3）计算出（4-4-74）式中各个参数：

$$\mu_{11}(1) = -4.6613, \quad \mu_{12}(1) = -0.18454$$
$$\mu_{21}(1) = 0.30716, \quad \mu_{22}(1) = 1.03161$$
$$\mu_{31}(1) = -101.58, \quad \mu_{32}(1) = -5.4141$$
$$\mu_{11}(2) = 0.04571, \quad \mu_{12}(2) = 0.04863$$
$$\mu_{21}(2) = 0.24962, \quad \mu_{22}(2) = 0.275453$$
$$\mu_{31}(2) = -100.90, \quad \mu_{32}(2) = -8.82907$$

$\Omega(j,1),\Omega(j,2)$ 的表达式（4-4-76）中

$$rr_3(j) = \begin{cases} -8, & j=1 \\ 8, & j=2 \end{cases}, \quad rr_2(j) = -42.75, \quad rr_1(j) = \begin{cases} 40, & j=1 \\ -40, & j=2 \end{cases}$$

从而计算出

$$\Omega(1,1) = 613.05691, \quad \Omega(1,2) = -8.1701275$$
$$\Omega(2,1) = -819.700, \quad \Omega(2,2) = 56.9117$$
$$\Omega_0(1) = 75.0364, \quad \Omega_0(2) = 14.4030$$

进而计算出两组统一解：

$$V_0(\eta,j) = \Pi(0,\eta,j,1) + \Omega_0(j)\left[(1-\eta)^{-3}\Pi(0,\eta,j,2)\right]$$

见表 4-22。

表 4-22 统一解 $V_0(\eta,j)$ 的分布

$(\lambda_1 = 2.0, \lambda_2 = -6.0, \lambda_3 = 1.0, \lambda_4 = 4.0, N = 400)$

η	$V_0(\eta,1)$	$V_0(\eta,2)$
0.0	−13.894	0.7461
0.1	−8.1990	1.3136
0.2	−6.0469	2.3376
0.3	−7.4776	4.2940
0.4	−13.145	8.3912

续表

η	$V_0(\eta,1)$	$V_0(\eta,2)$
0.5	−24.929	18.045
0.6	−44.333	44.694
0.7	−63.190	137.68
0.8	92.763	623.88
0.9	6579.8	7041.5
1.0	∞	∞

这是方程（4-4-48）在区间 $\eta \in [0,1]$ 上的解 $V_0(\eta,j)$，而方程（4-4-40）在区间 $\eta \in [0,1]$ 的解为

$$Y_1(\eta) = \eta^\rho V_0(\eta,1)\exp\{4\eta^{-1}\}, \quad Y_2(\eta) = \eta^\rho V_0(\eta,2)\exp\{-4\eta^{-1}\}$$

其中 $\rho = 5.5$。

附录 A

据（4-4-42）式

$$p_2(\eta) = (1-\eta^2)\eta^4 \frac{R''}{R} + \left[(3+2\lambda_2) + (2\lambda_1 - 3)\eta^2\right]\eta^3 \frac{R'}{R}$$
$$- 4(\lambda_3\eta^2 + \lambda_4)$$

据引理 5，有如下判断：

$$\left\langle \eta^4 \frac{R''}{R} \right\rangle = \eta^{-2m+2}, \quad \left\langle \eta^3 \frac{R'}{R} \right\rangle = \eta^{-m+2}, \quad \left\langle 4(\lambda_3\eta^2 + \lambda_4) \right\rangle = \eta^0$$

第一项与第二项对比：$-2m+2 = -m+2 \rightarrow m = 0$

第一项与第三项对比：$-2m+2 = 0 \rightarrow m = 1$

取最大的值：$m = 1$

附录 B

方程（4-4-61）中

$$
\begin{aligned}
&GR(n,\eta,j,j_0)\\
&= (\mathrm{i}\alpha_n)^2(\eta^2 - \eta^4) + (\mathrm{i}\alpha_n)(q_{10} + q_{11}\eta + q_{12}\eta^2 + q_{13}\eta^3)\\
&\quad + (q_{20} + q_{21}\eta + q_{22}\eta^2)
\end{aligned}
\quad \text{（B-1）}
$$

或

$$GR(n,\eta,j,j_0)=\left[(\mathrm{i}\alpha_n)q_{10}+q_{20}\right]+\left[(\mathrm{i}\alpha_n)q_{11}+q_{21}\right]\eta$$
$$+\left[(\mathrm{i}\alpha_n)^2+(\mathrm{i}\alpha_n)q_{12}+q_{22}\right]\eta^2+(\mathrm{i}\alpha_n)q_{13}\eta^3-(\mathrm{i}\alpha_n)^2\eta^4$$

（B-2）

和

$$GS(l,\eta,j,j_0)=\left(1-\eta^2\right)\eta^2 Jee(l-2,\eta)$$
$$+\left(q_{10}+q_{11}\eta+q_{12}\eta^2+q_{13}\eta^3\right)Jee(l-1,\eta)$$
$$+\left(q_{20}+q_{21}\eta+q_{22}\eta^2\right)Jee(l,\eta)$$

（B-3）

或

$$GS(l,\eta,j,j_0)=q_{10}Jee(l-1,\eta)$$
$$+\left[l(l-1)+l\cdot q_{11}+q_{20}\right]Jee(l,\eta)$$
$$+\left[l(l+1)q_{12}+l\cdot q_{21}\right]Jee(l+1,\eta)$$
$$+(l+1)(l+2)\left[-l(l-1)+l\cdot q_{13}+q_{22}\right]Jee(l+2,\eta)$$

（B-4）

方程（4-4-62）中

$$R(n,n_0,j,j_0)=F^{-1}\left\langle GR(n,\eta,j,j_0)\right\rangle_{n_0-n}$$
$$=\left[(\mathrm{i}\alpha_n)q_{10}+q_{20}\right]\Pi_0(0,n_0-n)+\left[(\mathrm{i}\alpha_n)q_{11}+q_{21}\right]\Pi_0(1,n_0-n)$$
$$+2\left[(\mathrm{i}\alpha_n)^2+(\mathrm{i}\alpha_n)q_{12}+q_{22}\right]\Pi_0(2,n_0-n)+6(\mathrm{i}\alpha_n)q_{13}\Pi_0(3,n_0-n)$$
$$-24(\mathrm{i}\alpha_n)^2\Pi_0(4,n_0-n)$$

（B-5）

和

$$S(l,n_0,j,j_0)=-F^{-1}\left\langle GS(l,\eta,j,j_0)\right\rangle_{n_0}$$
$$=-\left\{\begin{array}{l}q_{10}\Pi_0(l-1,n_0)\\+\left[l(l-1)+l\cdot q_{11}+q_{20}\right]\Pi_0(l,n_0)\\+l\left[(l+1)q_{12}+q_{21}\right]\Pi_0(l+1,n_0)\\+(l+1)(l+2)\left[-l(l-1)+l\cdot q_{13}+q_{22}\right]\Pi_0(l+2,n_0)\end{array}\right\}$$

（B-6）

这里

$$\Pi_0(l,n_0)=F^{-1}\left\langle Jee(l,\eta)\right\rangle_{n_0}$$

（B-7）

（4-4-66）式中

$$
\begin{aligned}
L_0\{U,j,j_0\}\big|_0^1 &= qq_1(1,j,j_0)U'(1,j,j_0) + qq_2(1,j,j_0)U(1,j,j_0) \\
&\quad - qq_1(0,j,j_0)U'(0,j,j_0) - qq_2(0,j,j_0)U(0,j,j_0) = 0
\end{aligned}
\tag{B-8}
$$

$$
\begin{aligned}
L_0'\{U,j,j_0\}_{\eta=1} &= \left[-2 + qq_1(1,j,j_0)\right]U''(1,j,j_0) \\
&\quad + \left[qq_1'(1,j,j_0) + qq_2(1,j,j_0)\right]U'(1,j,j_0) \\
&\quad + qq_2'(1,j,j_0)U(1,j,j_0) = 0
\end{aligned}
\tag{B-9}
$$

方程（4-4-67）中

$$
\begin{aligned}
\beta(l,1,j,j_0) &= qq_1(1,j,j_0)Z(1,l,1,j,j_0) + qq_2(1,j,j_0)Z(0,l,1,j,j_0) \\
&\quad - qq_1(0,j,j_0)Z(1,l,0,j,j_0) - qq_2(0,j,j_0)Z(0,l,0,j,j_0)
\end{aligned}
\tag{B-10}
$$

$$
\begin{aligned}
\beta(l,2,j,j_0) &= \left[-2 + qq_1(1,j,j_0)\right]Z(2,l,1,j,j_0) \\
&\quad + \left[qq_1'(1,j,j_0) + qq_2(1,j,j_0)\right]Z(1,l,1,j,j_0) \\
&\quad + qq_2'(1,j,j_0)Z(0,l,1,j,j_0)
\end{aligned}
\tag{B-11}
$$

附录 C

如果

$$
\left[-2 + qq_1(1,j,j_0)\right] = 0
\tag{C-1}
$$

或

$$
\lambda_1 + \lambda_2 = 1
\tag{C-2}
$$

那么约束条件（B-9）就不能保障 2-阶导数 $U''(1,j,j_0)$ 存在。为此就需要将 $U(\eta,j,j_0)$ 展开为 3-阶可微的改进 Fourier 级数。作为算例，本文将回避这一特殊情况，要求

$$
\lambda_1 + \lambda_2 \neq 1
\tag{C-3}
$$

4.5　马蒂厄（Mathieu）方程的解[5,6]

Mathieu 方程的原始形式为

$$y''(z) + \left[\lambda - 2q\cos(2z)\right]y(z) = 0 \qquad (4\text{-}5\text{-}1)$$

其中 q, λ 为任意非零复常数。为求解方便引进坐标变换：

$$\xi = \cos(z)$$
$$y(z) = y(\arccos(\xi)) \equiv Y_0(\xi) \qquad (4\text{-}5\text{-}2)$$

则有

$$\xi' = -\sin(z) = -\sqrt{1 - \cos^2(z)} = -\sqrt{1 - \xi^2}$$
$$\xi'' = -\cos(z) = -\xi \qquad (4\text{-}5\text{-}3)$$

于是

$$\cos(2z) = 2(\cos z)^2 - 1 = 2\xi^2 - 1$$
$$y' = Y_0'(\xi)\xi' = -\sqrt{1 - \xi^2}\,Y_0'(\xi) \qquad (4\text{-}5\text{-}4)$$
$$y'' = Y_0''(\xi)\xi'^2 + Y_0'(\xi)\xi'' = (1 - \xi^2)Y_0''(\xi) - \xi Y_0'(\xi)$$

所以，Mathieu 方程（4-5-1）转换为如下形式：

$$(1 - \xi^2)Y_0''(\xi) - \xi Y_0'(\xi) + (\lambda + 2q - 4q\xi^2)Y_0(\xi) = 0 \qquad (4\text{-}5\text{-}5)$$

或写为如下更一般的形式：

$$(1 - \xi^2)Y_0''(\xi) - \xi Y_0'(\xi) + (\lambda_1 + \lambda_2\xi^2)Y_0(\xi) = 0 \qquad (4\text{-}5\text{-}6)$$

这里 λ_1, λ_2 为任意非零复常数。我们将在实轴 $\xi \in (-\infty, \infty)$ 上求解该方程。不难检验 $Y_0(-\xi) = Y_0(\xi)$，所以我们只需在正实轴 $\xi \in [0, \infty)$ 上求解该方程。很明显 $\xi = 1$ 为正则奇点，所以正实轴可以划分为有限区间 $\xi \in [0,1]$ 和半无界区域 $\xi \in [1, \infty)$，我们将在两个区域分别求解。

4.5.1 变形 Mathieu 方程在有界区间 $\xi \in [0,1]$ 上的解

Mathieu 方程已变换为如下形式的方程：

$$(1 - \xi^2)Y_0''(\xi) - \xi Y_0'(\xi) + (\lambda_1 + \lambda_2\xi^2)Y_0(\xi) = 0 \qquad (4\text{-}5\text{-}7)$$

1. 奇点 $\xi = 1$ 邻域内的解

$\xi = 1$ 为方程的正则奇点，所以取

$$Y(\xi) = (1 - \xi)^\rho V(\xi), \quad V(1) \neq 0 \qquad (4\text{-}5\text{-}8)$$

代入方程（4-5-7）得到

$$\left(1-\xi^2\right)\left[V''-2\rho\left(1-\xi\right)^{-1}V'+\rho\left(\rho-1\right)\left(1-\xi\right)^{-2}V\right]$$

$$-\xi\left[V'-\rho\left(1-\xi\right)^{-1}V\right]+\left(\lambda_1+\lambda_2\xi^2\right)V=0 \tag{4-5-9}$$

进而有

$$\left(1-\xi^2\right)V''+\left[-2\rho\left(1+\xi\right)-\xi\right]V'+\left[G(\xi)+\lambda_1+\lambda_2\xi^2\right]V=0 \quad\text{(4-5-10)}$$

其中

$$\begin{aligned}
G(\xi)&=\left[\rho(\rho-1)(1+\xi)+\rho\xi\right]\left(1-\xi\right)^{-1}\\
&=\left[-\rho(\rho-1)(1-\xi-2)-\rho(1-\xi-1)\right]\left(1-\xi\right)^{-1}\\
&=-\left[\rho(\rho-1)+\rho\right]+\left[2\rho(\rho-1)+\rho\right]\left(1-\xi\right)^{-1}\\
&=\left[2\rho(\rho-1)+\rho\right]\left(1-\xi\right)^{-1}-\rho^2
\end{aligned} \tag{4-5-11}$$

消除 $\left(1-\xi\right)^{-1}$ 阶奇异性，得到指标方程

$$2\rho(\rho-1)+\rho=0 \tag{4-5-12a}$$

定出

$$\rho_j=\begin{cases}0, & j=1\\ 0.5, & j=2\end{cases} \tag{4-5-12b}$$

于是

$$G(\xi)=-\rho_j^2 \tag{4-5-12c}$$

方程（4-5-10）改写为如下形式：

$$\left(1-\xi^2\right)V''+\left[-2\rho_j\left(1+\xi\right)-\xi\right]V'+\left(-\rho_j^2+\lambda_1+\lambda_2\xi^2\right)V=0 \quad\text{(4-5-13)}$$

或如下派生方程：

$$L\{V,j\}\equiv\left(1-\xi^2\right)V''+\left[q_{10}(j)+q_{11}(j)\xi\right]V'+\left[q_{20}(j)+q_{22}(j)\xi^2\right]V=0$$
$$\tag{4-5-14a}$$

这里

$$\begin{aligned}
q_{10}(j)&=-2\rho_j, \quad q_{11}(j)=-1-2\rho_j\\
q_{20}(j)&=\lambda_1-\rho_j^2, \quad q_{22}(j)=\lambda_2
\end{aligned} \tag{4-5-14b}$$

2. 派生方程（4-5-14）的求解

将 $V(\xi,j)$ 展开为如下 2-阶可微的改进 Fourier 级数：

$$V^{(k)}(\xi,j)=\sum_{|n|\leqslant N}\left(\mathrm{i}\alpha_n\right)^k A_n(j)\exp\{\mathrm{i}\alpha_n\xi\}+\sum_{l=1}^{3}a_l(j)Jee(l-k,\xi), \quad k=0,1,2$$

$$\tag{4-5-15}$$

这里

$$\alpha_n = 2n\pi, \quad Jee(l,\xi) = \begin{cases} \dfrac{\xi^l}{l!}, & l \geqslant 0 \\ 0, & l < 0 \end{cases} \tag{4-5-16a}$$

同时引进 Fourier 投影

$$F^{-1}\langle\ \rangle_{n_0} = \int_0^1 \langle\ \rangle \exp\{-i\alpha_{n_0}\xi\}d\xi \tag{4-5-16b}$$

将展式（4-5-15）代入派生方程（4-5-14），得到

$$\sum_{|n|\leqslant N} A_n(j)GR(n,\xi,j)\exp\{i\alpha_n\xi\} + \sum_{l=1}^{3} a_l(j)GS(l,\xi,j) = 0 \tag{4-5-17}$$

这里

$$\begin{aligned} GR(n,\xi,j) &= (i\alpha_n)^2\left(1-\xi^2\right) + (i\alpha_n)\left[q_{10}(j) + q_{11}(j)\xi\right] + \left[q_{20}(j) + q_{22}(j)\xi^2\right] \\ &= \left[(i\alpha_n)^2 + (i\alpha_n)q_{10}(j) + q_{20}(j)\right] + (i\alpha_n)q_{11}(j)\xi + \left[-(i\alpha_n)^2 + q_{22}(j)\right]\xi^2 \end{aligned} \tag{4-5-18a}$$

和

$$\begin{aligned} GS(l,\xi,j) &= \left(1-\xi^2\right)Jee(l-2,\xi) \\ &\quad + \left[q_{10}(j) + q_{11}(j)\xi\right]Jee(l-1,\xi) + \left[q_{20}(j) + q_{22}(j)\xi^2\right]Jee(l,\xi) \\ &= Jee(l-2,\xi) + q_{10}(j)Jee(l-1,\xi) + \left[-l(l-1) + l\cdot q_{11}(j) + q_{20}(j)\right]Jee(l,\xi) \\ &\quad + (l+1)(l+2)q_{22}(j)Jee(l+2,\xi) \end{aligned} \tag{4-5-18b}$$

对方程（4-5-17）求 Fourier 投影，得到

$$\sum_{|n|\leqslant N} A_n(j)R(n,n_0,j) = \sum_{l=1}^{3} a_l(j)S(l,n_0,j) \tag{4-5-19}$$

其中

$$\begin{aligned} R(n,n_0,j) &= F^{-1}\langle GR(n,\xi,j)\rangle_{n_0-n} \\ &= \left[(i\alpha_n)^2 + (i\alpha_n)q_{10}(j) + q_{20}(j)\right]\Pi_0(0,n_0-n) \\ &\quad + (i\alpha_n)q_{11}(j)\Pi_0(1,n_0-n) + 2\left[-(i\alpha_n)^2 + q_{22}(j)\right]\Pi_0(2,n_0-n) \end{aligned} \tag{4-5-20a}$$

和

$$S\left(l,n_0,j\right)=-F^{-1}\left\langle GS\left(l,\xi,j\right)\right\rangle_{n_0}$$

$$=-\left\{\begin{array}{l}\varPi_0\left(l-2,n_0\right)+q_{10}\left(j\right)\varPi_0\left(l-1,n_0\right)\\+\left[-l\left(l-1\right)+l\cdot q_{11}\left(j\right)+q_{20}\left(j\right)\right]\varPi_0\left(l,n_0\right)\\+\left(l+1\right)\left(l+2\right)q_{22}\left(j\right)\varPi_0\left(l+2,n_0\right)\end{array}\right\}$$

（4-5-20b）

其中

$$\varPi_0\left(l,n_0\right)=F^{-1}\left\langle Jee\left(l,x\right)\right\rangle_{n_0}$$　　　（4-5-20c）

求解方程（4-5-19）得到

$$A_n\left(j\right)=\sum_{l=1}^{3}a_l\left(j\right)Ae\left(l,n,j\right)$$　　　（4-5-21）

这里 $Ae\left(l,n,j\right)$ 为如下方程的解：

$$\sum_{|n|\leqslant N}Ae\left(l,n,j\right)R\left(n,n_0,j\right)=S\left(l,n_0,j\right),\quad|n_0|\leqslant N$$　　　（4-5-22）

将解式（4-5-21）代入展式（4-5-15），得到

$$V^{(k)}\left(\xi,j\right)=\sum_{l=1}^{3}a_l\left(j\right)Z\left(k,l,\xi,j\right)$$　　　（4-5-23a）

其中

$$Z\left(k,l,\xi,j\right)=\sum_{|n|\leqslant N}\left(\mathrm{i}\alpha_n\right)^k Ae\left(l,n,j\right)\exp\left\{\mathrm{i}\alpha_n\xi\right\}+Jee\left(l-k,\xi\right)$$　（4-5-23b）

据引理 1 和引理 4，派生方程（4-5-14a）应满足如下相容性条件：

$$L\{V,j\}\big|_0^1=\left[q_{10}\left(j\right)+q_{11}\left(j\right)\right]V'\left(1,j\right)+\left[q_{20}\left(j\right)+q_{22}\left(j\right)\right]V\left(1,j\right)$$
$$-V''\left(0,j\right)-q_{10}\left(j\right)V'\left(0,j\right)-q_{20}\left(j\right)V\left(0,j\right)=0$$

（4-5-24a）

和约束条件

$$L'\{V,j\}\big|_{\xi=1}=\left[-2+q_{10}\left(j\right)+q_{11}\left(j\right)\right]V''\left(1,j\right)$$
$$+\left[q_{11}\left(j\right)+q_{20}\left(j\right)+q_{22}\left(j\right)\right]V'\left(1,j\right)+2q_{22}\left(j\right)V\left(1,j\right)=0$$

（4-5-24b）

利用解式（4-5-23）得到确定系数 $a_l\left(j\right)$ 的方程

$$\sum_{l=1}^{2}a_l\left(j\right)\beta\left(l,l_0,j\right)=-a_0\left(j\right)\beta\left(3,l_0,j\right),\quad l_0=1,2$$　　　（4-5-25）

这里

$$\beta(l,1,j) = \left[q_{10}(j) + q_{11}(j) \right] Z(1,l,1,j) + \left[q_{20}(j) + q_{22}(j) \right] Z(0,l,1,j)$$
$$- Z(2,l,0,j) - q_{10}(j) Z(1,l,0,j) - q_{20}(j) Z(0,l,0,j)$$

$$（4\text{-}5\text{-}26\text{a}）$$

$$\beta(l,2,j) = \left[-2 + q_{10}(j) + q_{11}(j) \right] Z(2,l,1,j)$$
$$+ \left[q_{11}(j) + q_{20}(j) + q_{22}(j) \right] Z(1,l,1,j) + 2 q_{22}(j) Z(0,l,1,j)$$

$$（4\text{-}5\text{-}26\text{b}）$$

由方程（4-5-25）可解出

$$a_l(j) = a_0(j)\gamma(l,j), \quad l=1,2 \qquad （4\text{-}5\text{-}27）$$

于是将解式（4-5-23）改写为如下形式：

$$V^{(k)}(\xi,j) = a_0(j)\Pi(k,\xi,j) \qquad （4\text{-}5\text{-}28\text{a}）$$

这里

$$\Pi(k,\xi,j) = \sum_{l=1}^{2} \gamma(l,j) Z(k,l,\xi,j) + Z(k,3,\xi,j) \qquad （4\text{-}5\text{-}28\text{b}）$$

最终得到解式

$$Y(\xi,1) = \Pi(0,\xi,1)$$
$$Y(\xi,2) = (1-\xi)^{0.5}\Pi(0,\xi,2) \qquad （4\text{-}5\text{-}29）$$

3. 算例

算例 1 取参数 $\lambda_1 = 5.0, \lambda_2 = 1.0, N = 100$ ，计算出解式 $\Pi(0,\xi,j), j=1,2$ ，见表 4-23。

表 4-23 解式 $\Pi(0,\xi,j)$ 的分布

$$（\lambda_1 = 5.0, \lambda_2 = 1.0, \rho_1 = 0, \rho_2 = 0.5, N = 100）$$

ξ	$\Pi(0,\xi,1)$	$\Pi(0,\xi,2)$
0.0	−1.4362	−0.2422
0.1	−1.6035	−0.1601
0.2	−1.6911	−0.0592
0.3	−1.6912	0.0607
0.4	−1.5959	0.2001
0.5	−1.3968	0.3597
0.6	−1.0850	0.5403
0.7	−0.6508	0.7432

续表

ξ	$\Pi(0,\xi,1)$	$\Pi(0,\xi,2)$
0.8	−0.0839	0.9695
0.9	0.6261	1.2207
1.0	1.4890	1.4980
Error	$<10^{-3}$	$<10^{-3}$

算例 2　取参数 $\lambda_1 = 5.0, \lambda_2 = 1.0 + i, N = 100$ 计算出解式 $\Pi(0,\xi,j), j = 1,2$，见表 4-24。

表 4-24　解式 $\Pi(0,\xi,j)$ 的分布

$(\lambda_1 = 5.0, \lambda_2 = 1.0 + i, \rho_1 = 0, \rho_2 = 0.5, N = 100)$

ξ	$\Pi(0,\xi,1)$	$\Pi(0,\xi,2)$
0.0	−0.9092 + i0.8259	−0.9869 + i1.0557
0.1	−1.0593 + i0.8678	−0.8491 + i0.6038
0.2	−1.1571 + i0.8662	−0.6501 + i0.0628
0.3	−1.1956 + i0.8191	−0.3853 − i0.5665
0.4	−1.1675 + i0.7251	−0.0488 − i1.2837
0.5	−1.0646 + i0.5833	0.3671 − i2.0889
0.6	−0.8782 + i0.3935	0.8714 − i2.9826
0.7	−0.5982 + i0.1561	1.4748 − i3.9652
0.8	−0.2143 − i0.1280	2.1891 − i5.0373
0.9	0.2844 − i0.4576	3.0268 − i6.1993
1.0	0.9075 − i0.8314	3.9986 − i7.4512
Error	$<1.0^{-3}$	$<1.0^{-3}$

从表 4-23、表 4-24 可见只要取 $N = 100$，所得到的解满足方程的相对误差均小于 $O(10^{-3})$。

4.5.2　变形 Mathieu 方程在半无界区域 $\xi \in [1,\infty)$ 上的统一解

对如下形式的 Mathieu 方程：

$$(1 - \xi^2)Y_0''(\xi) - \xi Y_0'(\xi) + (\lambda_1 + \lambda_2 \xi^2)Y_0(\xi) = 0 \qquad (4\text{-}5\text{-}30)$$

1. 坐标变换的引进

取伸缩坐标

$$\eta = \xi^{-1}, \quad \xi = \eta^{-1} \qquad (4\text{-}5\text{-}31)$$

$\xi = \infty$ 对应 $\eta = 0$，$\xi = 1$ 对应 $\eta = 1$，将半无界区域 $\xi \in [1, \infty)$ 变换到有限区间 $\eta \in [0,1]$。有如下关系式：

$$\eta' = -\xi^{-2} = -\eta^2$$
$$\eta'' = -2\eta\eta' = -2\eta\left(-\eta^2\right) = 2\eta^3 \qquad (4\text{-}5\text{-}32)$$

于是

$$Y_0(\xi) = Y_0\left(\eta^{-1}\right) \equiv Y(\eta)$$
$$Y_0'(\xi) = Y'(\eta)\eta' = -\eta^2 Y'$$
$$Y_0''(\xi) = Y''(\eta)\eta'^2 + Y'(\eta)\eta'' = \eta^4 Y'' + 2\eta^3 Y' \qquad (4\text{-}5\text{-}33)$$

在新坐标下方程（4-5-30）写为如下形式：

$$\left(1-\eta^{-2}\right)\left(\eta^4 Y'' + 2\eta^3 Y'\right) - \left(\eta^{-1}\right)\left(-\eta^2 Y'\right) + \left(\lambda_1 + \lambda_2 \eta^{-2}\right)Y = 0 \qquad (4\text{-}5\text{-}34)$$

进而得到

$$\left(1-\eta^2\right)\eta^4 Y'' + \left(1-2\eta^2\right)\eta^3 Y' - \left(\lambda_1 \eta^2 + \lambda_2\right)Y = 0 \qquad (4\text{-}5\text{-}35)$$

在区间 $\eta \in [0,1]$ 内，方程有非正则奇点 $\eta = 0$ 和正则奇点 $\eta = 1$。

2. 奇点 $\eta = 0$ 邻域内的解

取如下分解式：

$$Y(\eta) = R(\eta)V(\eta) \qquad (4\text{-}5\text{-}36)$$

代入方程（4-5-35）得到

$$\left(1-\eta^2\right)\eta^4 V''(\eta) + p_1(\eta)V'(\eta) + p_2(\eta)V(\eta) = 0 \qquad (4\text{-}5\text{-}37)$$

这里

$$p_1(\eta) = 2\left(1-\eta^2\right)\eta^4 \frac{R'}{R} + \left(1-2\eta^2\right)\eta^3$$
$$p_2(\eta) = \left(1-\eta^2\right)\eta^4 \frac{R''}{R} + \left(1-2\eta^2\right)\eta^3 \frac{R'}{R} - \left(\lambda_1 \eta^2 + \lambda_2\right)$$

$$(4\text{-}5\text{-}38)$$

据引理 6，取（见附录 A）

$$R(\eta) = \eta^\rho \exp\{Q(\eta)\}, \quad Q(\eta) = \sigma\eta^{-1} \qquad (4\text{-}5\text{-}39)$$

于是有

$$\frac{R'}{R} = \rho\eta^{-1} + Q' = \rho\eta^{-1} - \sigma\eta^{-2}$$

$$\frac{R''}{R} = \rho(\rho-1)\eta^{-2} + 2\rho\eta^{-1}Q' + Q'' + Q'^2 \qquad (4\text{-}5\text{-}40)$$

$$= \rho(\rho-1)\eta^{-2} - 2\sigma(\rho-1)\eta^{-3} + \sigma^2\eta^{-4}$$

其中 ρ 和 σ 为待定常数。于是改写（4-5-38）式为如下形式：

$$p_1(\eta) = 2(1-\eta^2)\eta^4 \left[\rho\eta^{-1} - \sigma\eta^{-2}\right] + (1-2\eta^2)\eta^3 \qquad (4\text{-}5\text{-}41)$$

$$= \left[-2\sigma + (2\rho+1)\eta + 2\sigma\eta^2 - 2(\rho+1)\eta^3\right]\eta^2$$

$$p_2(\eta) = (1-\eta^2)\eta^4\left[\rho(\rho-1)\eta^{-2} - 2\sigma(\rho-1)\eta^{-3} + \sigma^2\eta^{-4}\right]$$

$$+ (1-2\eta^2)\eta^3\left(\rho\eta^{-1} - \sigma\eta^{-2}\right) - \left(\lambda_1\eta^2 + \lambda_2\right)$$

$$= (1-\eta^2)\left[\rho(\rho-1)\eta^2 - 2\sigma(\rho-1)\eta + \sigma^2\right] \qquad (4\text{-}5\text{-}42\text{a})$$

$$+ (1-2\eta^2)\left(\rho\eta^2 - \sigma\eta\right) - \left(\lambda_1\eta^2 + \lambda_2\right)$$

或

$$p_2(\eta) = \left(\sigma^2 - \lambda_2\right) + \left[-2\sigma(\rho-1) - \sigma\right]\eta + \left[\rho(\rho-1) + \rho - \lambda_1 - \sigma^2\right]\eta^2$$

$$+ \left[2\sigma(\rho-1) + 2\sigma\right]\eta^3 + \left[-\rho(\rho-1) - 2\rho\right]\eta^4$$

$$(4\text{-}5\text{-}42\text{b})$$

要求 $p_2(0) = p_2'(0) = 0$，得到指标方程

$$\sigma^2 - \lambda_2 = 0$$
$$2\sigma(\rho-1) + \sigma = 0 \qquad (4\text{-}5\text{-}43\text{a})$$

定出

$$\sigma_j = \begin{cases} \sigma_0, & j=1 \\ -\sigma_0, & j=2 \end{cases}, \quad \sigma_0 = \sqrt{\lambda_2} \qquad (4\text{-}5\text{-}43\text{b})$$

$$\rho = 0.5 = \rho_0$$

将方程（4-5-37）化简为如下形式：

$$L_0\{V(\eta,j)\} = (1-\eta^2)\eta^2 V''(\eta) + pp_1(\eta,j)V'(\eta) + pp_2(\eta,j)V(\eta) = 0$$

$$(4\text{-}5\text{-}44)$$

这里

$$pp_1(\eta,j) = p_{10}(j) + p_{11}(j)\eta + p_{12}(j)\eta^2 + p_{13}(j)\eta^3$$

$$pp_2(\eta,j) = p_{20}(j) + p_{21}(j)\eta + p_{22}(j)\eta^2 \qquad (4\text{-}5\text{-}45)$$

其中

$$p_{10}(j) = -2\sigma_j, \ p_{11}(j) = 2$$
$$p_{12}(j) = 2\sigma_j, \ p_{13}(j) = -3 \qquad (4\text{-}5\text{-}46a)$$

和

$$p_{20}(j) = 0.25 - (\lambda_1 + \lambda_2)$$
$$p_{21}(j) = \sigma_j, \quad p_{22}(j) = -0.75 \qquad (4\text{-}5\text{-}46b)$$

3. 奇点 $\eta = 1$ 邻域内解的分解式为

$$V(\eta) = (1-\eta)^v U(\eta, j), \quad U(1, j) \neq 0 \qquad (4\text{-}5\text{-}47)$$

代入方程（4-5-44）得到

$$(1-\eta^2)\eta^2 \left[U'' - 2v(1-\eta)^{-1} U' + v(v-1)(1-\eta)^{-2} U \right]$$
$$+ pp_1(\eta, j)\left[U' - v(1-\eta)^{-1} U \right] + pp_2(\eta, j)U = 0 \qquad (4\text{-}5\text{-}48)$$

或

$$(1-\eta^2)\eta^2 U'' + \left[-2v(1+\eta) + pp_1(\eta, j) \right] U' + \left[G(\eta) + pp_2(\eta, j) \right] U = 0 \qquad (4\text{-}5\text{-}49)$$

这里

$$G(\eta) = v\left[(v-1)(\eta^2 + \eta^3) - pp_1(\eta, j) \right](1-\eta)^{-1}$$
$$= v\begin{Bmatrix} -(v-1)\left[(1-\eta^2) + (1-\eta^3) - 2 \right] \\ + pp_1(1, j) - pp_1(\eta, j) - pp_1(1, j) \end{Bmatrix}(1-\eta)^{-1} \qquad (4\text{-}5\text{-}50a)$$

或

$$G(\eta) = v\left[2(v-1) - pp_1(1, j) \right](1-\eta)^{-1}$$
$$+ v\begin{Bmatrix} -(v-1)\left[1 + \eta + 1 + \eta + \eta^2 \right] \\ + p_{11} + p_{12}(1+\eta) + p_{13}(1+\eta+\eta^2) \end{Bmatrix} \qquad (4\text{-}5\text{-}50b)$$

消除奇异项得到指标方程[这利用了 $pp_1(1, j) = -1$]

$$v\left[2(v-1) + 1 \right] = 0 \qquad (4\text{-}5\text{-}51a)$$

定出

$$v_{j_0} = \begin{cases} 0, & j_0 = 1 \\ 0.5, & j_0 = 2 \end{cases} \qquad (4\text{-}5\text{-}51b)$$

利用关系式 $-v(v-1) = 0.5v$ ，改写（4-5-50b）式为如下形式：

$$G(\eta) = G(\eta, j, j_0) = v_{j_0} \left\{ \begin{array}{l} 0.5(2 + 2\eta + \eta^2) p_{11} \\ + p_{12}(1 + \eta) + p_{13}(1 + \eta + \eta^2) \end{array} \right\}$$

$$= v_{j_0} \left\{ \begin{array}{l} \left[1 + p_{11}(j) + p_{12}(j) + p_{13}(j) \right] \\ + \left[1 + p_{12}(j) + p_{13}(j) \right] \eta \\ + \left[0.5 + p_{13}(j) \right] \eta^2 \end{array} \right\} \qquad (4\text{-}5\text{-}52)$$

于是得到派生方程

$$L\{U(\eta, j, j_0)\} = (1 - \eta^2)\eta^2 U'' + qq_1(\eta, j, j_0)U' + qq_2(\eta, j, j_0)U = 0 \qquad (4\text{-}5\text{-}53)$$

这里

$$qq_1(\eta, j, j_0) = q_{10}(j, j_0) + q_{11}(j, j_0)\eta + q_{12}(j, j_0)\eta^2 + q_{13}(j, j_0)\eta^3$$
$$qq_2(\eta, j, j_0) = q_{20}(j, j_0) + q_{21}(j, j_0)\eta + q_{22}(j, j_0)\eta^2 \qquad (4\text{-}5\text{-}54)$$

其中

$$q_{10}(j, j_0) = p_{10}(j) - 2v_{j_0}, \quad q_{11}(j, j_0) = p_{11}(j) - 2v_{j_0}$$
$$q_{12}(j, j_0) = p_{12}(j), \quad q_{13}(j, j_0) = p_{13}(j) \qquad (4\text{-}5\text{-}55\text{a})$$

$$q_{20}(j, j_0) = p_{20}(j) + v_{j_0}\left[1 + p_{11}(j) + p_{12}(j) + p_{13}(j) \right]$$
$$q_{21}(j, j_0) = p_{21}(j) + v_{j_0}\left[1 + p_{12}(j) + p_{13}(j) \right] \qquad (4\text{-}5\text{-}55\text{b})$$
$$q_{22}(j, j_0) = p_{22}(j) + v_{j_0}\left[0.5 + p_{13}(j) \right]$$

4. 派生方程（4-5-53）的求解

将函数 $U(\eta, j, j_0)$ 展为 2-阶可微的改进 Fourier 级数

$$U^{(k)}(\eta, j, j_0) = \sum_{|n| \leqslant N} (i\alpha_n)^k A_n(j, j_0)\exp\{i\alpha_n\eta\}$$
$$+ \sum_{l=1}^{3} a_l(j, j_0)Jee(l - k, \eta), \quad k = 0, 1, 2 \qquad (4\text{-}5\text{-}56)$$

其中

$$\alpha_n = 2n\pi, \quad Jee(l, \eta) = \begin{cases} \dfrac{\eta^l}{l!}, & l \geqslant 0 \\ 0, & l < 0 \end{cases} \qquad (4\text{-}5\text{-}57\text{a})$$

同时引进 Fourier 投影

$$F^{-1}\langle \ \rangle_{n_0} = \int_0^1 \langle \ \rangle \exp\{-i\alpha_{n_0}\eta\}d\eta \qquad (4\text{-}5\text{-}57b)$$

将展式代入方程（4-5-53）得到（见附录 B）

$$\sum_{|n|\leqslant N} A_n(j,j_0)GR(n,\eta,j,j_0)\exp\{i\alpha_n\eta\} + \sum_{l=1}^3 a_l(j,j_0)GS(l,\eta,j,j_0) = 0$$

$$(4\text{-}5\text{-}58)$$

对方程（4-5-58）求 Fourier 投影得到（见附录 B）

$$\sum_{|n|\leqslant N} A_n(j,j_0)R(n,n_0,j,j_0) = \sum_{l=1}^3 a_l(j,j_0)S(l,n_0,j,j_0) \qquad (4\text{-}5\text{-}59)$$

由方程（4-5-59）可以解出

$$A_n(j,j_0) = \sum_{l=1}^3 a_l(j,j_0)Ae(l,n,j,j_0) \qquad (4\text{-}5\text{-}60)$$

这里 $Ae(l,n,j,j_0)$ 是如下代数方程的解：

$$\sum_{|n|\leqslant N} Ae(l,n,j,j_0)R(n,n_0,j,j_0) = S(l,n_0,j,j_0) \qquad (4\text{-}5\text{-}61)$$

将解式（4-5-60）代入展式（4-5-56）得到

$$U^{(k)}(\eta,j,j_0) = \sum_{l=1}^3 a_l(j,j_0)Z(k,l,\eta,j,j_0) \qquad (4\text{-}5\text{-}62a)$$

这里

$$Z(k,l,\eta,j,j_0) = \sum_{|n|\leqslant N}(i\alpha_n)^k Ae(l,n,j,j_0)\exp\{i\alpha_n\eta\} + Jee(l-k,\eta)$$

$$(4\text{-}5\text{-}62b)$$

据引理 1 和引理 4，派生方程方程（4-5-53）应满足如下相容性条件和约束条件（见附录 B）：

$$L\{U(\eta,j,j_0)\}\big|_0^1 = 0$$
$$L'\{U(\eta,j,j_0)\}_{\eta=1} = 0 \qquad (4\text{-}5\text{-}63)$$

利用解式（4-5-62）可得到确定系数 $a_l(j,j_0)$ 的方程

$$\sum_{l=1}^2 a_l(j,j_0)\beta(l,l_0,j) = -a_0(j,j_0)\beta(3,l_0,j,j_0), \quad l_0 = 1,2 \qquad (4\text{-}5\text{-}64)$$

由方程（4-5-64）可解出

$$a_l(j,j_0) = a_0(j,j_0)\gamma(l,j,j_0), \quad l = 1,2 \qquad (4\text{-}5\text{-}65)$$

改写解式（4-5-62）为如下形式：

$$U^{(k)}(\eta,j,j_0) = a_0(j,j_0)\Pi(k,\eta,j,j_0) \qquad (4\text{-}5\text{-}66a)$$

这里

$$\varPi\left(k,\eta,j,j_0\right)=\sum_{l=1}^{2}\gamma\left(l,j,j_0\right)Z\left(k,l,\eta,j,j_0\right)+Z\left(k,3,\eta,j,j_0\right)\quad（4\text{-}5\text{-}66b）$$

5. $\eta=0$ 处约束条件的引进

据引理 4，方程（4-5-44）在 $\eta=0$ 处应满足如下约束条件：

$$\begin{aligned}L_1'\left\{V\left(\eta,j\right)\right\}_{\eta=0}&=pp_1\left(0,j\right)V''\left(0,j\right)+\left[pp_1'\left(0,j\right)+pp_2\left(0,j\right)\right]V'\left(0,j\right)\\&\quad+pp_2'\left(0,j\right)V\left(0,j\right)=0\end{aligned}\quad（4\text{-}5\text{-}67）$$

利用解式（4-5-66）将解式（4-5-47）写为如下形式（这里 $v_0=v_2\neq0$）：

$$V\left(\eta,j\right)=a_0\left(j,1\right)\varPi\left(0,\eta,j,1\right)+a_0\left(j,2\right)\left(1-\eta\right)^{v_0}\varPi\left(0,\eta,j,2\right)\quad（4\text{-}5\text{-}68）$$

进而得到

$$\begin{aligned}V'\left(\eta,j\right)&=a_0\left(j,1\right)\varPi\left(1,\eta,j,1\right)\\&\quad+a_0\left(j,2\right)\left[\left(1-\eta\right)^{v_0}\varPi\left(1,\eta,j,2\right)-v_0\left(1-\eta\right)^{v_0-1}\varPi\left(0,\eta,j,2\right)\right]\end{aligned}$$

$$（4\text{-}5\text{-}69a）$$

$$\begin{aligned}V''\left(\eta,j\right)&=a_0\left(j,1\right)\varPi\left(2,\eta,j,1\right)\\&\quad+a_0\left(j,2\right)\begin{bmatrix}\left(1-\eta\right)^{v_0}\varPi\left(2,\eta,j,2\right)-2v_0\left(1-\eta\right)^{v_0-1}\varPi\left(1,\eta,j,2\right)\\+v_0\left(v_0-1\right)\left(1-\eta\right)^{v_0-2}\varPi\left(0,\eta,j,2\right)\end{bmatrix}\end{aligned}$$

$$（4\text{-}5\text{-}69b）$$

于是有

$$\begin{aligned}V\left(0,j\right)&=a_0\left(j,1\right)\mu_{11}\left(j\right)+a_0\left(j,2\right)\mu_{12}\left(j\right)\\V'\left(0,j\right)&=a_0\left(j,1\right)\mu_{21}\left(j\right)+a_0\left(j,2\right)\mu_{22}\left(j\right)\\V''\left(0,j\right)&=a_0\left(j,1\right)\mu_{31}\left(j\right)+a_0\left(j,2\right)\mu_{32}\left(j\right)\end{aligned}\quad（4\text{-}5\text{-}70）$$

这里

$$\begin{aligned}\mu_{11}\left(j\right)&=\varPi\left(0,0,j,1\right),\ \ \mu_{12}\left(j\right)=\varPi\left(0,0,j,2\right)\\\mu_{21}\left(j\right)&=\varPi\left(1,0,j,1\right),\ \ \mu_{22}\left(j\right)=\varPi\left(1,0,j,2\right)-v_0\varPi\left(0,0,j,2\right)\\\mu_{31}\left(j\right)&=\varPi\left(2,0,j,1\right)\\\mu_{32}\left(j\right)&=\varPi\left(2,0,j,2\right)-2v_0\varPi\left(1,0,j,2\right)+v_0\left(v_0-1\right)\varPi\left(0,0,j,2\right)\end{aligned}$$

$$（4\text{-}5\text{-}71）$$

代入约束条件（4-5-67）得到

$$a_0(j,1)\Omega_1(j)+a_0(j,2)\Omega_2(j)=0$$

（4-5-72）

这里

$$\Omega_1(j)=rr_3(j)\mu_{31}(j)+rr_2(j)\mu_{21}(j)+rr_1(j)\mu_{11}(j)$$
$$\Omega_2(j)=rr_3(j)\mu_{32}(j)+rr_2(j)\mu_{22}(j)+rr_1(j)\mu_{12}(j)$$

（4-5-73a）

其中

$$rr_3(j)=pp_1(0,j)=p_{10}(j)$$
$$rr_2(j)=\left[pp_1'(0,j)+pp_2(0,j)\right]=p_{11}(j)+p_{20}(j)$$
$$rr_1(j)=pp_2'(0,j)=p_{21}(j)$$

（4-5-73b）

于是有关系式

$$a_0(j,1)\equiv a_0(j)$$
$$a_0(j,2)=a_0(j)\Omega_0(j)$$

（4-5-74a）

这里

$$\Omega_0(j)=-\Omega_1(j)/\Omega_2(j)$$

（4-5-74b）

代入解式（4-5-68）得到

$$V(\eta,j)=a_0(j)V_0(\eta,j)$$
$$V_0(\eta,j)=\left[\Pi_0(0,\eta,j,1)+(1-\eta)^{v_0}\Omega_0(j)\Pi_0(0,\eta,j,2)\right]$$

（4-5-75）

方程（4-5-44）在区间 $\eta\in[0,1]$ 上的解为 $V_0(\eta,j)$，而方程（4-5-35）在区间 $\eta\in[0,1]$ 上的解为

$$\begin{cases}Y_1(\eta)=\eta^\rho V_0(\eta,1)\exp\left\{\sigma_0\eta^{-1}\right\}\\Y_2(\eta)=\eta^\rho V_0(\eta,2)\exp\left\{-\sigma_0\eta^{-1}\right\}\end{cases}$$

（4-5-76）

这里 $\rho=0.5$，$\sigma_0=\sqrt{\lambda_2}$。

6. 算例

取参数 $\lambda_1=1.5$，$\lambda_2=6.0$，$N=300$。计算出解式 $\Pi(k,\eta,j,j_0)$ 见表 4-25、表 4-26。

表 4-25　解式 $\Pi(0,\eta,j,j_0)$ 的分布

$\left(\lambda_1=1.5,\lambda_2=6.0,N=300\right)$

η	$\sigma_1=2.45,\rho=0.5$ $v_1=0$ $\Pi(0,\eta,1,1)$	$\sigma_1=2.45,\rho=0.5$ $v_2=0.5$ $\Pi(0,\eta,1,2)$	$\sigma_2=-2.45,\rho=0.5$ $v_1=0$ $\Pi(0,\eta,2,1)$	$\sigma_2=-2.45,\rho=0.5$ $v_2=0.5$ $\Pi(0,\eta,2,2)$
0.0	0.00168	0.00001	−0.01013	−0.00673
0.1	0.22479	0.09496	0.19775	0.25347
0.2	0.43935	−0.19893	0.31557	0.42273
0.3	0.64632	−0.31089	0.35242	0.51098
0.4	0.84612	−0.42986	0.31877	0.52884
0.5	1.04104	−0.55482	0.22510	0.48663
0.6	1.22892	−0.68479	0.08161	0.39446
0.7	1.41525	−0.81875	−0.10158	0.26237
0.8	1.59763	−0.95571	−0.31444	0.10036
0.9	1.77610	−1.09468	−0.54711	−0.08165
1.0	1.95842	−1.23463	−0.79893	−0.27987

表 4-26　解式 $\Pi(k,0,j,j_0)$ 的分布

$\left(\lambda_1=1.5,\lambda_2=6.0,N=300\right)$

$\Pi(0,0,1,1)$	$\Pi(0,0,1,2)$	$\Pi(0,0,2,1)$	$\Pi(0,0,2,2)$
0.00168	0.00001	−0.01013	−0.00673
$\Pi(1,0,1,1)$	$\Pi(1,0,1,2)$	$\Pi(1,0,2,1)$	$\Pi(1,0,2,2)$
2.28072	−0.90136	0.21423	2.79242
$\Pi(2,0,1,1)$	$\Pi(2,0,1,2)$	$\Pi(2,0,2,1)$	$\Pi(2,0,2,2)$
−3.31932	−1.01271	1.52830	4.89710

于是计算出（4-5-71）、（4-5-73）式中

$$\mu_{11}(1)=0.00168,\quad \mu_{12}(1)=0.00001$$
$$\mu_{21}(1)=2.28072,\quad \mu_{22}(1)=-0.90136$$
$$\mu_{31}(1)=-3.31932,\quad \mu_{32}(1)=-0.11135$$
$$\mu_{11}(2)=-0.01013,\quad \mu_{12}(2)=-0.00673$$
$$\mu_{21}(2)=0.21423,\quad \mu_{22}(2)=2.79578$$
$$\mu_{31}(2)=1.52830,\quad \mu_{32}(2)=2.10636$$

$$rr_3(j) = \begin{cases} -4.899 \\ 4.899 \end{cases}, \quad rr_2(j) = -5.25, \quad rr_1(j) = \begin{cases} 2.45 \\ -2.45 \end{cases}$$

$$\Omega_1(1) = 4.29168, \quad \Omega_2(1) = 5.27767$$

$$\Omega_1(2) = 6.38725, \quad \Omega_2(2) = -4.34300$$

$$\Omega_0(1) = -0.81318, \quad \Omega_0(2) = 1.47070$$

进而计算出两组解的分布（见表4-27）

$$V_0(\eta, j) = \Pi(0, \eta, j, 1) + \Omega_0(j) \left[(1-\eta)^{0.5} \Pi(0, \eta, j, 2) \right]$$

表4-27　统一解 $V_0(\eta, j)$ 的分布

$(\lambda_1 = 1.5, \lambda_2 = 6.0, N = 300)$

η	$V_0(\eta, 1)$	$V_0(\eta, 2)$
0.0	0.0067	−0.0200
0.1	0.1515	0.5514
0.2	0.5840	0.8716
0.3	0.8578	0.9812
0.4	1.1169	0.9212
0.5	1.3601	0.7312
0.6	1.5811	0.4485
0.7	1.7799	0.1098
0.8	1.9452	−0.2484
0.9	2.0576	−0.5851
1.0	1.9584	−1.2105

方程（4-5-44）在区间 $[0,1]$ 上的解为 $V_0(\eta, j)$，而方程（4-5-35）在区间 $[0,1]$ 上的解为

$$Y_1(\eta) = \eta^{0.5} V_0(\eta, 1) \exp\{2.45\eta^{-1}\}$$

和

$$Y_2(\eta) = \eta^{0.5} V_0(\eta, 2) \exp\{-2.45\eta^{-1}\}$$

附录 A

据（4-5-38）式

$$p_2(\eta) = (1 - \eta^2)\eta^4 \frac{R''}{R} + \left[2(1 - \eta^2) - 1\right]\eta^3 \frac{R'}{R} - (\lambda_1\eta^2 + \lambda_2)$$

据引理 6，有

$$\left\langle \eta^4 \frac{R''}{R} \right\rangle = \eta^{-2m+2}, \quad \left\langle \eta^3 \frac{R'}{R} \right\rangle = \eta^{-m+2}, \quad \left\langle \lambda_1\eta^2 + \lambda_2 \right\rangle = \eta^0$$

第一项与第二项对比：$-2m + 2 = -m + 2 \rightarrow m = 0$

第一项与第三项对比：$-2m + 2 = 0 \rightarrow m = 1$

取最大的值：$m = 1$

附录 B

方程（4-5-58）中

$$\begin{aligned}
GR(n,\eta) = &(i\alpha_n)^2(\eta^2 - \eta^4) \\
&+ (i\alpha_n)(q_{10} + q_{11}\eta + q_{12}\eta^2 + q_{13}\eta^3) + (q_{20} + q_{21}\eta + q_{22}\eta^2)
\end{aligned}$$

（B-1a）

或

$$\begin{aligned}
GR(n,\eta) = &\left[(i\alpha_n)q_{10} + q_{20}\right] + \left[(i\alpha_n)q_{11} + q_{21}\right]\eta \\
&+ \left[(i\alpha_n)^2 + (i\alpha_n)q_{12} + q_{22}\right]\eta^2 + (i\alpha_n)q_{13}\eta^3 - (i\alpha_n)^2\eta^4
\end{aligned}$$

（B-1b）

和

$$\begin{aligned}
GS(l,\eta_0) = &(\eta^2 - \eta^4)Jee(l-2,\eta) \\
&+ (q_{10} + q_{11}\eta + q_{12}\eta^2 + q_{13}\eta^3)Jee(l-1,\eta) \\
&+ (q_{20} + q_{21}\eta + q_{22}\eta^2)Jee(l,\eta)
\end{aligned}$$

（B-2a）

或

$$\begin{aligned}
GS(l,\eta) = &q_{10}Jee(l-1,\eta) + \left[l(l-1) + l \cdot q_{11} + q_{20}\right]Jee(l,\eta) \\
&+ (l+1)(l \cdot q_{12} + q_{21})Jee(l+1,\eta) \\
&+ (l+1)(l+2)\left[-l(l-1) + l \cdot q_{13} + q_{22}\right]Jee(l+2,\eta)
\end{aligned}$$

（B-2b）

方程（4-5-59）中

$$R(n,n_0,j,j_0) = F^{-1}\left\langle GR(n,\eta,j,j_0)\right\rangle_{n_0-n}$$

$$= \left[(\mathrm{i}\alpha_n)q_{10} + q_{20}\right]\Pi_0(0,n_0-n)$$

$$+ \left[(\mathrm{i}\alpha_n)q_{11} + q_{21}\right]\Pi_0(1,n_0-n) \qquad (\text{B-3})$$

$$+ 2\left[(\mathrm{i}\alpha_n)^2 + (\mathrm{i}\alpha_n)q_{12} + q_{22}\right]\Pi_0(2,n_0-n)$$

$$+ 6(\mathrm{i}\alpha_n)q_{13}\Pi_0(3,n_0-n) - 24(\mathrm{i}\alpha_n)^2\Pi_0(4,n_0-n)$$

和

$$S(l,n_0,j,j_0) = -F^{-1}\left\langle GS(l,\eta,j,j_0)\right\rangle_{n_0}$$

$$= -\left\{\begin{array}{l} q_{10}\Pi_0(l-1,n_0) + \left[l(l-1) + l\cdot q_{11} + q_{20}\right]\Pi_0(l,n_0) \\ + (l+1)(l\cdot q_{12} + q_{21})\Pi_0(l+1,n_0) \\ + (l+1)(l+2)\left[-l(l-1) + l\cdot q_{13} + q_{22}\right]\Pi_0(l+2,n_0) \end{array}\right\}$$

$$(\text{B-4})$$

方程（4-5-63）中

$$L\{U(\eta,j,j_0)\}\big|_0^1 = qq_1(1,j,j_0)U'(1,j,j_0) + qq_2(1,j,j_0)U(1,j,j_0)$$

$$- qq_1(0,j,j_0)U'(0,j,j_0) - qq_2(0,j,j_0)U(0,j,j_0) = 0$$

$$(\text{B-5})$$

$$L'\{U(\eta,j,j_0)\}_{\eta=1} = \left[-2 + qq_1(1,j,j_0)\right]U''(1,j,j_0)$$

$$+ \left[qq_1'(1,j,j_0) + qq_2(1,j,j_0)\right]U'(1,j,j_0) + qq_2'(1,j)U(1,j,j_0) = 0$$

$$(\text{B-6})$$

方程（4-5-64）中

$$\beta(l,1,j,j_0) = qq_1(1,j,j_0)Z(1,l,1,j,j_0) + qq_2(1,j,j_0)Z(0,l,1,j,j_0)$$

$$- qq_1(0,j,j_0)Z(1,l,0,j,j_0) - qq_2(0,j,j_0)Z(0,l,0,j,j_0)$$

$$(\text{B-7})$$

$$\beta(l,2,j,j_0) = \left[-2 + qq_1(1,j,j_0)\right]Z(2,l,1,j,j_0)$$

$$+ \left[qq_1'(1,j,j_0) + qq_2(1,j,j_0)\right]Z(1,l,1,j,j_0) + qq_2'(1,j,j_0)Z(0,l,1,j,j_0)$$

$$(\text{B-8})$$

4.6 合流超几何 ［即库默尔（Kummer）］ 方程的求解[5,6]

Kummer 方程的一般形式为

$$xy''(x) + (\lambda_1 + \lambda_2 x)y'(x) + \lambda_3 y(x) = 0 \qquad （4-6-1）$$

这里 λ_l $(l = 1, 2, 3)$ 为任意非零复常数。虽然方程关于 $x = 0$ 不是对称的，但方程的系数是可以任意选取的非零复常数，所以在正实轴上讨论求解过程与在负实轴上讨论是一样的。

Kummer 方程的一般形式为

$$xy''(x) + (\lambda_1 + \lambda_2 x)y'(x) + \lambda_3 y(x) = 0 \qquad （4-6-2）$$

这里 λ_l $(l = 1, 2, 3)$ 为任意非零复常数。

1. 坐标变换的引进

取伸缩坐标

$$\eta = (1 + x)^{-1}, \quad x = \eta^{-1} - 1 \qquad （4-6-3）$$

显然 $x = 0$ 对应 $\eta = 1$，而 $x \to \infty$ 对应 $\eta = 0$，所以伸缩坐标将正实轴 $x \in [0, \infty]$ 变换到有界区间 $\eta \in [0, 1]$。有如下微分关系式：

$$\begin{aligned} \eta' &= -(1 + x)^{-2} = -\eta^2 \\ \eta'' &= -2\eta\eta' = -2\eta(-\eta^2) = 2\eta^3 \end{aligned} \qquad （4-6-4）$$

于是有

$$\begin{aligned} y(x) &= y(\eta^{-1} - 1) \equiv Y(\eta) \\ y'(x) &= Y'(\eta)\eta' = -\eta^2 Y'(\eta) \\ y''(x) &= Y''(\eta)\eta'^2 + Y'(\eta)\eta'' = \eta^4 Y''(\eta) + 2\eta^3 Y'(\eta) \end{aligned} \qquad （4-6-5）$$

在新坐标下方程（4-6-2）变为如下形式：

$$(1 - \eta)\eta^3 Y'' + qq_0(\eta)Y' + \lambda_3 Y = 0 \qquad （4-6-6a）$$

这里

$$\begin{aligned} qq_0(\eta) &= -\lambda_2 \eta + (\lambda_2 - \lambda_{10})\eta^2 - 2\eta^3 \\ \lambda_{10} &= \lambda_1 - 2 \end{aligned} \qquad （4-6-6b）$$

显然 $\eta = 0$ 为非正则奇点。

2. $\eta = 0$ 邻域内的解

将 $Y(\eta)$ 的分解式

$$Y(\eta) = R(\eta)V(\eta) \qquad （4-6-7）$$

代入方程（4-6-6），得到如下方程：

$$(1-\eta)\eta^3 V''(\eta) + q_{01}(\eta)V'(\eta) + q_{02}(\eta)V(\eta) = 0 \qquad (4\text{-}6\text{-}8)$$

这里

$$q_{01}(\eta) = 2(1-\eta)\eta^3 \frac{R'}{R} + qq_0(\eta)$$

$$q_{02}(\eta) = (1-\eta)\eta^3 \frac{R''}{R} + qq_0(\eta)\frac{R'}{R} + \lambda_3 \qquad (4\text{-}6\text{-}9)$$

据引理 6，取

$$R(\eta) = \eta^\rho \exp\{Q(\eta)\}$$

$$Q(\eta) = \sigma\eta^{-1} \qquad (4\text{-}6\text{-}10)$$

于是

$$\frac{R'}{R} = \rho\eta^{-1} - \sigma\eta^{-2}$$

$$\frac{R''}{R} = \rho(\rho-1)\eta^{-2} - 2\sigma(\rho-1)\eta^{-3} + \sigma^2\eta^{-4} \qquad (4\text{-}6\text{-}11)$$

再代入（4-6-9）式得到

$$\begin{aligned}
q_{01}(\eta) &= 2(1-\eta)\eta^3\left(\rho\eta^{-1} - \sigma\eta^{-2}\right) + qq_0(\eta)\\
&= 2(1-\eta)\left(\rho\eta^2 - \sigma\eta\right) - \lambda_2\eta + (\lambda_2 - \lambda_{10})\eta^2 - 2\eta^3\\
&= \left[-(2\sigma + \lambda_2) + (2\rho + 2\sigma + \lambda_2 - \lambda_{10})\eta - 2(\rho+1)\eta^2\right]\eta
\end{aligned}$$

$$(4\text{-}6\text{-}12a)$$

$$\begin{aligned}
q_{02}(\eta) &= (1-\eta)\eta^3\left[\rho(\rho-1)\eta^{-2} - 2\sigma(\rho-1)\eta^{-3} + \sigma^2\eta^{-4}\right]\\
&\quad + \left[-\lambda_2\eta + (\lambda_2 - \lambda_{10})\eta^2 - 2\eta^3\right]\left(\rho\eta^{-1} - \sigma\eta^{-2}\right) + \lambda_3\\
&= \rho(\rho-1)\eta - 2\sigma(\rho-1) + \sigma^2\eta^{-1} - \rho(\rho-1)\eta^2 + 2\sigma(\rho-1)\eta - \sigma^2\\
&\quad - \rho\lambda_2 + \rho(\lambda_2 - \lambda_{10})\eta - 2\rho\eta^2 + \sigma\lambda_2\eta^{-1} - \sigma(\lambda_2 - \lambda_{10}) + 2\sigma\eta + \lambda_3\\
&= \left(\sigma^2 + \lambda_2\sigma\right)\eta^{-1} - \left[2\sigma(\rho-1) + \rho\lambda_2 + \sigma^2 + \sigma(\lambda_2 - \lambda_{10}) - \lambda_3\right]\\
&\quad + \left[\rho(\rho-1) + 2\sigma(\rho-1) + \rho(\lambda_2 - \lambda_{10}) + 2\sigma\right]\eta - \left[\rho(\rho-1) + 2\rho\right]\eta^2
\end{aligned}$$

$$(4\text{-}6\text{-}12b)$$

消除 $q_{02}(\eta)$ 中的奇异项 η^{-1} 得到

$$\sigma(\sigma + \lambda_2) = 0 \qquad (4\text{-}6\text{-}13a)$$

定出

$$\sigma_j = \begin{cases} 0, & j=1 \\ -\lambda_2, & j=2 \end{cases} \tag{4-6-13b}$$

再消除 $q_{02}(\eta)$ 中的常数项 $q_{02}(0)=0$ 得到

$$2\sigma(\rho-1)+\rho\lambda_2 - \sigma\lambda_{10} - \lambda_3 = 0 \tag{4-6-14a}$$

定出

$$\rho_j = \begin{cases} \lambda_3/\lambda_2, & j=1 \\ \lambda_1 - \lambda_3/\lambda_2, & j=2 \end{cases} \tag{4-6-14b}$$

于是方程（4-6-8）改写为如下形式：

$$\begin{aligned} L\{V,j\} &\equiv (1-\eta)\eta^2 V''(\eta,j) + qq_1(\eta,j)V'(\eta,j) \\ &\quad + qq_2(\eta,j)V(\eta,j) = 0 \end{aligned} \tag{4-6-15}$$

这里

$$\begin{aligned} qq_1(\eta,j) &= q_{10}(j) + q_{11}(j)\eta + q_{12}(j)\eta^2 \\ qq_2(\eta,j) &= q_{20}(j) + q_{21}(j)\eta \end{aligned} \tag{4-6-16}$$

其中

$$\begin{aligned} q_{10}(j) &= -2\sigma_j - \lambda_2 \\ q_{11}(j) &= 2\rho_j + 2\sigma_j + \lambda_2 - \lambda_{10} \\ q_{12}(j) &= -2(\rho_j + 1) \end{aligned} \tag{4-6-17a}$$

和

$$\begin{aligned} q_{20}(j) &= \rho_j \left[2\sigma_j + \rho_j + \lambda_2 - \lambda_{10} - 1 \right] \\ q_{21}(j) &= -\rho_j(\rho_j + 1) \end{aligned} \tag{4-6-17b}$$

3. $\eta = 1$ 邻域内的解

由于 $\eta = 1$ 为方程的正则奇点，所以有如下分解式：

$$V(\eta,j) = (1-\eta)^\nu U(\eta,j), \quad U(1,j) \neq 0 \tag{4-6-18}$$

代入方程（4-6-15）得到

$$\begin{aligned} &(1-\eta)\eta^2 \left[U'' - 2\nu(1-\eta)^{-1}U' + \nu(\nu-1)(1-\eta)^{-2}U \right] \\ &+ qq_1(\eta,j)\left[U' - \nu(1-\eta)^{-1}U \right] + qq_2(\eta,j)U = 0 \end{aligned} \tag{4-6-19a}$$

和

$$\begin{aligned} &(1-\eta)\eta^2 U'' + \left[-2\nu\eta^2 + qq_1(\eta,j) \right]U' \\ &+ \left[\nu(\nu-1)\eta^2 - \nu qq_1(\eta,j) \right](1-\eta)^{-1}U + qq_2(\eta,j)U = 0 \end{aligned} \tag{4-6-19b}$$

消除 $(1-\eta)^{-1}$ 阶奇异性，得到指标方程

$$\nu(\nu-1)-\nu qq_1(1,j)=0 \qquad (4\text{-}6\text{-}20a)$$

定出

$$\nu_{j_0}=\begin{cases}0, & j_0=1\\ \nu_0, & j_0=2\end{cases} \qquad (4\text{-}6\text{-}20b)$$

$$\nu_0=1+qq_1(1,j)=-1-\lambda_{10}$$

于是方程（4-6-19b）中

$$\left[\nu(\nu-1)\eta^2-\nu qq_1(\eta,j)\right](1-\eta)^{-1}$$
$$=\left\{-\nu(\nu-1)(1-\eta^2)+\nu\left[qq_1(1,j)-qq_1(\eta,j)\right]\right\}(1-\eta)^{-1} \qquad (4\text{-}6\text{-}21)$$
$$=-\nu(\nu-1)(1+\eta)+\nu\left[q_{11}+q_{12}(1+\eta)\right]$$

方程（4-6-19b）最终化简为如下派生方程：

$$L\{U,j,j_0\}\equiv(1-\eta)\eta^2 U''(\eta,j,j_0)+pp_1(\eta,j,j_0)U'(\eta,j,j_0)$$
$$+pp_2(\eta,j,j_0)U(\eta,j,j_0)=0 \qquad (4\text{-}6\text{-}22)$$

这里

$$pp_1(\eta,j,j_0)=p_{10}(j,j)+p_{11}(j,j)\eta+p_{12}(j,j)\eta^2$$
$$pp_2(\eta,j,j_0)=p_{20}(j,j)+p_{21}(j,j)\eta \qquad (4\text{-}6\text{-}23)$$

其中

$$p_{10}(j,j_0)=q_{10}(j)\neq0$$
$$p_{11}(j,j_0)=q_{11}(j) \qquad (4\text{-}6\text{-}24a)$$
$$p_{12}(j,j_0)=q_{12}(j)-2\nu(j_0)$$

和

$$p_{20}(j,j_0)=-\nu(j_0)\left[\nu(j_0)-1\right]$$
$$+\nu(j_0)\left[q_{11}(j)+q_{12}(j)\right]+q_{20}(j)$$
$$p_{21}(j,j_0)=-\nu(j_0)\left[\nu(j_0)-1\right] \qquad (4\text{-}6\text{-}24b)$$
$$+\nu(j_0)q_{12}(j)+q_{21}(j)$$

4. 派生方程（4-6-22）的求解

将函数 $U(\eta,j,j_0)$ 展开为 2-阶可微的改进 Fourier 级数

$$U^{(k)}(\eta,j,j_0)=\sum_{|n|\leqslant N}(i\alpha_n)^k A_n(j,j_0)\exp\{i\alpha_n\eta\}$$
$$+\sum_{l=1}^{3}a_l(j,j_0)Jee(l-k,\eta),\quad k=0,1,2 \qquad (4\text{-}6\text{-}25)$$

这里

$$\alpha_n = 2n\pi, \quad Jee(l,\eta) = \begin{cases} \dfrac{\eta^l}{l!}, & l \geqslant 0 \\ 0, & l < 0 \end{cases} \quad (4\text{-}6\text{-}26a)$$

同时引进 Fourier 投影

$$F^{-1}\langle \ \rangle_{n_0} = \int_0^1 \langle \ \rangle \exp\left\{-i\alpha_{n_0}\right\} dx \quad (4\text{-}6\text{-}26b)$$

代入方程（4-6-22）得到（见附录 A）

$$\sum_{|n| \leqslant N} A_n(j,j_0) GR(n,\eta,j,j_0) \exp\{i\alpha_n\eta\} + \sum_{l=1}^{3} a_l(j,j_0) GS(l,\eta,j,j_0) = 0$$

$$(4\text{-}6\text{-}27)$$

　求 Fourier 投影得到（见附录 A）

$$\sum_{|n| \leqslant N} A_n(j,j_0) R(n,n_0,j,j_0) = \sum_{l=1}^{3} a_l(j,j_0) S(l,n_0,j,j_0) \quad (4\text{-}6\text{-}28)$$

可解出

$$A_n(j,j_0) = \sum_{l=1}^{3} a_l(j,j_0) Ae(l,n,j,j_0) \quad (4\text{-}6\text{-}29)$$

其中 $Ae(l,n,j,j_0)$ 是如下方程的解：

$$\sum_{|n| \leqslant N} Ae(l,n,j,j_0) R(n,n_0,j,j_0) = S(l,n_0,j,j_0) \quad (4\text{-}6\text{-}30)$$

将解式（4-6-29）代入展式（4-6-25）得到

$$U^{(k)}(\eta,j,j_0) = \sum_{l=1}^{3} a_l(j,j_0) Z(k,l,\eta,j,j_0), \quad k = 0,1,2 \quad (4\text{-}6\text{-}31a)$$

这里

$$Z(k,l,\eta,j,j_0) = \sum_{|n| \leqslant N} (i\alpha_n)^k Ae(l,n,j,j_0) \exp\{i\alpha_n\eta\} + Jee(l-k,\eta)$$

$$(4\text{-}6\text{-}31b)$$

　据引理 1 和引理 4，方程（4-6-22）应满足相容性条件和约束条件（见附录 B）

$$L_0\{U\}\big|_0^1 = 0$$

$$L_0'\{U\}_{\eta=1} = 0 \quad (4\text{-}6\text{-}32)$$

利用解式（4-6-31），得到确定系数 $a_l(j,j_0)$ 的方程

$$\sum_{l=1}^{2} a_l(j,j_0) \beta(l,l_0,j,j_0) = -a_0(j,j_0) \beta(3,l_0,j,j_0), \quad l_0 = 1,2 \quad (4\text{-}6\text{-}33)$$

可解出

$$a_l(j, j_0) = a_0(j, j_0)\gamma_0(l, j, j_0), \quad l = 1, 2 \tag{4-6-34}$$

改写解式（4-6-31）为如下形式：

$$U^{(k)}(\eta, j, j_0) = a_0(j, j_0)\Pi(k, \eta, j, j_0), \quad k = 0, 1, 2 \tag{4-6-35a}$$

这里

$$\Pi(k, \eta, j, j_0) = \sum_{l=1}^{2} \gamma_0(l, j, j_0) Z(k, l, \eta, j, j_0) + Z(k, 3, \eta, j, j_0)$$

$$\tag{4-6-35b}$$

至此，我们得到了 4 组解：

$$\{\Pi(0, \eta, 1, 1), \Pi(0, \eta, 1, 2), \Pi(0, \eta, 2, 1), \Pi(0, \eta, 2, 2)\}$$

$$\tag{4-6-36}$$

但 2-阶微分方程只存在两个线性无关的解，所以仍需引进新的约束条件

5. 新的约束条件的引进

据引理 4，为保障方程（4-6-15）中 2-阶导数 $V''(\eta, j)$ 在 $\eta = 0$ 处存在，所以方程（4-6-15）需满足如下约束条件：

$$L'\{V, j\}_{\eta=0} \equiv qq_1(0, j)V''(0, j) + \left[qq_1'(0, j) + qq_2(0, j)\right]V'(0, j)$$
$$+ qq_2'(0, j)V(0, j) = 0$$

$$\tag{4-6-37}$$

据解式（4-6-18）

$$V(\eta, j) = a_0(j, 1)\Pi(0, \eta, j, 1) + a_0(j, 2)(1 - \eta)^{\nu_0}\Pi(0, \eta, j, 2)$$

$$\tag{4-6-38}$$

得到

$$V'(\eta, j) = a_0(j, 1)\Pi(1, \eta, j, 1)$$
$$+ a_0(j, 2)\left[(1 - \eta)^{\nu_0}\Pi(1, \eta, j, 2) - \nu_0(1 - \eta)^{\nu_0 - 1}\Pi(0, \eta, j, 2)\right]$$

$$V''(\eta, j) = a_0(j, 1)\Pi(2, \eta, j, 1)$$
$$+ a_0(j, 2)\begin{bmatrix}(1 - \eta)^{\nu_0}\Pi(2, \eta, j, 2) - 2\nu_0(1 - \eta)^{\nu_0 - 1}\Pi(1, \eta, j, 2)\\ + \nu_0(\nu_0 - 1)(1 - \eta)^{\nu_0 - 2}\Pi(0, \eta, j, 2)\end{bmatrix}$$

$$\tag{4-6-39}$$

进而得到

$$V(0,j) = a_0(j,1)\mu_{11}(j) + a_0(j,2)\mu_{12}(j)$$
$$V'(0,j) = a_0(j,1)\mu_{21}(j) + a_0(j,2)\mu_{22}(j) \qquad (4\text{-}6\text{-}40\text{a})$$
$$V''(0,j) = a_0(j,1)\mu_{31}(j) + a_0(j,2)\mu_{32}(j)$$

其中

$$\mu_{11}(j) = \Pi(0,0,j,1), \qquad \mu_{12}(j) = \Pi(0,0,j,2)$$
$$\mu_{21}(j) = \Pi(1,0,j,1), \qquad \mu_{22}(j) = \Pi(1,0,j,2) - \nu_0 \Pi(0,0,j,2)$$
$$\mu_{31}(j) = \Pi(2,0,j,1), \qquad \mu_{32}(j) = \begin{bmatrix} \Pi(2,0,j,2) - 2\nu_0\Pi(1,0,j,2) \\ +\nu_0(\nu_0-1)\Pi(0,0,j,2) \end{bmatrix}$$

$$(4\text{-}6\text{-}40\text{b})$$

代入方程（4-6-37）得到

$$a_0(j,1)\Omega(j,1) + a_0(j,2)\Omega(j,2) = 0 \qquad (4\text{-}6\text{-}41)$$

这里

$$\Omega(j,1) = rr_3(j)\mu_{31}(j) + rr_2(j)\mu_{21}(j) + rr_1(j)\mu_{11}(j)$$
$$\Omega(j,2) = rr_3(j)\mu_{32}(j) + rr_2(j)\mu_{22}(j) + rr_1(j)\mu_{12}(j) \qquad (4\text{-}6\text{-}42\text{a})$$
$$rr_3(j) = qq_1(0,j) = q_{10}(j)$$
$$rr_2(j) = qq_1'(0,j) + qq_2(0,j) = q_{11}(j) + q_{20}(j) \qquad (4\text{-}6\text{-}42\text{b})$$
$$rr_1(j) = qq_2'(0,j) = q_{21}(j)$$

可定出

$$a_0(j,1) = a_0(j), \quad a_0(j,2) = a_0(j)\Omega_0(j) \qquad (4\text{-}6\text{-}43\text{a})$$

其中

$$\Omega_0(j) = -\Omega(j,1)/\Omega(j,2) \qquad (4\text{-}6\text{-}43\text{b})$$

所以改写解式（4-6-38）为

$$V(\eta,j) = a_0(j)V_0(\eta,j) \qquad (4\text{-}6\text{-}44\text{a})$$

这里

$$V_0(\eta,j) = \Pi(0,\eta,j,1) + \Omega_0(j)\left[(1-\eta)^{\nu_0}\Pi(0,\eta,j,2)\right]$$

$$(4\text{-}6\text{-}44\text{b})$$

6. 算例

取参数 $\lambda_1 = 5.0$，$\lambda_2 = 1.0$，$\lambda_3 = -3$，$N = 200$。计算出解式的分布，见表 4-28、表 4-29。

表 4-28 解式 $\Pi(0,\eta,j,j_0)$ 的分布

$(\lambda_1 = 5.0, \lambda_2 = 1.0, \lambda_3 = -3, N = 200)$

η	$\sigma_1 = 0, \rho_1 = -3$ $v_1 = 0$	$\sigma_1 = 0, \rho_1 = -3$ $v_2 = -4$	$\sigma_2 = -1, \rho_2 = 8$ $v_1 = 0$	$\sigma_2 = -1, \rho_2 = 8$ $v_2 = -4$
	$\Pi(0,\eta,1,1)$	$\Pi(0,\eta,1,2)$	$\Pi(0,\eta,2,1)$	$\Pi(0,\eta,2,2)$
0.0	0.00028	0.00001	−0.00126	0.00032
0.1	0.07757	0.10170	0.04207	0.09749
0.2	0.13715	0.18303	0.07139	0.17428
0.3	0.08009	0.24517	0.08764	0.23215
0.4	0.20742	0.28913	0.09181	0.27239
0.5	0.22011	0.31590	0.08490	0.29604
0.6	0.21916	0.32647	0.06791	0.30408
0.7	0.20558	0.32184	0.04185	0.29750
0.8	0.18036	0.30301	0.00769	0.27728
0.9	0.14451	0.27098	−0.03356	0.24445
1.0	0.09903	0.22675	−0.08101	0.20000

表 4-29 解式 $\Pi(k,0,j,j_0)$ 的分布

$(\lambda_1 = 5.0, \lambda_2 = 1.0, \lambda_3 = -3, N = 200)$

$\Pi(0,0,1,1)$	$\Pi(0,0,1,2)$	$\Pi(0,0,2,1)$	$\Pi(0,0,2,2)$
0.00028	0.00001	−0.00126	0.00032
$\Pi(1,0,1,1)$	$\Pi(1,0,1,2)$	$\Pi(1,0,2,1)$	$\Pi(1,0,2,2)$
0.87058	1.12134	0.49525	1.06974
$\Pi(2,0,1,1)$	$\Pi(2,0,1,2)$	$\Pi(2,0,2,1)$	$\Pi(2,0,2,2)$
1.88774	0.95558	3.43498	1.31040

可计算出（4-6-40）式中

$$\mu_{11}(1) = 0, \quad \mu_{12}(1) = 0$$
$$\mu_{21}(1) = 0.87058, \quad \mu_{22}(1) = 1.12134$$
$$\mu_{31}(1) = 1.88774, \quad \mu_{32}(1) = 9.9263$$
$$\mu_{11}(2) = 0, \quad \mu_{12}(2) = 0$$
$$\mu_{21}(2) = 0.49525, \quad \mu_{22}(2) = 1.06974$$
$$\mu_{31}(2) = 3.43498, \quad \mu_{32}(2) = 9.86832$$

表达式（6-4-42b）中

$$rr_3(j) = \begin{cases} -1, & j=1 \\ 1, & j=2 \end{cases}, \quad rr_2(j) = \begin{cases} 10, & j=1 \\ 36, & j=2 \end{cases}, \quad rr_1(j) = \begin{cases} -6, & j=1 \\ -72, & j=2 \end{cases}$$

从而计算出

$$\Omega(1,1) = 6.81806, \quad \Omega(1,2) = 1.28710$$
$$\Omega(2,1) = 21.2640, \quad \Omega(2,2) = 48.3610$$
$$\Omega_0(1) = -5.29723, \quad \Omega_0(2) = -0.43969$$

进而计算出两组统一解的分布 $V_0(\eta, j)$，见表 4-30。

表 4-30　统一解 $V_0(\eta, j)$ 的分布

（$\lambda_1 = 5.0, \lambda_2 = 1.0, \lambda_3 = -3, N = 200$）

η	$V_0(\eta,1)$	$V_0(\eta,2)$
0.0	0.0002	−0.0014
0.1	−0.7454	−0.0233
0.2	−2.2299	−0.1157
0.3	−5.2290	−0.3375
0.4	−11.610	−0.8260
0.5	−26.554	−1.9978
0.6	−67.335	−5.1549
0.7	−210.27	−16.108
0.8	−1003.0	−76.192
0.9	−14354.0	−1074.9
1.0	$-\infty$	$-\infty$

方程（4-6-6）的解为 $Y(\eta) = \{Y_1(\eta), Y_2(\eta)\}$，其中

$$Y_1(\eta) = \eta^{-3} V_0(\eta, 1)$$
$$Y_2(\eta) = \eta^8 V_0(\eta, 2) \exp\{-\eta^{-1}\}$$

附录 A

方程（4-6-27）中

$$GR(n,\eta,j,j_0)$$
$$= (i\alpha_n)^2(\eta^2 - \eta^3) + (i\alpha_n)(p_{10} + p_{11}\eta + p_{12}\eta^2) + (p_{20} + p_{21}\eta)$$
$$= \left[(i\alpha_n)p_{10} + p_{20}\right] + \left[(i\alpha_n)p_{11} + p_{21}\right]\eta + \left[(i\alpha_n)^2 + (i\alpha_n)p_{12}\right]\eta^2 - (i\alpha_n)^2\eta^3$$
$$\text{（A-1）}$$

$$GS(l,\eta,j,j_0) = (\eta^2 - \eta^3)Jee(l-2,\eta)$$
$$+ (p_{10} + p_{11}\eta + p_{12}\eta^2)Jee(l-1,\eta) + (p_{20} + p_{21}\eta)Jee(l,\eta)$$
$$= p_{10}Jee(l-1,\eta) + \left[l(l-1) + l \cdot p_{11} + p_{20}\right]Jee(l,\eta)$$
$$+ (l+1)\left[-l(l-1) + l \cdot p_{12} + p_{21}\right]Jee(l+1,\eta)$$
$$\text{（A-2）}$$

方程（4-6-28）中

$$R(n,n_0,j,j_0) = F^{-1}\left\langle GR(n,\eta,j,j_0)\right\rangle_{n_0-n}$$
$$= \left[(i\alpha_n)p_{10} + p_{20}\right]\Pi_0(0,n_0-n) + \left[(i\alpha_n)p_{11} + p_{21}\right]\Pi_0(1,n_0-n)$$
$$+ 2\left[(i\alpha_n)^2 + (i\alpha_n)p_{12}\right]\Pi_0(2,n_0-n) - 6(i\alpha_n)^2\Pi_0(3,n_0-n)$$
$$\text{（A-3）}$$

$$S(l,n_0,j,j_0) = -F^{-1}\left\langle GS(l,\eta,j,j_0)\right\rangle_{n_0}$$
$$= -\left\{\begin{array}{l} p_{10}\Pi_0(l-1,n_0) + \left[l(l-1) + l \cdot p_{11} + p_{20}\right]\Pi_0(l,n_0) \\ + (l+1)\left[-l(l-1) + l \cdot p_{12} + p_{21}\right]\Pi_0(l+1,n_0) \end{array}\right\}$$
$$\text{（A-4）}$$

这里

$$\Pi_0(l,n_0) = F^{-1}\left\langle Jee(l,\eta)\right\rangle_{n_0}$$
$$\text{（A-5）}$$

附录 B

方程（4-6-32）中

$$L_0\{U,j,j_0\} \equiv (1-\eta)\eta^2 U''(\eta) + pp_1(\eta)U'(\eta) + pp_2(\eta)U(\eta) = 0$$
$$L_0'\{U,j,j_0\} \equiv \left[-\eta^2 + pp_1(\eta)\right]U''(\eta) + \left[pp_1'(\eta) + pp_2(\eta)\right]U'$$
$$+ pp_2'(\eta)U(\eta) = 0$$
$$\text{（B-1）}$$

方程（4-6-33）中

$$
\begin{aligned}
\beta(l,1,j,j_0) &= pp_1(1)Z(1,l,1) + pp_2(1)Z(0,l,1) \\
&\quad - pp_1(0)Z(1,l,0) - pp_2(0)Z(0,l,0) \\
\beta(l,2,j,j_0) &= \left[-1 + pp_1(1)\right]Z(2,l,1) + \left[pp_1'(1) + pp_2(1)\right]Z(1,l,1) \\
&\quad + pp_2'(1)Z(0,l,1)
\end{aligned}
\tag{B-2}
$$

第5章

几个流体力学问题的化简与求解

5.1 海洋内波与海底地形的相互作用[9-16]

在线性化近似、海水均匀层化等一系列简化处理后，自由传播的海洋内波的振幅应满足双曲型偏微分方程和海底与海面为同一流线的约束条件。为了能求得简化的自由模态解，我们将利用"改进 Fourier 级数"展开理论，构建一组坐标变换，在保持方程形式不变的前提下，将变化的海底地形转换为平坦的底边界，而海面保持水平不变，从而得到简洁的谐波形式的本征模态解，为进一步研究海洋内波的传播问题带来很大方便。

1. 问题的提出

经过线性化处理后的海洋内波的控制方程为

$$\Phi_{xxtt} + \Phi_{zztt} + f^2\Phi_{zz} + N^2\Phi_{xx} = 0 \qquad (5\text{-}1\text{-}1)$$

这里 $\Phi(x,z,t)$ 为随时间 t 变化的流函数，x 为水平坐标，z 为垂直坐标（向上为正），$z=0$ 为海面，$z=-h(x)$ 为海底。

方程（5-1-1）中

$$f = 2\Omega\sin\theta \qquad (5\text{-}1\text{-}2\text{a})$$

为表征地转效应的科氏参数 (Coriolis parameter)，其中 Ω 为地转角速度，θ 为地理纬度。而

$$N(z) = \left\{-\frac{g}{\rho_0}\frac{\partial\bar{\rho}}{\partial z}\right\}^{1/2} \qquad (5\text{-}1\text{-}2\text{b})$$

为 Brunt-Vasasla 频率，表征海水垂直层化的参数。

考虑如下自由传播的内波解

$$\Phi(x,z,t) = \varphi(x,z)\exp\{i\omega t\} \tag{5-1-3}$$

得到振幅 $\varphi(x,z)$ 的方程

$$\varphi_{zz} - \left(\frac{N^2 - \omega^2}{\omega^2 - f^2}\right)\varphi_{xx} = 0 \tag{5-1-4}$$

由于内波存在的条件是 $N < \omega < f$，所以方程可写为

$$\varphi_{zz} - \frac{1}{c^2}\varphi_{xx} = 0 \tag{5-1-5}$$

其中

$$c^2 = c^2(z) = \frac{\omega^2 - f^2}{N^2 - \omega^2} > 0 \tag{5-1-6}$$

同时应伴随海面、海底为同一流线的约束条件：

$$\begin{cases} \varphi = 0, \ z = 0 \\ \varphi = 0, \ z = -h(x) \end{cases} \tag{5-1-7}$$

原则上讲，如果能解出边值问题（5-1-5）和（5-1-7），就可得到各种模态的内波解。实际上，对于一般形式的变系数微分方程（对应一般形式的海水层化分布），在任意形状（变水深）海底地形条件下，获得统一形式的简化解是非常困难的。借鉴前人的工作，首先考虑均匀层化海水 $[N = \text{const}, \ C(z) = \text{const}]$，那么方程变为常系数偏微分方程，作为算例，取 $\theta = 20°$（北纬 20 度），那么 $f = 5.0 \times 10^{-5}\text{s}^{-1}$，取 $N = 3.0 \times 10^{-5}\text{s}^{-1}$ 和 $\omega = 4.0 \times 10^{-5}\text{s}^{-1}$，于是

$$c^2 = \frac{4^2 - 5^2}{3^2 - 4^2} = \frac{9}{7}, \quad c = 1.1339 \tag{5-1-8}$$

余下，我们试图寻找一个坐标变换：

$$\begin{cases} \xi = F(x,z) \\ \eta = G(x,z) \end{cases} \tag{5-1-9}$$

在保持方程形式不变，比如

$$\varphi_{\eta\eta} - \varphi_{\xi\xi} = 0 \tag{5-1-10}$$

的前提下，将特定的变水深分布 $z = -h(x)$ 变为常水深

$$\eta = G(x, -h(x)) = -\eta_0 = \text{const}$$

于是对应方程（5-1-10）的约束条件为

$$\begin{cases} \varphi = 0, & \eta = G(x,0) = 0 \\ \varphi = 0, & \eta = G(x,-h(x)) = -\eta_0 \end{cases} \quad (5\text{-}1\text{-}11)$$

那么我们就很容易得到如下谐波型的自由传播的海洋内波解:

$$\begin{cases} \varphi(\xi,\eta) = \sum_n \left[A_n \cos(\lambda_n \xi) + B_n \sin(\lambda_n \xi) \right] \sin(\lambda_n \eta) \\ \lambda_n = \dfrac{n\pi}{\eta_0} \end{cases} \quad (5\text{-}1\text{-}12)$$

可见构建这样的坐标变换函数 $F(x,z), G(x,z)$ 成为获得简化解（5-1-12）的关键。

2. 坐标变换的构建

据坐标变换（5-1-9）式，有如下微分关系式:

$$\begin{cases} \varphi_z = \varphi_\xi \xi_z + \varphi_\eta \eta_z \\ \varphi_{zz} = \varphi_{\xi\xi}(\xi_z)^2 + \varphi_{\eta\eta}(\eta_z)^2 + 2\varphi_{\xi\eta}\xi_z\eta_z + \varphi_\xi \xi_{zz} + \varphi_\eta \eta_{zz} \\ \varphi_x = \varphi_\xi \xi_x + \varphi_\eta \eta_x \\ \varphi_{xx} = \varphi_{\xi\xi}(\xi_x)^2 + \varphi_{\eta\eta}(\eta_x)^2 + 2\varphi_{\xi\eta}\xi_x\eta_x + \varphi_\xi \xi_{xx} + \varphi_\eta \eta_{xx} \end{cases} \quad (5\text{-}1\text{-}13)$$

于是在新坐标下方程（5-1-5）写为如下形式:

$$\varphi_{\xi\xi}\left[(\xi_z)^2 - \frac{1}{c^2}(\xi_x)^2 \right] + \varphi_{\eta\eta}\left[(\eta_z)^2 - \frac{1}{c^2}(\eta_x)^2 \right]$$

$$+ 2\varphi_{\xi\eta}\left(\xi_z\eta_z - \frac{1}{c^2}\xi_x\eta_x \right) \quad (5\text{-}1\text{-}14)$$

$$+ \varphi_\xi \left(\xi_{zz} - \frac{1}{c^2}\xi_{xx} \right) + \varphi_\eta \left(\eta_{zz} - \frac{1}{c^2}\eta_{xx} \right) = 0$$

为保持方程形式不变，要求如下约束条件成立:

$$(\xi_z)^2 - \frac{1}{c^2}(\xi_x)^2 = -\left[(\eta_z)^2 - \frac{1}{c^2}(\eta_x)^2 \right] \neq 0 \quad (5\text{-}1\text{-}15a)$$

和

$$\xi_z\eta_z - \frac{1}{c^2}\xi_x\eta_x = 0$$

$$\xi_{zz} - \frac{1}{c^2}\xi_{xx} = 0 \quad (5\text{-}1\text{-}15b)$$

$$\eta_{zz} - \frac{1}{c^2}\eta_{xx} = 0$$

不难验证只要引入不少于 2-阶可微的函数 $\Pi(\zeta)$，且取如下变换：

$$\begin{cases} \xi = F(x,z) = \Pi\big[c(x+1)-z\big] + \Pi\big[c(x+1)+z\big] \\ \eta = G(x,z) = \Pi\big[c(x+1)-z\big] - \Pi\big[c(x+1)+z\big] \end{cases}$$

$$(5\text{-}1\text{-}16)$$

约束条件（5-1-15）自然得到满足，从而将边值问题（5-1-5）、（5-1-7）转化为如下形式的边值问题：

$$\begin{cases} \varphi_{\eta\eta} - \varphi_{\xi\xi} = 0 \\ \varphi = 0, \ \eta = G(x,0) = 0 \\ \varphi = 0, \ \eta = G(x,h(x)) = -\eta_0 \end{cases}$$

$$(5\text{-}1\text{-}17)$$

下面我们就对某些给定的海底地形分布，使构造出的函数满足如下方程：

$$Q(x) \equiv G(x,h(x)) = \Pi\big[c(x+1)+h(x)\big] - \Pi\big[c(x+1)-h(x)\big] = -\eta_0, \quad x \in [0,x_0]$$

$$(5\text{-}1\text{-}18)$$

为此，引进函数

$$\Pi_0(\zeta) = \Pi(\zeta^{-\rho})$$

$$(5\text{-}1\text{-}19a)$$

和

$$\begin{aligned} \zeta_1(x) &= \big[c(x+1)+h(x)\big]^\rho \\ \zeta_2(x) &= \big[c(x+1)-h(x)\big]^\rho \end{aligned}$$

$$(5\text{-}1\text{-}19b)$$

于是方程（5-1-18）改写为如下形式：

$$Q(x) \equiv G(x,h(x)) = \Pi_0\big[\zeta_1(x)\big] - \Pi_0\big[\zeta_2(x)\big] = -\eta_0, \quad x \in [0,x_0]$$

$$(5\text{-}1\text{-}20)$$

据改进 Fourier 级数理论（参见本书第 1 章），函数 $\Pi_0\big[\zeta(x)\big]$ 有如下展开式：

$$\Pi\big(\zeta_1(x)\big) = \sum_{|n| \le N} A_n \exp\big\{ i\sigma_{1,n}\zeta_1(x) \big\} + \sum_{l=1}^{4} d_l Jee\big(l,\zeta_1(x)\big)$$

$$\sigma_{1,n} = \frac{2n\pi}{\Delta\zeta_1}, \quad \Delta\zeta_1 = \zeta_{12} - \zeta_{11}$$

$$\zeta_{11} = \inf\big\{\zeta_1(x)\big\}, \quad \zeta_{12} = \sup\big\{\zeta_1(x)\big\}, \quad x \in [0,x_0]$$

$$(5\text{-}1\text{-}21a)$$

和

$$\Pi\big(\zeta_2(x)\big) = \sum_{|n| \leqslant N} A_n \exp\{\mathrm{i}\sigma_{2,n}\zeta_2(x)\} + \sum_{l=1}^{4} d_l Jee\big(l,\zeta_2(x)\big)$$

$$\sigma_{2,n} = \frac{2n\pi}{\Delta\zeta_2}, \quad \Delta\zeta_2 = \zeta_{22} - \zeta_{21}$$

$$\zeta_{21} = \inf\{\zeta_2(x)\}, \quad \zeta_{22} = \sup\{\zeta_2(x)\}, \quad x \in [0, x_0]$$

（5-1-21b）

将展开式（5-1-21）代入方程（5-1-20），得到

$$Q(x) = G\big(x, h(x)\big)$$

$$= \sum_{|n| \leqslant N} A_n \exp\{\mathrm{i}\sigma_{1,n}\zeta_1(x)\} + \sum_{l=1}^{4} d_l Jee\big(l,\zeta_1(x)\big)$$

$$- \sum_{|n| \leqslant N} A_n \exp\{\mathrm{i}\sigma_{2,n}\zeta_2(x)\} - \sum_{l=1}^{4} d_l Jee\big(l,\zeta_2(x)\big)$$

$$= -\eta_0$$

（5-1-22）

或写为如下形式（不失一般性取 $\eta_0 = 1$）：

$$Q(x) \equiv \sum_{\substack{|n| \leqslant N \\ n \neq 0}} A_n GR(n,x) + \sum_{l=1}^{4} d_l GS(l,x) = -1$$

（5-1-23）

其中

$$GR(n,x) = \exp\{\mathrm{i}\sigma_{1,n}\zeta_1(x)\} - \exp\{\mathrm{i}\sigma_{2,n}\zeta_2(x)\}$$

$$GS(l,x) = Jee\big(l,\zeta_1(x)\big) - Jee\big(l,\zeta_2(x)\big)$$

（5-1-24）

不难看出，当 $n = 0$ 时，$\sigma_{1,0} = \sigma_{2,0} = 0$，所以 $GR(0,x) = 0$，所以 Fourier 展开式（5-1-23）左端缺少常数项，为此改写展开式为如下完备的改进 Fourier 级数形式：

$$Q_0(x) = Q(x) + 1$$

$$\equiv \sum_{|n| \leqslant N} A_n GR_0(n,x) + \sum_{l=1}^{4} d_l GS(l,x) = 0$$

（5-1-25）

其中

$$GR_0(n,x) = \delta(n) + GR(n,x)$$

$$A_0 = 1$$

（5-1-26a）

这里

$$\delta(n) = \begin{cases} 1, & n = 0 \\ 0, & n \neq 0 \end{cases}$$

（5-1-26b）

引入 Fourier 投影

$$F^{-1}\left\langle\ \right\rangle_{n_0} = \frac{1}{x_0}\int_0^{x_0}\left\langle\ \right\rangle\exp\left\{-\mathrm{i}\alpha_{n_0}x\right\}\mathrm{d}x$$

$$\alpha_{n_0} = \frac{2n_0\pi}{x_0}$$

（5-1-27）

对方程（5-1-25）求 Fourier 投影，得到

$$\sum_{|n|\leqslant N}A_nR(n,n_0) = \sum_{l=1}^4 d_lS(l,n_0)$$

（5-1-28）

这里

$$R(n,n_0) = F^{-1}\left\langle GR_0(x,n)\right\rangle_{n_0}$$

$$S(l,n_0) = -F^{-1}\left\langle GS(x,l)\right\rangle_{n_0}$$

（5-1-29）

由方程（5-1-28）可解出

$$A_n = \sum_{l=1}^4 d_lAe(l,n)$$

（5-1-30）

这里 $Ae(l,n)$ 是如下方程的解：

$$\sum_{|n|\leqslant N}Ae(l,n)R(n,n_0) = S(l,n_0)$$

（5-1-31）

将解式（5-1-30）代入方程（5-1-25）得到

$$Q_0(x) = \sum_{l=1}^4 d_lP_0(l,x) = 0$$

（5-1-32）

这里

$$P_0(l,x) = Ae(l,0) + P(l,x)$$

（5-1-33）

其中

$$P(l,x) = \sum_{\substack{|n|\leqslant N \\ n\neq 0}}Ae(l,n)GR(n,x) + GS(l,x)$$

（5-1-34）

进而有

$$P'(l,x) = \sum_{|n|\leqslant N}Ae(l,n)GR'(n,x) + GS'(l,x)$$

$$P''(l,x) = \sum_{|n|\leqslant N}Ae(l,n)GR''(n,x) + GS''(l,x)$$

（5-1-35）

其中

$$GR'(x,n) = \mathrm{i}\sigma_{1,n}\zeta_1'(x)\exp\left\{\mathrm{i}\sigma_{1,n}\zeta_1(x)\right\}$$
$$- \mathrm{i}\sigma_{2,n}\zeta_2'(x)\exp\left\{\mathrm{i}\sigma_{2,n}\zeta_2(x)\right\}$$

（5-1-36a）

$$GR''(x,n) = \left\langle \left[i\sigma_{1,n}\zeta_1'(x) \right]^2 + i\sigma_{1,n}\zeta_1''(x) \right\rangle \exp\left\{ i\sigma_{1,n}\zeta_1(x) \right\}$$
$$-\left\langle \left[i\sigma_{2,n}\zeta_2'(x) \right]^2 + i\sigma_{2,n}\zeta_2''(x) \right\rangle \exp\left\{ i\sigma_{2,n}\zeta_2(x) \right\} \quad (5\text{-}1\text{-}36\text{b})$$

和

$$GS'(x,l) = \zeta_1'(x) Jee\left(l-1, \zeta_1(x)\right)$$
$$-\zeta_2'(x) Jee\left(l-1, \zeta_2(x)\right) \quad (5\text{-}1\text{-}37\text{a})$$

$$GS''(x,l) = \left\langle \zeta_1'(x) \right\rangle^2 Jee\left(l-2, \zeta_1(x)\right) + \zeta_1''(x) Jee\left(l-1, \zeta_1(x)\right)$$
$$-\left\langle \zeta_2'(x) \right\rangle^2 Jee\left(l-2, \zeta_2(x)\right) - \zeta_2''(x) Jee\left(l-1, \zeta_2(x)\right)$$

$$(5\text{-}1\text{-}37\text{b})$$

其中

$$\zeta_1(x) = \left[c(x+1) + h(x) \right]^\rho$$
$$\zeta_1'(x) = \rho\left[c + h'(x) \right]\left[c(x+1) + h(x) \right]^{\rho-1}$$
$$\zeta_1''(x) = \rho(\rho-1)\left[c + h'(x) \right]^2\left[c(x+1) + h(x) \right]^{\rho-2} \quad (5\text{-}1\text{-}38\text{a})$$
$$+ \rho h''(x)\left[c(x+1) + h(x) \right]^{\rho-1}$$

和

$$\zeta_2(x) = \left[c(x+1) - h(x) \right]^\rho$$
$$\zeta_2'(x) = \rho\left[c - h'(x) \right]\left[c(x+1) - h(x) \right]^{\rho-1}$$
$$\zeta_2''(x) = \rho(\rho-1)\left[c - h'(x) \right]^2\left[c(x+1) - h(x) \right]^{\rho-2} \quad (5\text{-}1\text{-}38\text{b})$$
$$- \rho h''(x)\left[c(x+1) - h(x) \right]^{\rho-1}$$

据引理 1,方程(5-1-32)需满足如下相容性条件:

$$Q_0(x)\big|_0^{x_0} = 0$$
$$Q_0'(x)\big|_0^{x_0} = 0 \quad (5\text{-}1\text{-}39)$$
$$Q_0''(x)\big|_0^{x_0} = 0$$

得到确定参数 d_l 的方程

$$\sum_{l=1}^{3} d_l \beta(l, l_0) = -d_4 \beta(4, l_0), \quad l_0 = 1, 2, 3 \quad (5\text{-}1\text{-}40)$$

这里

$$\beta(l,1) = P(l,x)\big|_0^{x_0}$$

$$\beta(l,2) = P'(l,x)\big|_0^{x_0} \qquad (5\text{-}1\text{-}41)$$

$$\beta(l,3) = P''(l,x)\big|_0^{x_0}$$

由方程（5-1-40）可定出

$$d_l = d_4\gamma_0(l), \quad l=1,2,3 \qquad (5\text{-}1\text{-}42\text{a})$$

$$d_l = d_0\gamma_0(l), \quad l=1,2,3,4$$

$$\gamma_0(4) = 1 \qquad (5\text{-}1\text{-}42\text{b})$$

代入方程（5-1-32）得到

$$Q_0(x) = d_0\sum_{l=1}^{4}\gamma_0(l)P_0(l,x) = 0 \qquad (5\text{-}1\text{-}43)$$

这里

$$P_0(l,x) = Ae(l,0) + \sum_{\substack{|n|\leqslant N \\ n\neq 0}} Ae(l,n)GR(n,x) + GS(l,x) \qquad (5\text{-}1\text{-}44)$$

于是

$$Q_0(x) = d_0\sum_{l=1}^{4}\gamma_0(l)Ae(l,0) + Q(x) = 0 \qquad (5\text{-}1\text{-}45)$$

这里

$$Q(x) = d_0\sum_{l=1}^{4}\gamma_0(l)\left[\sum_{\substack{|n|\leqslant N \\ n\neq 0}} Ae(l,n)GR(n,x) + GS(l,x)\right] \qquad (5\text{-}1\text{-}46)$$

改写方程（5-1-45）为

$$Q(x) = -d_0\sum_{l=1}^{4}\gamma_0(l)Ae(l,0) \qquad (5\text{-}1\text{-}47)$$

对比方程（5-1-23）得到关系式

$$d_0\sum_{l=1}^{4}\gamma_0(l)Ae(l,0) = 1 \qquad (5\text{-}1\text{-}48\text{a})$$

或

$$d_0 = \left[\sum_{l=1}^{4}\gamma_0(l)Ae(l,0)\right]^{-1} \equiv \Theta \qquad (5\text{-}1\text{-}48\text{b})$$

至此，得到 Fourier 级数展开式（5-1-23）的系数 A_n, d_l 分别为

$$A_n = \Theta \sum_{l=1}^{4} \gamma_0(l) Ae(l,n) \tag{5-1-49a}$$

和

$$d_l = \Theta \gamma_0(l) \tag{5-1-49b}$$

于是需要检验的方程为

$$Q(x) = \Theta \sum_{l=1}^{4} \gamma_0(l) P(l,x) = -1 \tag{5-1-50a}$$

$$P(l,x) = \sum_{\substack{|n| \leqslant N \\ n \neq 0}} Ae(l,n) GR(n,x) + GS(l,x) \tag{5-1-50b}$$

3. Fourier 投影的近似计算

取分割点

$$x_k = k\Delta x, \quad k = 0,1,2,\cdots,k_0$$
$$\Delta x = \frac{x_0}{k_0} \tag{5-1-51}$$

在区间 $x \in [x_k, x_{k+1}]$ 内将函数 $\zeta(x)$ 写为如下形式：

$$\zeta_1(x) = \zeta_1(x_k) + \mathrm{d}\zeta_1(k)(x - x_k)$$
$$\zeta_2(x) = \zeta_2(x_k) + \mathrm{d}\zeta_2(k)(x - x_k) \tag{5-1-52a}$$

其中

$$\mathrm{d}\zeta_1(k) = \frac{\zeta_1(x_{k+1}) - \zeta_1(x_k)}{\Delta x}$$
$$\mathrm{d}\zeta_2(k) = \frac{\zeta_2(x_{k+1}) - \zeta_2(x_k)}{\Delta x} \tag{5-1-52b}$$

于是

$$R(n,n_0) = F^{-1} \langle GR_0(x,n) \rangle_{n_0}$$
$$= \delta(n)\delta(n_0) + R_1(n,n_0) - R_2(n,n_0) \tag{5-1-53}$$

其中

$$R_1(n,n_0) = \sum_{k=0}^{k_0-1} \frac{1}{x_0} \int_{x(k)}^{x(k+1)} \exp\{i\sigma_{1,n}\zeta_1(x)\} \exp\{-i\alpha_{n_0}x\} \mathrm{d}x \tag{5-1-54a}$$

$$R_2\left(n,n_0\right)=\sum_{k=0}^{k_0-1}\frac{1}{x_0}\int_{x(k)}^{x(k+1)}\exp\left\{i\sigma_{2,n}\zeta_2(x)\right\}\exp\left\{-i\alpha_{n_0}x\right\}dx \qquad （5\text{-}1\text{-}54\text{b}）$$

这里

$$R_1\left(n,n_0\right)=\sum_{k=0}^{k_0-1}\frac{1}{x_0}\int_{x_k}^{x_{k+1}}\exp\left\{i\sigma_{1,n}\left[\zeta_1\left(x_k\right)+d\zeta_1(k)\left(x-x_k\right)\right]\right\}$$
$$\exp\left\{-i\alpha_{n_0}\left[x_k+\left(x-x_k\right)\right]\right\}dx \qquad （5\text{-}1\text{-}55\text{a}）$$

$$R_1\left(n,n_0\right)=\sum_{k=0}^{k_0-1}\frac{1}{x_0}\int_{x_k}^{x_{k+1}}\exp\left\{\left[i\sigma_{1,n}d\zeta_1(k)-i\alpha_{n_0}\right]\left(x-x_k\right)\right\}dx$$
$$\exp\left\{i\sigma_{1,n}\zeta_1\left(x_k\right)-i\alpha_{n_0}x_k\right\} \qquad （5\text{-}1\text{-}55\text{b}）$$
$$=\sum_{k=0}^{k_0-1}D_{10}\left(n,n_0,k\right)\cdot D_{11}\left(n,n_0,k\right)$$

这里

$$D_{10}\left(n,n_0,k\right)=\frac{1}{x_0}\int_{x_k}^{x_{k+1}}\exp\left\{\mu_1\left(n,n_0,k\right)\left(x-x_k\right)\right\}dx$$

$$=\begin{cases}\dfrac{\exp\left\{\mu_1\left(n,n_0,k\right)\left(x_{k+1}-x_k\right)\right\}-1}{x_0\mu_1\left(n,n_0,k\right)}, & \mu_1\left(n,n_0,k\right)\neq0 \quad （5\text{-}1\text{-}56\text{a}） \\[3mm] \dfrac{x_{k+1}-x_k}{x_0}, & \mu_1\left(n,n_0,k\right)=0\end{cases}$$

$$\mu_1\left(n,n_0,k\right)=i\sigma_{1,n}d\zeta_1\left(k\right)-i\alpha_{n_0} \qquad （5\text{-}1\text{-}56\text{b}）$$

$$D_{11}\left(n,n_0,k\right)=\exp\left\{i\sigma_{1,n}\zeta_1\left(x_k\right)-i\alpha_{n_0}x_k\right\} \qquad （5\text{-}1\text{-}56\text{c}）$$

和

$$R_2\left(n,n_0\right)=\sum_{k=0}^{k_0-1}\frac{1}{x_*}\int_{x_k}^{x_{k+1}}\exp\left\{i\sigma_{2,n}\left[\zeta_2\left(x_k\right)+d\zeta_2(k)\left(x-x_k\right)\right]\right\}$$
$$\exp\left\{-i\alpha_{n_0}\left[x_k+\left(x-x_k\right)\right]\right\}dx \qquad （5\text{-}1\text{-}57\text{a}）$$

$$R_2\left(n,n_0\right)=\sum_{k=0}^{k_0-1}\frac{1}{x_0}\int_{x_k}^{x_{k+1}}\exp\left\{\left[i\sigma_{2,n}\varDelta_2\left(k\right)-i\alpha_{n_0}\right]\left(x-x_k\right)\right\}dx$$
$$\exp\left\{i\sigma_{2,n}\zeta_2\left(x_k\right)-i\alpha_{n_0}x_k\right\} \qquad （5\text{-}1\text{-}57\text{b}）$$
$$=\sum_{k=0}^{k_0-1}D_{20}\left(n,n_0,k\right)\cdot D_{21}\left(n,n_0,k\right)$$

这里

$$D_{20}(n,n_0,k) = \frac{1}{x_*} \int_{x_k}^{x_{k+1}} \exp\left\{\mu_2(n,n_0,k)(x-x_k)\right\} dx$$

$$= \begin{cases} \dfrac{\exp\left\{\mu_2(n,n_0,k)(x_{k+1}-x_k)\right\}-1}{x_0\mu_2(n,n_0,k)}, & \mu_2(n,n_0,k) \neq 0 \quad (5\text{-}1\text{-}58a) \\[4mm] \dfrac{x_{k+1}-x_k}{x_0}, & \mu_2(n,n_0,k) = 0 \end{cases}$$

$$\mu_2(n,n_0,k) = i\sigma_{2,n}d\zeta_2(k) - i\alpha_{n_0} \qquad (5\text{-}1\text{-}58b)$$

$$D_{21}(n,n_0,k) = \exp\left\{i\sigma_{2,n}\zeta_2(x_k) - i\alpha_{n_0}x_k\right\} \qquad (5\text{-}1\text{-}58c)$$

另外

$$S(l,n_0) = -F^{-1}\left\langle GS(x,l)\right\rangle_{n_0}$$

$$= -\frac{1}{x_0}\sum_{k=0}^{k_0-1}\int_{x_k}^{x_{k+1}} GS(x,l)\exp\left\{-i\alpha_{n_0}x\right\} dx \qquad (5\text{-}1\text{-}59)$$

$$= -\sum_{k=0}^{k_0-1} GS(x_k,l)T(n_0,k)$$

其中

$$T(n_0,k) = \frac{1}{x_0}\int_{x_k}^{x_{k+1}} \exp\left\{-i\alpha_{n_0}x\right\} dx$$

$$= \begin{cases} \dfrac{\exp\left\{-i\alpha_{n_0}x_{k+1}\right\} - \exp\left\{-i\alpha_{n_0}x_k\right\}}{-i\alpha_{n_0}x_0}, & n_0 \neq 0 \quad (5\text{-}1\text{-}60a) \\[4mm] \dfrac{x_{k+1}-x_k}{x_0}, & n_0 = 0 \end{cases}$$

$$GS(l,x) = Jee(l,\zeta_1(x)) - Jee(l,\zeta_2(x)) \qquad (5\text{-}1\text{-}60b)$$

4. 方程（5-1-50）的验算

取

$$h(x) = (x+1)^\nu, \quad 0 < \nu \leqslant 1 \qquad (5\text{-}1\text{-}61)$$

进而有

$$\begin{aligned} h'(x) &= \nu(x+1)^{\nu-1} \\ h''(x) &= \nu(\nu-1)(x+1)^{\nu-2} \end{aligned} \qquad (5\text{-}1\text{-}62)$$

和

$$\zeta_1(x) = \left[c(x+1) + h(x)\right]^\rho$$
$$\zeta_2(x) = \left[c(x+1) - h(x)\right]^\rho$$

(5-1-63)

这里 ρ 为可调整的待定指数，于是有

$$\zeta_{11} = \inf\{\zeta_1(x)\} = \zeta_1(0)$$
$$\zeta_{12} = \sup\{\zeta_1(x)\} = \zeta_1(x_0)$$

(5-1-64a)

$$\Delta\zeta_1 = \zeta_{12} - \zeta_{11} = \zeta_1(x_0) - \zeta_1(0)$$
$$\zeta_{21} = \inf\{\zeta_2(x)\} = \zeta_2(0)$$
$$\zeta_{22} = \sup\{\zeta_2(x)\} = \zeta_2(x_0)$$

(5-1-64b)

$$\Delta\zeta_2 = \zeta_{22} - \zeta_{21} = \zeta_2(x_0) - \zeta_2(0)$$

算例 1 对 $v=1$，于是有 $h(x) = (x+1)$。取 $x_0 = 30$, $\rho = 0.01$, $N=150$, $k_0 = 1000$，计算出的函数 $Q(x)$ 的分布见表 5-1。

表 5-1 变换后的海底地形 $Q(x)$ 的分布

($v=1, x_0 = 30, \rho = 0.01, N=150$)

x/x_0	$Q(x)$
0.0	$-1.000 - i5.00 \times 10^{-5}$
0.1	$-1.000 + i1.57 \times 10^{-5}$
0.2	$-1.000 + i3.10 \times 10^{-5}$
0.3	$-1.000 + i1.20 \times 10^{-6}$
0.4	$-1.000 - i5.43 \times 10^{-6}$
0.5	$-1.000 - i8.59 \times 10^{-5}$
0.6	$-1.000 - i1.27 \times 10^{-4}$
0.7	$-1.000 - i1.14 \times 10^{-4}$
0.8	$-1.000 - i2.12 \times 10^{-5}$
0.9	$-1.000 + i3.41 \times 10^{-5}$
1.0	$-1.000 - i5.12 \times 10^{-5}$

可见，精确到有效数字第三位，得到

$$Q(x) \equiv -1.00, \quad x \in [0, x_0], \quad x_0 = 30$$

算例 2 对 $v=0.5$，于是有 $h(x) = (x+1)^{0.5}$。取 $v=0.5$, $\rho = 0.01$, $x_0 = 30$, $N=150$, $k_0 = 1000$，计算的函数 $Q(x)$ 的分布见表 5-2。

表 5-2 变换后的海底地形 $Q(x)$ 的分布

$(v = 0.5, x_0 = 30, \rho = 0.01, N = 150)$

x/x_0	$Q(x)$
0.0	$-1.002 - i2.81 \times 10^{-3}$
0.1	$-0.997 - i2.66 \times 10^{-3}$
0.2	$-1.002 - i2.40 \times 10^{-3}$
0.3	$-1.001 - i5.47 \times 10^{-5}$
0.4	$-1.000 + i3.08 \times 10^{-4}$
0.5	$-1.000 + i7.96 \times 10^{-4}$
0.6	$-0.998 + i2.51 \times 10^{-4}$
0.7	$-0.997 + i9.94 \times 10^{-4}$
0.8	$-0.996 + i1.09 \times 10^{-4}$
0.9	$-0.998 - i4.21 \times 10^{-4}$
1.0	$-1.002 - i2.81 \times 10^{-3}$

精确到有效数字第三位得到

$$Q(x) \equiv -1.00, \quad x \in [0, x_0], \ x_0 = 30$$

算例 3 对 $v = 0.3$，于是有 $h(x) = (x+1)^{0.3}$。取 $v = 0.3$，$\rho = 0.01$，$x_0 = 30$，$N = 150$，$k_0 = 1000$，计算的函数 $Q(x)$ 分布见表 5-3。

表 5-3 变换后的海底地形 $Q(x)$ 的分布

$(v = 0.3, x_0 = 30, \rho = 0.01, N = 150)$

x/x_0	$Q(x)$
0.0	$-1.006 - i2.14 \times 10^{-4}$
0.1	$-1.009 - i2.14 \times 10^{-4}$
0.2	$-1.003 - i4.38 \times 10^{-5}$
0.3	$-1.001 - i2.14 \times 10^{-5}$
0.4	$-1.001 + i2.14 \times 10^{-5}$
0.5	$-1.001 + i1.06 \times 10^{-5}$
0.6	$-0.999 + i6.22 \times 10^{-5}$
0.7	$-0.999 + i1.87 \times 10^{-5}$
0.8	$-0.995 + i6.12 \times 10^{-5}$
0.9	$-0.998 + i1.75 \times 10^{-6}$
1.0	$-1.006 - i2.14 \times 10^{-4}$

精确到有效数字第三位得到

$$Q(x) \equiv -1.00, \quad x \in [0, x_0], \quad x_0 = 30$$

结论：作为算例，对一类比较规则变化的海底地形，利用改进 Fourier 方法构建了坐标变换（这里 $N = 150$），在保持海面水平不变的条件下，将变水深变为常水深。

5.2　水气界面剪切流的稳定性分析[17-21]

当一股强风掠过不平坦水面时，风是波浪成长的主要驱动力是不争的共识。但平坦而光滑的水面如何变为并不平坦水面，或者说风浪成长的初始条件是怎么出现的呢？历史上科学家们的一致共识是——共振效应！因为天然的风都是脉动非稳定的，所以自然猜想脉动的风场与水体产生共振激起初始的水波。天然的或实验室中的人造风场的脉动频率都是可以测量出的，但是不幸的是，据此计算出的共振水波的成长率远小于天然的或实验室观测的初始水波成长率。可见风场脉动所激发的水波不是风浪成长的初始条件。因此，我们要探讨在剪切风作用下水体自身运动的稳定性。

1. 奥尔-索末菲方程（Orr-Sommerfeld）方程的导出

取 x 坐标为水面风的方向，$z = 0$ 为平均水表面，z 坐标垂直向上为正。(x, z) 剖面上的流速分布为

$$W(x, z, t) = \overline{U}(z, \varepsilon t)\boldsymbol{i} + \widetilde{V}(x, z, t) \tag{5-2-1}$$

$\overline{U}(z, \varepsilon t)$ 为 x 方向（单位矢量为 $\boldsymbol{i}$）的背景剪切流场的流速分布，这里 $z > 0$ 对应空气，$z < 0$ 对应水体。而扰动流的流速分布为（z 坐标的单位矢量为 $\boldsymbol{k}$）

$$\widetilde{V}(x, z, t) = u(x, z, t)\boldsymbol{i} + w(x, z, t)\boldsymbol{k} \tag{5-2-2}$$

背景流场是随时间缓慢增强的，当流速足够大，剪切流场的垂直分布足够稳定那一时刻（取 $t = 0$），可近似写为如下形式：

$$\overline{U}(z, \varepsilon t) = \begin{cases} U_1(z)\exp(\varepsilon t), & z > 0 \\ U_2(z)\exp(\varepsilon t), & z < 0 \end{cases} \tag{5-2-3}$$

速度剖面（这里利用了切应力的线性关系：$\tau = \mu \dfrac{\mathrm{d}U}{\mathrm{d}z} \approx kU$）为如下形式：

$$U_1(z) = U_{01}\left[1 - \exp(-bz)\right] + U_{02}, \quad z > 0$$
$$U_2(z) = U_{02}\exp(bz), \qquad\qquad z < 0 \tag{5-2-4}$$

显然

$$U_1(z)\big|_{z \gg 1..} = U_{01} + U_{02}$$
$$U_2(z)\big|_{z \ll -1..} = 0 \tag{5-2-5}$$
$$U_1(0) = U_2(0) = U_{02}$$

U_{02} 为水气界面处水表面上水体的流速。此时描述流体运动的纳维-斯托克斯（Navier-Stokes）方程写为如下形式：

$$\begin{cases} \dfrac{\partial(\overline{U}+u)}{\partial t} + (\overline{U}+u)\dfrac{\partial(\overline{U}+u)}{\partial x} + w\dfrac{\partial(\overline{U}+u)}{\partial z} = -\dfrac{\partial p}{\partial x} + \dfrac{1}{R_0}\left(\Delta\overline{U}+\Delta u\right) \\ \dfrac{\partial w}{\partial t} + (\overline{U}+u)\dfrac{\partial w}{\partial x} + w\dfrac{\partial w}{\partial z} = -\dfrac{\partial p}{\partial z} + \dfrac{1}{R_0}\Delta w \end{cases} \tag{5-2-6}$$

或线性化得到

$$\frac{\partial u}{\partial t} + \overline{U}\frac{\partial u}{\partial x} + w\frac{\partial \overline{U}}{\partial z} = -\frac{\partial p}{\partial x} + \frac{1}{R_0}\Delta u + D(z,t) \tag{5-2-7a}$$

$$\frac{\partial w}{\partial t} + \overline{U}\frac{\partial w}{\partial x} = -\frac{\partial p}{\partial z} + \frac{1}{R_0}\Delta w \tag{5-2-7b}$$

其中

$$\Delta = \frac{\partial^2}{\partial x^2} + \frac{\partial^2}{\partial z^2} \tag{5-2-8a}$$

和

$$D(z,t) = \frac{1}{R_0}\Delta\overline{U} - \frac{\partial\overline{U}}{\partial t} \tag{5-2-8b}$$

这里 $R_0 = \dfrac{U_{00}L}{\nu}$ 为雷诺数（Reynolds number）（以空气的流动为标准，取 U_{00} 为特征速度，L 为特征长度，$\nu = 14.8\times10^{-6}\,\mathrm{m^2/s}$ 为空气的运动学黏滞系数）。

另外，据连续性方程

$$\frac{\partial u}{\partial x} + \frac{\partial w}{\partial z} = 0 \tag{5-2-9}$$

可引进流函数 $\Psi_0(x,z,t)$，它满足如下关系：

$$\frac{\partial \Psi_0}{\partial z} = u, \quad \frac{\partial \Psi_0}{\partial x} = -w \tag{5-2-10}$$

于是，流动的涡度为

$$\frac{\partial u}{\partial z}-\frac{\partial w}{\partial x}=\Delta\Psi_0 \tag{5-2-11}$$

求方程（5-2-7）的旋度，即 $\frac{\partial}{\partial z}(5-2-7a)-\frac{\partial}{\partial x}(5-2-7b)$，得到

$$\frac{\partial}{\partial t}\Delta\Psi_0+\overline{U}\frac{\partial}{\partial x}\Delta\Psi_0-\frac{\partial^2\overline{U}}{\partial z^2}\frac{\partial}{\partial x}\Psi_0=\frac{1}{Re}\Delta^2\Psi_0+\frac{\partial}{\partial z}D(z,t) \tag{5-2-12}$$

据背景流场分布（5-2-3）、（5-2-4）得到

$$\begin{aligned}
D_1(z,t)&=\left[\frac{1}{R_0}\Delta-\frac{\partial}{\partial t}\right]U_1(z)\exp(\varepsilon t)\\
&=\left\{\frac{1}{R_0}\Delta U_1(z)-\varepsilon U_1(z)\right\}\exp(\varepsilon t) \qquad (5\text{-}2\text{-}13a)\\
&=\left\{-U_{01}\left[\frac{b^2}{R_0}-\varepsilon\right]\exp(-bz)-\varepsilon(U_{01}+U_{02})\right\}\exp(\varepsilon t)
\end{aligned}$$

$$\begin{aligned}
D_2(z,t)&=\left[\frac{1}{R_0}\Delta-\frac{\partial}{\partial t}\right]U_2(z)\exp(\varepsilon t)\\
&=\left\{\frac{1}{R_0}\Delta U_2(z)-\varepsilon U_2(z)\right\}\exp(\varepsilon t)\\
&=U_{02}\left\{\frac{b^2}{R_0}\exp(bz)-\varepsilon\exp(bz)\right\}\exp(\varepsilon t) \qquad (5\text{-}2\text{-}13b)\\
&=U_{02}\left\{\frac{b^2}{R_0}-\varepsilon\right\}\exp(bz)\exp(\varepsilon t)
\end{aligned}$$

不难看出，只要有如下关联：

$$\varepsilon=b^2/R_0 \tag{5-2-14}$$

就有

$$\begin{aligned}
D_1(z,t)&=D_{01}(t)=-\varepsilon(U_{01}+U_{02})\exp(\varepsilon t)\\
D_2(z,t)&=D_{02}(t)=0
\end{aligned} \tag{5-2-15}$$

于是

$$\frac{\partial}{\partial z}D_j(z,t)=\frac{\partial}{\partial z}D_{0j}(t)=0,\quad j=1,2 \tag{5-2-16}$$

方程（5-2-12）进一步简化为如下形式：

$$\frac{\partial}{\partial t}\Delta\Psi_0 + \overline{U}\frac{\partial}{\partial x}\Delta\Psi_0 - \frac{\partial^2\overline{U}}{\partial z^2}\frac{\partial}{\partial x}\Psi_0 = \frac{1}{R_0}\Delta^2\Psi_0 \qquad (5\text{-}2\text{-}17)$$

相对于快速振荡的扰动波,背景流场随时间的变化是非常缓慢的。实验观测表明风浪成长是瞬间发生的,这一时刻取为 $t=0$(在这一瞬间,背景流场的变化可以忽略),即

$$\overline{U}(z,\varepsilon t)\simeq U_0(z)=\begin{cases}U_1(z)=U_{01}\left[1-\exp\{-bz\}\right]+U_{02}, & z>0\\U_2(z)=U_{02}\exp\{bz\}, & z<0\end{cases} \qquad (5\text{-}2\text{-}18)$$

利用剪切应力连续的条件可以确定 U_{01},U_{02} 的关系:

$$\mu_1U_1'(0)=\mu_2U_2'(0)\longrightarrow\mu_1U_{01}=\mu_2U_{02}\longrightarrow U_{02}=U_{01}/\sigma_0 \qquad (5\text{-}2\text{-}19)$$
$$\sigma_0=\mu_2/\mu_1\approx55.0$$

这里 μ_1,μ_2 分别为空气和水的动力学黏滞系数。

于是旋度方程(5-2-17)写为如下形式:

$$\frac{\partial}{\partial t}\Delta\Psi_0 + U_0(z)\frac{\partial}{\partial x}\Delta\Psi_0 - U_0^{(2)}(z)\frac{\partial}{\partial x}\Psi_0 = \frac{1}{R_0}\Delta^2\Psi_0 \qquad (5\text{-}2\text{-}20)$$

取扰动流的流函数为如下扰动波:

$$\Psi_0(x,z,t)=\phi(z)\exp\{i\alpha(x-ct)\} \qquad (5\text{-}2\text{-}21)$$

这里 $\phi(z)$ 为扰动波振幅,α 为扰动波的波数 $(\alpha>0)$,而 $c=c_r+ic_i$,其中实部 c_r 为相速度,虚部 c_i 为扰动波的成长指标,而 αc_i 为成长率,$c_i=0$ 为中性波,$c_i<0$ 为衰减波,$c_i>0$ 为成长波。

将流函数表达式(5-2-21)代入方程(5-2-20)得到扰动波振幅 $\phi(z)$ 所满足的 Orr-Sommerfeld 方程

$$\begin{aligned}&\phi^{(4)}(z)-2\alpha^2\phi^{(2)}(z)+\alpha^4\phi(z)\\&=i\alpha R_0\left\{(U_0(z)-c)\left[\phi^{(2)}(z)-\alpha^2\phi(z)\right]-U_0^{(2)}(z)\phi(z)\right\}\end{aligned} \qquad (5\text{-}2\text{-}22)$$

它是一个变系数的 4-阶线性常微分方程。

2. 大气 $(z>0)$ 运动的 Orr-Sommerfeld 方程

大气运动的 Orr-Sommerfeld 方程写为如下形式:

$$\begin{aligned}&\phi_1^{(4)}(z)-2\alpha^2\phi_1^{(2)}(z)+\alpha^4\phi_1(z)\\&=i\alpha Re\left\{(U_1(z)-c)\left[\phi_1^{(2)}(z)-\alpha^2\phi_1(z)\right]-U_1^{(2)}(z)\phi_1(z)\right\}\end{aligned} \qquad (5\text{-}2\text{-}23a)$$

这里

$$U_1(z)=U_{01}\left[1-\exp(-bz)\right]+U_{02} \qquad (5\text{-}2\text{-}23b)$$

1）引进伸缩坐标变换

$$\xi = \exp\{-bz\}, \quad z = -\ln\{\xi\} / b$$
$$\phi_1(z) = \phi_1(-\ln\{\xi\}/b) \equiv \varphi_1(\xi) \tag{5-2-24}$$

于是，$z = 0 \longleftrightarrow \xi = 1$，$z = \infty \longleftrightarrow \xi = 0$。将半无界区域 $z \in [0,\infty]$ 变换到有界区间 $\xi \in [0,1]$ 并且有

$$\xi^{(k)}(z) = (-b)^k \xi \tag{5-2-25a}$$

另外有

$$\begin{aligned}
&U_1(z) = (U_{01} + U_{02}) - U_{01}\xi \\
&U_1''(z) = -U_{01}b^2\xi \\
&U_1(z) - c = (U_{01} + U_{02} - c) - U_{01}\xi = -U_{01}(\xi - \xi_0) \\
&\xi_0 = (U_{01} + U_{02} - c)/U_{01}, \quad c = c_r + \mathrm{i}c_i
\end{aligned} \tag{5-2-25b}$$

方程（5-2-23）中函数 $\phi_1(z)$ 的各阶导数有如下关系式：

$$\begin{aligned}
&\phi_1^{(1)}(z) = \varphi_1'(\xi)\xi' \\
&\phi_1^{(2)}(z) = \varphi_1''(\xi)\xi'^2 + \varphi_1'(\xi)\xi'' \\
&\phi_1^{(3)}(z) = \varphi_1'''(\xi)\xi'^3 + 3\varphi_1''(\xi)\xi'\xi'' + \varphi_1'(\xi)\xi'''
\end{aligned} \tag{5-2-26a}$$

和

$$\begin{aligned}
\phi_1^{(4)}(z) = {}&\varphi_1^{(4)}(\xi)\xi'^4 + 6\varphi_1'''(\xi)\xi'^2\xi'' \\
&+ \varphi_1''(\xi)(3\xi''^2 + 4\xi'\xi''') + \varphi_1'(\xi)\xi^{(4)}
\end{aligned} \tag{5-2-26b}$$

据关系式（5-2-25a）得到

$$\begin{aligned}
&\phi_1^{(1)}(z) = -b\xi\varphi_1' \\
&\phi_1^{(2)}(z) = b^2(\xi^2\varphi_1'' + \xi\varphi_1') \\
&\phi_1^{(3)}(z) = -b^3(\xi^3\varphi''' + 3\xi^2\varphi'' + \xi\varphi_1') \\
&\phi_1^{(4)}(z) = b^4(\xi^4\varphi_1^{(4)} + 6\xi^3\varphi_1''' + 7\xi^2\varphi_1'' + \xi\varphi_1')
\end{aligned} \tag{5-2-27}$$

代入方程（5-2-23a）得到

$$\begin{aligned}
&b^4(\xi^4\varphi_1^{(4)} + 6\xi^3\varphi_1''' + 7\xi^2\varphi_1'' + \xi\varphi_1') - 2\alpha^2 b^2(\xi^2\varphi_1'' + \xi\varphi_1') + \alpha^4\varphi_1 \\
&= -\mathrm{i}\alpha R_0 U_{01}\left\{(\xi - \xi_0)\left[b^2(\xi^2\varphi_1'' + \xi\varphi_1') - \alpha^2\varphi_1\right] - b^2\xi\varphi_1\right\}
\end{aligned} \tag{5-2-28}$$

进而得到

$$\begin{aligned}
&\xi^4\varphi_1^{(4)} + 6\xi^3\varphi_1''' + 7\xi^2\varphi_1'' + \xi\varphi_1' - 2\lambda^2(\xi^2\varphi_1'' + \xi\varphi_1') + \lambda^4\varphi_1 \\
&+ 2\mathrm{i}\mu_1\lambda\left[(\xi - \xi_0)(\xi^2\varphi_1'' + \xi\varphi_1') - \lambda^2(\xi - \xi_0)\varphi_1 - \xi\varphi_1\right] = 0
\end{aligned} \tag{5-2-29a}$$

这里

$$\lambda = \frac{\alpha}{b}, \quad \mu_1 = \frac{U_{01}R_0}{2b} \qquad （5\text{-}2\text{-}29b）$$

整理后得到

$$\xi^4 \varphi_1^{(4)} + 6\xi^3 \varphi_1''' + \left[\left(7 - 2\lambda^2 - 2i\mu_1\lambda\xi_0 \right)\xi^2 + 2i\mu_1\lambda\xi^3 \right]\varphi_1''$$
$$+ \left[\left(1 - 2\lambda^2 - 2i\mu_1\lambda\xi_0 \right)\xi + 2i\mu_1\lambda\xi^2 \right]\varphi_1' + \left[\left(\lambda^4 + 2i\mu_1\lambda^3\xi_0 \right) - 2i\mu_1\lambda\left(1 + \lambda^2 \right)\xi \right]\varphi_1 = 0$$

$$（5\text{-}2\text{-}30）$$

进而写为如下形式：

$$\xi^4 \varphi_1^{(4)} + 6\xi^3 \varphi_1''' + \left(p_{1,30} + p_{1,31}\xi \right)\xi^2 \varphi_1'' \qquad （5\text{-}2\text{-}31）$$
$$+ \left(p_{1,40} + p_{1,41}\xi \right)\xi\varphi_1' + \left(p_{1,50} + p_{1,51}\xi \right)\varphi_1 = 0$$

这里

$$p_{1,30} = 7 - 2\lambda^2 - 2i\mu_1\lambda\xi_0 = 6 + p_{1,40}, \quad p_{1,31} = 2i\mu_1\lambda$$
$$p_{1,40} = 1 - 2\lambda^2 - 2i\mu_1\lambda\xi_0, \quad p_{1,41} = 2i\mu_1\lambda$$
$$p_{1,50} = \lambda^4 + 2i\mu_1\lambda^3\xi_0, \quad p_{1,51} = -2i\mu_1\lambda\left(1 + \lambda^2 \right)$$

$$（5\text{-}2\text{-}32）$$

据引理3，不难看出，方程（5-2-31）存在正则奇点 $\xi = 0$，于是取如下形式的正则奇异解：

$$\varphi_1(\xi) = \xi^\rho U(\xi), \quad U(0) \neq 0 \qquad （5\text{-}2\text{-}33）$$

于是有如下微分关系式：

$$\varphi_1(\xi) = \xi^\rho U(\xi)$$
$$\varphi_1' = \xi^\rho \left(U' + \rho\xi^{-1}U \right) \qquad （5\text{-}2\text{-}34a）$$

$$\varphi_1'' = \xi^\rho \left[U'' + 2\rho\xi^{-1}U' + \rho(\rho - 1)\xi^{-2}U \right]$$
$$\varphi_1''' = \xi^\rho \left[U''' + 3\rho\xi^{-1}U'' + 3\rho(\rho - 1)\xi^{-2}U' + \rho(\rho - 1)(\rho - 2)\xi^{-3}U \right]$$

$$（5\text{-}2\text{-}34b）$$

$$\varphi_1^{(4)} = \xi^\rho \left[\begin{array}{l} U^{(4)} + 4\rho\xi^{-1}U''' + 6\rho(\rho - 1)\xi^{-2}U'' \\ + 4\rho(\rho - 1)(\rho - 2)\xi^{-3}U' + \rho(\rho - 1)(\rho - 2)(\rho - 3)\xi^{-4}U \end{array} \right]$$

$$（5\text{-}2\text{-}34c）$$

代入方程（5-2-31）得到

$$
\begin{bmatrix}
\xi^4 U^{(4)} + 4\rho\xi^3 U''' + 6\rho(\rho-1)\xi^2 U'' \\
+4\rho(\rho-1)(\rho-2)\xi U' + \rho(\rho-1)(\rho-2)(\rho-3)U
\end{bmatrix}
$$
$$
+6\left[\xi^3 U''' + 3\rho\xi^2 U'' + 3\rho(\rho-1)\xi U' + \rho(\rho-1)(\rho-2)U\right] \qquad (5\text{-}2\text{-}35)
$$
$$
+\left(p_{1,30}+p_{1,31}\xi\right)\left[\xi^2 U'' + 2\rho\xi U' + \rho(\rho-1)U\right]
$$
$$
+\left(p_{1,40}+p_{1,41}\xi\right)\left(\xi U' + \rho U\right) + \left(p_{1,50}+p_{1,51}\xi\right)U = 0
$$

整理后得到

$$
\xi^4 U^{(4)} + q_{1,20}(\rho)\xi^3 U''' + \left[q_{1,30}(\rho) + q_{1,31}(\rho)\xi\right]\xi^2 U''
$$
$$
+\left[q_{1,40}(\rho) + q_{1,41}(\rho)\xi\right]\xi U' + \left[q_{1,50}(\rho) + q_{1,51}(\rho)\xi\right]U = 0 \qquad (5\text{-}2\text{-}36)
$$

这里

$$
q_{1,20}(\rho) = 4\rho + 6
$$
$$
q_{1,30}(\rho) = 6\rho(\rho-1) + 18\rho + p_{1,30}
$$
$$
q_{1,31}(\rho) = p_{1,31} \qquad (5\text{-}2\text{-}37a)
$$
$$
q_{1,40}(\rho) = 4\rho(\rho-1)(\rho-2) + 18\rho(\rho-1) + 2\rho p_{1,30} + p_{1,40}
$$
$$
q_{1,41}(\rho) = 2\rho p_{1,31} + \rho p_{1,41}
$$

和

$$
q_{1,50}(\rho) = \rho(\rho-1)(\rho-2)(\rho-3) + 6\rho(\rho-1)(\rho-2)
$$
$$
+ \rho(\rho-1)p_{1,30} + \rho p_{1,40} + p_{1,50} \qquad (5\text{-}2\text{-}37b)
$$
$$
q_{1,51}(\rho) = \rho(\rho-1)p_{1,31} + \rho p_{1,41} + p_{1,51}
$$

方程（5-2-36）中令 $\xi \to 0$，得到指标方程

$$
q_{1,50}(\rho) = 0 \qquad (5\text{-}2\text{-}38)
$$

（5-2-37b）式中 $q_{1,50}(\rho)$ 的表达式可以进一步化简如下：

$$
q_{1,50}(\rho) = \rho(\rho-1)(\rho-2)(\rho+3)
$$
$$
+ \rho(\rho-1)(6+p_{1,40}) + \rho p_{1,40} + p_{1,50}
$$
$$
= \rho(\rho-1)\left[(\rho-2)(\rho+3) + 6 + p_{1,40}\right] + \rho p_{1,40} + p_{1,50}
$$
$$
= \rho(\rho-1)\left[\rho(\rho+1) + p_{1,40}\right] + \rho p_{1,40} + p_{1,50} \qquad (5\text{-}2\text{-}39)
$$
$$
= \rho^2(\rho^2-1) + \rho(\rho-1)p_{1,40} + \rho p_{1,40} + p_{1,50}
$$
$$
= \rho^2(\rho^2-1) + \rho^2 p_{1,40} + p_{1,50}
$$

于是指标方程写为如下形式：

$$
\rho^4 - \left(1 - p_{1,40}\right)\rho^2 + p_{1,50} = 0 \qquad (5\text{-}2\text{-}40a)
$$

这里

$$\left(1-p_{1,40}\right)/2 = \lambda^2 + \mathrm{i}\mu_1\lambda\xi_0$$
$$p_{1,50} = \lambda^4 + 2\mathrm{i}\mu_1\lambda^3\xi_0 \tag{5-2-40b}$$

可解出

$$\rho^2 = \left(1-p_{1,40}\right)/2 \pm \sqrt{\left[\left(1-p_{1,40}\right)/2\right]^2 - p_{1,50}} \tag{5-2-41a}$$

这里

$$\sqrt{\left[\left(1-p_{1,40}\right)/2\right]^2 - p_{1,50}} = \sqrt{\left(\lambda^2 + \mathrm{i}\mu_1\lambda\xi_0\right)^2 - \left(\lambda^4 + 2\mathrm{i}\mu_1\lambda^3\xi_0\right)} = \mathrm{i}\mu_1\lambda\xi_0 \tag{5-2-41b}$$

于是

$$\rho^2 = \lambda^2 + \mathrm{i}\mu_1\lambda\xi_0 \pm \mathrm{i}\mu_1\lambda\xi_0 = \begin{cases} \lambda^2 + 2\mathrm{i}\mu_1\lambda\xi_0 \\ \lambda^2 \end{cases} \tag{5-2-42a}$$

考虑到扰动在 $z \to \infty$（或 $\xi \to 0$）处消失，要求 $\mathrm{real}\{\rho\} > 0$，得到

$$\rho = \rho_j, \quad j = 1,2$$
$$\rho_1 = \sqrt{\lambda^2 + 2\mathrm{i}\mu_1\lambda\xi_0} \tag{5-2-42b}$$
$$\rho_2 = \lambda$$

于是方程（5-2-36）化简为如下派生方程：

$$L_1\left\{U\left(\xi,j\right)\right\} \equiv \xi^3 U^{(4)} + q_{1,20}\left(\rho_j\right)\xi^2 U''' + \left[q_{1,30}\left(\rho_j\right) + q_{1,31}\left(\rho_j\right)\xi\right]\xi U''$$
$$+ \left[q_{1,40}\left(\rho_j\right) + q_{1,41}\left(\rho_j\right)\xi\right]U' + q_{1,51}\left(\rho_j\right)U = 0, \quad j = 1,2 \tag{5-2-43}$$

2）派生方程（5-2-43）的求解

欲求方程（5-2-43）的非奇异解，将函数 $U\left(\xi,j\right)$ 在区间 $\xi \in [0,1]$ 上展开为如下 4-阶可微的改进 Fourier 级数：

$$U^{(k)}\left(\xi,j\right) = \sum_{|n|\leqslant N} \left(\mathrm{i}\alpha_n\right)^k A_1\left(n,j\right)\exp\left\{\mathrm{i}\alpha_n\xi\right\} + \sum_{l=1}^{5} d_1\left(l,j\right)Jee\left(l-k,\xi\right) \tag{5-2-44}$$
$$j = 1,2; k = 0,1,2,3,4$$

这里

$$\alpha_n = 2n\pi, \quad Jee\left(l,\xi\right) = \begin{cases} \dfrac{\xi^l}{l!}, & l \geqslant 0 \\ 0, & l < 0 \end{cases} \tag{5-2-45a}$$

引进 Fourier 投影

$$F^{-1}\langle\ \rangle_{n_0} = \int_0^1 \langle\ \rangle \exp\{-i\alpha_{n_0}\xi\}d\xi \qquad （5\text{-}2\text{-}45b）$$

将展式（5-2-44）代入方程（5-2-43）得到

$$\sum_{|n|<N} A_1(n,j) GR_1(\xi,n,j)\exp\{i\alpha_n\xi\} + \sum_{l=1}^{5} d_1(l,j) GS_1(\xi,l,j) = 0, \quad j=1,2$$

$$（5\text{-}2\text{-}46）$$

这里

$$\begin{aligned} GR_1(\xi,n,j) = &(i\alpha_n)^4\xi^3 + (i\alpha_n)^3 q_{1,20}(\rho_j)\xi^2 \\ &+ (i\alpha_n)^2\left[q_{1,30}(\rho_j)\xi + q_{1,31}(\rho_j)\xi^2\right] \\ &+ (i\alpha_n)\left[q_{1,40}(\rho_j) + q_{1,41}(\rho_j)\xi\right] + q_{1,51}(\rho_j) \end{aligned} \qquad （5\text{-}2\text{-}47a）$$

或进而得到

$$\begin{aligned} GR_1(\xi,n,j) = &(i\alpha_n)^4\xi^3 + \left[(i\alpha_n)^3 q_{1,20}(\rho_j) + (i\alpha_n)^2 q_{1,31}(\rho_j)\right]\xi^2 \\ &+ \left[(i\alpha_n)^2 q_{1,30}(\rho_j) + (i\alpha_n) q_{1,41}(\rho_j)\right]\xi \\ &+ \left[(i\alpha_n) q_{1,40}(\rho_j) + q_{1,51}(\rho_j)\right], \quad j=1,2 \end{aligned}$$

$$（5\text{-}2\text{-}47b）$$

和

$$\begin{aligned} GS_1(\xi,l,j) = &\xi^3 Jee(l-4,\xi) + q_{1,20}(\rho_j)\xi^2 Jee(l-3,\xi) \\ &+ \left[q_{1,30}(\rho_j)\xi + q_{1,31}(\rho_j)\xi^2\right] Jee(l-2,\xi) \\ &+ \left[q_{1,40}(\rho_j) + q_{1,41}(\rho_j)\xi\right] Jee(l-1,\xi) + q_{1,51}(\rho_j) Jee(l,\xi) \end{aligned}$$

$$（5\text{-}2\text{-}48a）$$

或进而得到

$$GS_1(\xi,l,j) = \begin{bmatrix} (l-1)(l-2)(l-3) \\ +(l-1)(l-2)q_{1,20}(\rho_j) \\ +(l-1)q_{1,30}(\rho_j) + q_{1,40}(\rho_j) \end{bmatrix} Jee(l-1,\xi) \\ + \begin{bmatrix} l(l-1)q_{1,31}(\rho_j) + l\cdot q_{1,41}(\rho_j) \\ +q_{1,51}(\rho_j) \end{bmatrix} Jee(l,\xi), \quad j=1,2$$

$$（5\text{-}2\text{-}48b）$$

对方程（5-2-46）求 Fourier 投影得到

$$\sum_{|n| \leqslant N} A_1(n,j) R_1(n,n_0,j) = \sum_{l=1}^{5} d_1(l,j) S_1(l,n_0,j), \quad |n_0| \leqslant N; j = 1,2$$

（5-2-49a）

这里

$$R_1(n,n_0,j) = F^{-1} \left\langle GR_1(\xi,n,j) \right\rangle_{n_0-n}$$

$$S_1(l,n_0,j) = -F^{-1} \left\langle GS_1(\xi,l,j) \right\rangle_{n_0}$$

（5-2-49b）

其中

$$\begin{aligned}
R_1(n,n_0,j) = &\, 6(i\alpha_n)^4 \Pi_0(3,n_0-n) \\
&+ 2\left[(i\alpha_n)^3 q_{1,20}(\rho_j) + (i\alpha_n)^2 q_{1,31}(\rho_j)\right] \Pi_0(2,n_0-n) \\
&+ \left[(i\alpha_n)^2 q_{1,30}(\rho_j) + (i\alpha_n) q_{1,41}(\rho_j)\right] \Pi_0(1,n_0-n) \\
&+ \left[(i\alpha_n) q_{1,40}(\rho_j) + q_{1,51}(\rho_j)\right] \Pi_0(0,n_0-n)
\end{aligned}$$

（5-2-50a）

和

$$S_1(l,n_0,j) = -\begin{bmatrix} (l-1)(l-2)(l-3) \\ +(l-1)(l-2)q_{1,20}(\rho_j) \\ +(l-1)q_{1,30}(\rho_j) + q_{1,40}(\rho_j) \end{bmatrix} \Pi_0(l-1,n_0)$$

$$-\begin{bmatrix} l(l-1)q_{1,31}(\rho_j) \\ +l \cdot q_{1,41}(\rho_j) + q_{1,51}(\rho_j) \end{bmatrix} \Pi_0(l,n_0)$$

（5-2-50b）

这里

$$\Pi_0(l,n_0) = F^{-1} \left\langle Jee(l,\xi) \right\rangle_{n_0}$$

（5-2-50c）

由方程（5-2-49a）可解出

$$A_1(n,j) = \sum_{l=1}^{5} d_1(l,j) Ae_1(l,n,j)$$

（5-2-51）

这里 $Ae_1(l,n,j)$ 为如下方程的解：

$$\sum_{|n| \leqslant N} Ae_1(l,n,j) R_1(n,n_0,j) = S_1(l,n_0,j), \quad |n_0| \leqslant N; l = 1,2,3,4,5; j = 1,2$$

（5-2-52）

将解式（5-2-51）代入展式（5-2-44）得到

$$U^{(k)}(\xi,j) = \sum_{l=1}^{5} d_1(l,j) Z_1(k,l,\xi,j), \quad j=1,2 \qquad (5\text{-}2\text{-}53a)$$

这里

$$Z_1(k,l,\xi,j) = \sum_{|n| \leqslant N} (i\alpha_n)^k Ae_1(l,n,j) \exp\{i\alpha_n \xi\} + Jee(l-k,\xi)$$

$$(5\text{-}2\text{-}53b)$$

据引理 1 和引理 4，方程（5-2-43）应满足相容性条件

$$L_1\{U(\xi,j)\}\big|_0^1 = 0 \qquad (5\text{-}2\text{-}54a)$$

和一组约束条件（见附录 A）

$$L_1^{(k)}\{U(\xi,j)\}\big|_{\xi=0} = 0, \quad k=1,2,3 \qquad (5\text{-}2\text{-}54b)$$

即

$$\begin{aligned}
L_1\{U(\xi,j)\}\big|_0^1 &= U^{(4)}(1,j) + q_{1,20}(\rho_j)U'''(1,j) \\
&\quad + \left[q_{1,30}(\rho_j) + q_{1,31}(\rho_j)\right]U''(1,j) \\
&\quad + \left[q_{1,40}(\rho_j) + q_{1,41}(\rho_j)\right]U'(1,j) + q_{1,51}(\rho_j)U(1,j) \\
&\quad - q_{1,40}(\rho_j)U'(0,j) - q_{1,51}(\rho_j)U(0,j) = 0
\end{aligned}$$

$$(5\text{-}2\text{-}55a)$$

$$\begin{aligned}
L_1'\{U(\xi,j)\}\big|_{\xi=0} &= \left[q_{1,30}(\rho_j) + q_{1,40}(\rho_j)\right]U''(0,j) \\
&\quad + \left[q_{1,41}(\rho_j) + q_{1,51}(\rho_j)\right]U'(0,j) = 0 \quad (5\text{-}2\text{-}55b)
\end{aligned}$$

$$\begin{aligned}
L_1''\{U(\xi,j)\}\big|_{\xi=0} &= \left[2q_{1,20}(\rho_j) + 2q_{1,30}(\rho_j) + q_{1,40}(\rho_j)\right]U'''(0,j) \\
&\quad + \left[2q_{1,31}(\rho_j) + 2q_{1,41}(\rho_j) + q_{1,51}(\rho_j)\right]U''(0,j) = 0
\end{aligned}$$

$$(5\text{-}2\text{-}55c)$$

$$\begin{aligned}
L_1'''\{U(\xi,j)\}\big|_{\xi=0} &= \left[6 + 6q_{1,20}(\rho_j) + 3q_{1,30}(\rho_j) + q_{1,40}(\rho_j)\right]U^{(4)}(0,j) \\
&\quad + \left[6q_{1,31}(\rho_j) + 3q_{1,41}(\rho_j) + q_{1,51}(\rho_j)\right]U'''(0,j) = 0
\end{aligned}$$

$$(5\text{-}2\text{-}55d)$$

3 个约束条件可保证解的 4-阶导数在零点 $\xi=0$ 存在（有界）。将解式（5-2-53）代入相容性条件和约束条件得到

$$\sum_{l=1}^{4} d_1(l,j)\beta_1(l,l_0,j) = -d_1(5,j)\beta_1(5,l_0,j), \quad l_0=1,2,3,4; j=1,2 \qquad (5\text{-}2\text{-}56)$$

这里

$$
\begin{aligned}
\beta_1(l,1,j) = & Z_1(4,l,1j) + q_{1,20}(\rho_j)Z_1(3,l,1,j) \\
& + \left[q_{1,30}(\rho_j) + q_{1,31}(\rho_j) \right] Z_1(2,l,1,j) \\
& + \left[q_{1,40}(\rho_j) + q_{1,41}(\rho_j) \right] Z_1(1,l,1,j) \\
& + q_{1,51}(\rho_j)Z_1(0,l,1,j) - q_{1,40}(\rho_j)Z_1(1,l,0,j) \\
& - q_{1,51}(\rho_j)Z_1(0,l,0,j)
\end{aligned}
\tag{5-2-57a}
$$

$$
\begin{aligned}
\beta_1(l,2,j) = & \left[q_{1,30}(\rho_j) + q_{1,40}(\rho_j) \right] Z_1(2,l,0,j) \\
& + \left[q_{1,41}(\rho_j) + q_{1,51}(\rho_j) \right] Z_1(1,l,0,j)
\end{aligned}
\tag{5-2-57b}
$$

$$
\begin{aligned}
\beta_1(l,3,j) = & \left[2q_{1,20}(\rho_j) + 2q_{1,30}(\rho_j) + q_{1,40}(\rho_j) \right] Z_1(3,l,0,j) \\
& + \left[2q_{1,31}(\rho_j) + 2q_{1,41}(\rho_j) + q_{1,51}(\rho_j) \right] Z_1(2,l,0,j)
\end{aligned}
\tag{5-2-57c}
$$

$$
\begin{aligned}
\beta_1(l,4,j) = & \left[6 + 6q_{1,20}(\rho_j) + 3q_{1,30}(\rho_j) + q_{1,40}(\rho_j) \right] Z_1(4,l,0,j) \\
& + \left[6q_{1,31}(\rho_j) + 3q_{1,41}(\rho_j) + q_{1,51}(\rho_j) \right] Z_1(3,l,0,j)
\end{aligned}
\tag{5-2-57d}
$$

由方程（5-2-56）可解出

$$
d_1(l,j) = d_0(j)\gamma_1(l,j), \quad l=1,2,3,4; j=1,2
\tag{5-2-58}
$$

代入解式（5-2-53）得到

$$
U^{(k)}(\xi,j) = d_0(j)\Pi(k,\xi,j), \quad j=1,2; k=0,1,2,3,4
\tag{5-2-59a}
$$

这里

$$
\Pi(k,\xi,j) = \sum_{l=1}^{4} \gamma_1(l,j)Z_1(k,l,\xi,j) + Z_1(k,5,\xi,j)
\tag{5-2-59b}
$$

于是据（5-2-34）式，得到

$$
\varphi_1(\xi) = d_0(1)\xi^{\rho_1}\Pi(0,\xi,1) + d_0(2)\xi^{\rho_2}\Pi(0,\xi,2)
\tag{5-2-60a}
$$

$$
\begin{aligned}
\varphi_1'(\xi) = & d_0(1)\left[\xi^{\rho_1}\Pi(1,\xi,1) + \rho_1\xi^{\rho_1-1}\Pi(0,\xi,1) \right] \\
& + d_0(2)\left[\xi^{\rho_2}\Pi(1,\xi,2) + \rho_2\xi^{\rho_2-1}\Pi(0,\xi,2) \right]
\end{aligned}
\tag{5-2-60b}
$$

$$\varphi_1''(\xi) = d_0(1) \begin{bmatrix} \xi^{\rho_1} \Pi(2,\xi,1) + 2\rho_1 \xi^{\rho_1-1} \Pi(1,\xi,1) \\ +\rho_1(\rho_1-1)\xi^{\rho_1-2}\Pi(0,\xi,1) \end{bmatrix}$$
$$+ d_0(2) \begin{bmatrix} \xi^{\rho_2} \Pi(2,\xi,2) + 2\rho_2 \xi^{\rho_2-1} \Pi(1,\xi,2) \\ +\rho_2(\rho_2-1)\xi^{\rho_2-2}\Pi(0,\xi,2) \end{bmatrix} \quad (5\text{-}2\text{-}60\text{c})$$

$$\varphi_1'''(\xi) = d_0(1) \begin{bmatrix} \xi^{\rho_1} \Pi(3,\xi,1) + 3\rho_1 \xi^{\rho_1-1} \Pi(2,\xi,1) \\ +3\rho_1(\rho_1-1)\xi^{\rho_1-2}\Pi(1,\xi,1) \\ +\rho_1(\rho_1-1)(\rho_1-2)\xi^{\rho_1-3}\Pi(0,\xi,1) \end{bmatrix}$$
$$+ d_0(2) \begin{bmatrix} \xi^{\rho_2} \Pi(3,\xi,2) + 3\rho_2 \xi^{\rho_2-1} \Pi(2,\xi,2) \\ +3\rho_2(\rho_2-1)\xi^{\rho_2-2}\Pi(1,\xi,2) \\ +\rho_2(\rho_2-1)(\rho_2-2)\xi^{\rho_2-3}\Pi(0,\xi,2) \end{bmatrix} \quad (5\text{-}2\text{-}60\text{d})$$

3. 水体 ($z < 0$) 运动的 Orr-Sommerfeld 方程

水体运动的 Orr-Sommerfeld 方程写为如下形式：

$$\phi_2^{(4)}(z) - 2\alpha^2 \phi_2^{(2)}(z) + \alpha^4 \phi_2(z)$$
$$= i\alpha R_0 \left\{ (U_2(z) - c)\left[\phi_2^{(2)}(z) - \alpha^2 \phi_2(z) \right] - U_2^{(2)}(z)\phi_2(z) \right\} \quad (5\text{-}2\text{-}61\text{a})$$

这里

$$U_2(z) = U_{02} \exp(bz), \quad z < 0 \quad (5\text{-}2\text{-}61\text{b})$$

1）引进伸缩坐标变换

$$\eta = \exp\{bz\}, \quad z = \ln\{\eta\} / b$$
$$\phi_2(z) = \phi_2\left(\ln\{\eta\} / b\right) \equiv \varphi_2(\eta) \quad (5\text{-}2\text{-}62)$$

于是，$z = 0 \longleftrightarrow \eta = 1$，$z = -\infty \longleftrightarrow \eta = 0$。将半无界区域 $z \in [-\infty, 0]$ 变换到有界区间 $\eta \in [0,1]$。并且有

$$\eta^{(k)}(z) = b^k \eta \quad (5\text{-}2\text{-}63\text{a})$$

和

$$U_2(z) = U_{02}\eta$$
$$U_2''(z) = U_{02} b^2 \eta$$
$$U_2(z) - c = U_{02}\eta - c = U_{02}(\eta - \eta_0) \quad (5\text{-}2\text{-}63\text{b})$$
$$\eta_0 = c / U_{02} = (c_r + ic_i) / U_{02}$$

另外有

$$\phi_2^{(1)}(z) = \varphi_2'(\eta)\eta'$$

$$\phi_2^{(2)}(z) = \varphi_2''(\eta)\eta'^2 + \varphi_2'(\eta)\eta'' \tag{5-2-64a}$$

$$\phi_2^{(3)}(z) = \varphi_2'''(\eta)\eta'^3 + 3\varphi_2''(\eta)\eta'\eta'' + \varphi_2'(\eta)\eta'''$$

$$\phi_2^{(4)}(z) = \varphi_2^{(4)}(\eta)\eta'^4 + 6\varphi_2'''(\eta)\eta'^2\eta''$$
$$+ \varphi_2''(\eta)\left(3\eta''^2 + 4\eta'\eta'''\right) + \varphi_2'(\eta)\eta^{(4)} \tag{5-2-64b}$$

据关系式（5-2-63a）得到

$$\phi_2^{(1)}(z) = b\eta\varphi_2'$$

$$\phi_2^{(2)}(z) = b^2\left(\eta^2\varphi_2'' + \eta\varphi_2'\right)$$

$$\phi_2^{(3)}(z) = b^3\left(\eta^3\varphi''' + 3\eta^2\varphi'' + \eta\varphi_2'\right) \tag{5-2-65}$$

$$\phi_2^{(4)}(z) = b^4\left(\eta^4\varphi_2^{(4)} + 6\eta^3\varphi_2''' + 7\eta^2\varphi_2'' + \eta\varphi_2'\right)$$

代入方程（5-2-61）得到

$$b^4\left(\eta^4\varphi_2^{(4)} + 6\eta^3\varphi_2''' + 7\eta^2\varphi_2'' + \eta\varphi_2'\right) - 2\alpha^2 b^2\left(\eta^2\varphi_2'' + \eta\varphi_2'\right) + \alpha^4\varphi_2$$
$$= \mathrm{i}\alpha R_0 U_{02}\left\{(\eta - \eta_0)\left[b^2\left(\eta^2\varphi_2'' + \eta\varphi_2'\right) - \alpha^2\varphi_2\right] - b^2\eta\varphi_2\right\} \tag{5-2-66}$$

进而得到

$$\eta^4\varphi_2^{(4)} + 6\eta^3\varphi_2''' + 7\eta^2\varphi_2'' + \eta\varphi_2' - 2\lambda^2\left(\eta^2\varphi_2'' + \eta\varphi_2'\right) + \lambda^4\varphi_2$$
$$-2\mathrm{i}\mu_2\lambda\left[(\eta - \eta_0)\left(\eta^2\varphi_2'' + \eta\varphi_2'\right) - \lambda^2(\eta - \eta_0)\varphi_2 - \eta\varphi_2\right] = 0$$

$$\tag{5-2-67a}$$

这里

$$\lambda = \frac{\alpha}{b}, \quad \mu_2 = \frac{U_{02}R_0}{2b} \tag{5-2-67b}$$

整理后得到

$$\eta^4\varphi_2^{(4)} + 6\eta^3\varphi_2''' + \left[\left(7 - 2\lambda^2 + 2\mathrm{i}\mu_2\lambda\eta_0\right)\eta^2 - 2\mathrm{i}\mu_2\lambda\eta^3\right]\varphi_2''$$
$$+ \begin{bmatrix}\left(1 - 2\lambda^2 + 2\mathrm{i}\mu_2\lambda\eta_0\right)\eta \\ -2\mathrm{i}\mu_2\lambda\eta^2\end{bmatrix}\varphi_2' + \begin{bmatrix}\left(\lambda^4 - 2\mathrm{i}\mu_2\lambda^3\eta_0\right) \\ +2\mathrm{i}\mu_2\lambda\left(1 + \lambda^2\right)\eta\end{bmatrix}\varphi_2 = 0 \tag{5-2-68}$$

进而写为如下形式

$$\eta^4\varphi_2^{(4)} + 6\eta^3\varphi_2''' + \left(p_{2,30} + p_{2,31}\eta\right)\eta^2\varphi_2''$$
$$+ \left(p_{2,40} + p_{2,41}\eta\right)\eta\varphi_2' + \left(p_{2,50} + p_{2,51}\eta\right)\varphi_2 = 0 \tag{5-2-69}$$

这里

$$p_{2,30} = 7 - 2\lambda^2 + 2\mathrm{i}\mu_2\lambda\eta_0 = 6 + p_{2,40}, \quad p_{2,31} = -2\mathrm{i}\mu_2\lambda$$
$$p_{2,40} = 1 - 2\lambda^2 + 2\mathrm{i}\mu_2\lambda\eta_0, \quad p_{2,41} = -2\mathrm{i}\mu_2\lambda$$
$$p_{2,50} = \lambda^4 - 2\mathrm{i}\mu_2\lambda^3\eta_0, \quad p_{2,51} = 2\mathrm{i}\mu_2\lambda\left(1 + \lambda^2\right)$$

$$（5\text{-}2\text{-}70）$$

不难看出，方程（5-2-69）存在正则奇点 $\eta = 0$，于是取如下形式的正则奇异解：

$$\varphi_2(\eta) = \eta^\rho V(\eta), \quad V(0) \neq 0 \qquad （5\text{-}2\text{-}71）$$

于是有如下微分关系式：

$$\varphi_2(\eta) = \eta^\rho V(\eta)$$
$$\varphi_2' = \eta^\rho \left(V' + \rho\eta^{-1}V\right) \qquad （5\text{-}2\text{-}72\mathrm{a}）$$

$$\varphi_2'' = \eta^\rho \left[V'' + 2\rho\eta^{-1}V' + \rho(\rho-1)\eta^{-2}V\right]$$
$$\varphi_2''' = \eta^\rho \begin{bmatrix} V''' + 3\rho\eta^{-1}V'' + 3\rho(\rho-1)\eta^{-2}V' \\ + \rho(\rho-1)(\rho-2)\eta^{-3}V \end{bmatrix} \qquad （5\text{-}2\text{-}72\mathrm{b}）$$

$$\varphi_2^{(4)} = \eta^\rho \begin{bmatrix} V^{(4)} + 4\rho\eta^{-1}V''' + 6\rho(\rho-1)\eta^{-2}V'' \\ + 4\rho(\rho-1)(\rho-2)\eta^{-3}V' \\ + \rho(\rho-1)(\rho-2)(\rho-3)\eta^{-4}V \end{bmatrix} \qquad （5\text{-}2\text{-}72\mathrm{c}）$$

代入方程（5-2-69）得到

$$\begin{bmatrix} \eta^4 V^{(4)} + 4\rho\eta^3 V''' + 6\rho(\rho-1)\eta^2 V'' \\ + 4\rho(\rho-1)(\rho-2)\eta V' + \rho(\rho-1)(\rho-2)(\rho-3)V \end{bmatrix}$$
$$+ 6\left[\eta^3 V''' + 3\rho\eta^2 V'' + 3\rho(\rho-1)\eta V' + \rho(\rho-1)(\rho-2)V\right] \qquad （5\text{-}2\text{-}73）$$
$$+ \left(p_{2,30} + p_{2,31}\eta\right)\left[\eta^2 V'' + 2\rho\eta V' + \rho(\rho-1)V\right]$$
$$+ \left(p_{2,40} + p_{2,41}\eta\right)\left(\eta V' + \rho V\right) + \left(p_{2,50} + p_{2,51}\eta\right)V = 0$$

整理后得到

$$\eta^4 V^{(4)} + q_{2,20}(\rho)\eta^3 V''' + \left[q_{2,30}(\rho) + q_{2,31}(\rho)\eta\right]\eta^2 V''$$
$$+ \left[q_{2,40}(\rho) + q_{2,41}(\rho)\eta\right]\eta V' + \left[q_{2,50}(\rho) + q_{2,51}(\rho)\eta\right]V = 0$$

$$（5\text{-}2\text{-}74）$$

这里

$$q_{2,20}(\rho)=4\rho+6$$

$$q_{2,30}(\rho)=6\rho(\rho-1)+18\rho+p_{2,30}$$

$$q_{2,31}(\rho)=p_{2,31} \tag{5-2-75a}$$

$$q_{2,40}(\rho)=4\rho(\rho-1)(\rho-2)+18\rho(\rho-1)+2\rho p_{2,30}+p_{2,40}$$

$$q_{2,41}(\rho)=2\rho p_{2,31}+p_{2,41}$$

和

$$\begin{aligned}q_{2,50}(\rho)=&\rho(\rho-1)(\rho-2)(\rho-3)+6\rho(\rho-1)(\rho-2)\\&+\rho(\rho-1)p_{2,30}+\rho p_{2,40}+p_{2,50}\end{aligned} \tag{5-2-75b}$$

$$q_{2,51}(\rho)=\rho(\rho-1)p_{2,31}+\rho p_{2,41}+p_{2,51}$$

方程（5-2-74）中令 $\eta\to0$，得到指标方程

$$q_{2,50}(\rho)=0 \tag{5-2-76}$$

这里 $q_{2,50}(\rho)$ 的表达式可以进一步化简如下：

$$\begin{aligned}q_{2,50}(\rho)=&\rho(\rho-1)(\rho-2)(\rho+3)\\&+\rho(\rho-1)\left[6+p_{2,40}\right]+\rho p_{2,40}+p_{2,50}\\=&\rho(\rho-1)\left[(\rho-2)(\rho+3)+6+p_{2,40}\right]+\rho p_{2,40}+p_{2,50}\\=&\rho(\rho-1)\left[\rho(\rho+1)+p_{2,40}\right]+\rho p_{2,40}+p_{2,50}\\=&\rho^2(\rho^2-1)+\rho(\rho-1)p_{2,40}+\rho p_{2,40}+p_{2,50}\\=&\rho^2(\rho^2-1)+\rho^2 p_{2,40}+p_{2,50}\end{aligned} \tag{5-2-77}$$

于是指标方程写为如下形式：

$$\rho^4-\left(1-p_{2,40}\right)\rho^2+p_{2,50}=0 \tag{5-2-78a}$$

这里

$$\begin{aligned}\left(1-p_{2,40}\right)/2&=\lambda^2-\mathrm{i}\mu_2\lambda\eta_0\\p_{2,50}&=\lambda^4-2\mathrm{i}\mu_2\lambda^3\eta_0\end{aligned} \tag{5-2-78b}$$

可解出

$$\rho^2=\left(1-p_{2,40}\right)/2\pm\sqrt{\left[\left(1-p_{2,40}\right)/2\right]^2-p_{2,50}} \tag{5-2-79a}$$

这里

$$\begin{aligned}\sqrt{\left[\left(1-p_{2,40}\right)/2\right]^2-p_{2,50}}&=\sqrt{\left(\lambda^2-\mathrm{i}\mu_2\lambda\eta_0\right)^2-\left(\lambda^4-2\mathrm{i}\mu_2\lambda^3\eta_0\right)}\\&=\mathrm{i}\mu_2\lambda\eta_0\end{aligned} \tag{5-2-79b}$$

于是

$$\rho^2 = \lambda^2 - i\mu_2\lambda\eta_0 \pm i\mu_2\lambda\eta_0 = \begin{cases} \lambda^2 \\ \lambda^2 - 2i\mu_2\lambda\eta_0 \end{cases} \tag{5-2-80a}$$

考虑到扰动在 $z \to -\infty$（或 $\eta \to 0$）处消失，要求 $\mathrm{real}\{\rho\} > 0$，得到

$$\rho = \rho_j, \quad j = 3,4$$
$$\rho_3 = \lambda \tag{5-2-80b}$$
$$\rho_4 = \sqrt{\lambda^2 - 2i\mu_2\lambda\eta_0}$$

于是方程（5-2-74）化简为如下派生方程：

$$L_2\{V(\eta,j)\} \equiv \eta^3 V^{(4)} + q_{2,20}(\rho_j)\eta^2 V''' + [q_{2,30}(\rho_j) + q_{2,31}(\rho_j)\eta]\eta V''$$
$$+ [q_{2,40}(\rho_j) + q_{2,41}(\rho_j)\eta]V' + q_{2,51}(\rho_j)V = 0 \tag{5-2-81}$$

2）派生方程（5-2-81）的求解

将函数 $V(\eta,j)$ 在区间 $\eta \in [0,1]$ 上展开为如下 4-阶可微的改进 Fourier 级数

$$V(\eta,j) = \sum_{|n|<N} (i\alpha_n)^k A_2(n,j)\exp\{i\alpha_n\eta\} + \sum_{l=1}^{5} d_2(l,j)Jee(l-k,\eta), \quad j = 3,4; k = 0,1,2,3,4 \tag{5-2-82}$$

这里

$$\alpha_n = 2n\pi, \quad Jee(l,\eta) = \begin{cases} \dfrac{\eta^l}{l!}, & l \geqslant 0 \\ 0, & l < 0 \end{cases} \tag{5-2-83a}$$

引进 Fourier 投影

$$F^{-1}\langle\ \rangle_{n_0} = \int_0^1 \langle\ \rangle\exp\{-i\alpha_{n_0}\eta\}\mathrm{d}\eta \tag{5-2-83b}$$

将展式（5-2-82）代入方程（5-2-81）得到

$$\sum_{|n|<N} A_2(n,j)GR_2(n,\eta,j)\exp\{i\alpha_n\eta\} + \sum_{l=1}^{5} d_2(l,j)GS_2(l,\eta,j) = 0, \quad j = 3,4 \tag{5-2-84}$$

这里

$$GR_2(n,\eta,j) = (i\alpha_n)^4\eta^3 + (i\alpha_n)^3 q_{2,20}(\rho_j)\eta^2$$
$$+ (i\alpha_n)^2[q_{2,30}(\rho_j)\eta + q_{2,31}(\rho_j)\eta^2] \tag{5-2-85a}$$
$$+ (i\alpha_n)[q_{2,40}(\rho_j) + q_{2,41}(\rho_j)\eta] + q_{2,51}(\rho_j)$$

或

$$GR_2(n,\eta,j) = (i\alpha_n)^4 \eta^3 + \left[(i\alpha_n)^3 q_{2,20}(\rho_j) + (i\alpha_n)^2 q_{2,31}(\rho_j)\right]\eta^2$$
$$+ \left[(i\alpha_n)^2 q_{2,30}(\rho_j) + (i\alpha_n)q_{2,41}(\rho_j)\right]\eta \quad (5\text{-}2\text{-}85b)$$
$$+ \left[(i\alpha_n)q_{2,40}(\rho_j) + q_{2,51}(\rho_j)\right], \quad j=3,4$$

和

$$GS_2(l,\eta,j) = \eta^3 Jee(l-4,\eta) + q_{2,20}(\rho_j)\eta^2 Jee(l-3,\eta)$$
$$+ \left[q_{2,30}(\rho_j)\eta + q_{2,31}(\rho_j)\eta^2\right]Jee(l-2,\eta)$$
$$+ \left[q_{2,40}(\rho_j) + q_{2,41}(\rho_j)\eta\right]Jee(l-1,\eta) \quad (5\text{-}2\text{-}86a)$$
$$+ q_{2,51}(\rho_j)Jee(l,\eta)$$

或进而得到

$$GS_2(\eta,l,j) = \begin{bmatrix}(l-1)(l-2)(l-3) \\ +(l-1)(l-2)q_{2,20}(\rho_j) \\ +(l-1)q_{2,30}(\rho_j)+q_{2,40}(\rho_j)\end{bmatrix}Jee(l-1,\eta)$$
$$+ \begin{bmatrix}l(l-1)q_{2,31}(\rho_j)+l\cdot q_{2,41}(\rho_j) \\ +q_{2,51}(\rho_j)\end{bmatrix}Jee(l,\eta), \quad j=3,4 \quad (5\text{-}2\text{-}86b)$$

对方程（5-2-84）求 Fourier 投影得到

$$\sum_{|n|\leqslant N} A_2(n,j)R_2(n,n_0,j) = \sum_{l=1}^{5} d_2(l,j)S_2(l,n_0,j), \quad |n_0|\leqslant N, \quad j=3,4 \quad (5\text{-}2\text{-}87a)$$

这里

$$R_2(n,n_0,j) = F^{-1}\langle GR_2(\eta,n,j)\rangle_{n_0-n}$$
$$S_2(l,n_0,j) = -F^{-1}\langle GS_2(\eta,l,j)\rangle_{n_0} \quad (5\text{-}2\text{-}87b)$$

其中

$$R_2(n,n_0,j) = 6(i\alpha_n)^4 \Pi_0(3,n_0-n)$$
$$+ 2\left[(i\alpha_n)^3 q_{2,20}(\rho_j) + (i\alpha_n)^2 q_{2,31}(\rho_j)\right]\Pi_0(2,n_0-n)$$
$$+ \left[(i\alpha_n)^2 q_{2,30}(\rho_j) + (i\alpha_n)q_{2,41}(\rho_j)\right]\Pi_0(1,n_0-n) \quad (5\text{-}2\text{-}88a)$$
$$+ \left[(i\alpha_n)q_{2,40}(\rho_j) + q_{2,51}(\rho_j)\right]\Pi_0(0,n_0-n), \quad j=3,4$$

和

$$S_2\left(l,n_0,j\right) = -\begin{bmatrix}(l-1)(l-2)(l-3)\\ +(l-1)(l-2)q_{2,20}\left(\rho_j\right)\\ +(l-1)q_{2,30}\left(\rho_j\right)+q_{2,40}\left(\rho_j\right)\end{bmatrix}\Pi_0\left(l-1,n_0\right)$$

$$-\begin{bmatrix}l(l-1)q_{2,31}\left(\rho_j\right)+l\cdot q_{2,41}\left(\rho_j\right)\\ +q_{2,51}\left(\rho_j\right)\end{bmatrix}\Pi_0\left(l,n_0\right),\quad j=3,4 \tag{5-2-88b}$$

这里

$$\Pi_0\left(l,n_0\right) = F^{-1}\left\langle Jee(l,\eta)\right\rangle_{n_0} \tag{5-2-88c}$$

由方程（5-2-87a）可解出

$$A_2\left(n,j\right) = \sum_{l=1}^{5} d_2\left(l,j\right)Ae_2\left(l,n,j\right),\quad j=3,4 \tag{5-2-89}$$

这里 $Ae_2\left(l,n,j\right),\quad j=3,4$ 为如下方程的解：

$$\sum_{|n|\leqslant N} Ae_2\left(l,n,j\right)R_2\left(n,n_0,j\right) = S_2\left(l,n_0,j\right),\quad |n_0|\leqslant N; j=3,4 \tag{5-2-90}$$

将解式（5-2-89）代入展式（5-2-82）得到

$$V^{(k)}\left(\eta,j\right) = \sum_{l=1}^{5} d_2\left(l,j\right)Z_2\left(k,l,\eta,j\right) \tag{5-2-91a}$$

这里

$$Z_2\left(k,l,\eta,j\right) = \sum_{|n|\leqslant N} \left(i\alpha_n\right)^k Ae_2\left(l,n,j\right)\exp\{i\alpha_n\eta\} + Jee(l-k,\eta),\quad j=3,4 \tag{5-2-91b}$$

据引理 1 和引理 4，方程（5-2-81）应满足相容性条件

$$L_2\left\{V(\eta,j)\right\}\big|_0^1 = 0,\quad j=3,4 \tag{5-2-92a}$$

和一组约束条件：

$$L_2^{(k)}\left\{V(\eta,j)\right\}\big|_{\eta=0} = 0,\quad k=1,2,3; j=3,4 \tag{5-2-92b}$$

即

$$\begin{aligned}L_2\left\{V(\eta,j)\right\}\big|_0^1 = {}& V^{(4)}(1,j) + q_{2,20}\left(\rho_j\right)V'''(1,j)\\ &+\left[q_{2,30}\left(\rho_j\right)+q_{2,31}\left(\rho_j\right)\right]V''(1,j)\\ &+\left[q_{2,40}\left(\rho_j\right)+q_{2,41}\left(\rho_j\right)\right]V'(1,j)+q_{2,51}\left(\rho_j\right)V(1,j)\\ &-q_{2,40}\left(\rho_j\right)V'(0,j)-q_{2,51}\left(\rho_j\right)V(0,j) = 0\end{aligned} \tag{5-2-93a}$$

$$L_2'\{V(\eta,j)\}\big|_{\eta=0} = \big[q_{2,30}(\sigma_j) + q_{2,40}(\sigma_j)\big]V''(0,j)$$
$$+ \big[q_{2,41}(\sigma_j) + q_{2,51}(\sigma_j)\big]V'(0,j) = 0 \qquad (5\text{-}2\text{-}93\mathrm{b})$$

$$L_2''\{V(\eta,j)\}\big|_{\eta=0} = \big[2q_{2,20}(\rho_j) + 2q_{2,30}(\rho_j) + q_{2,40}(\rho_j)\big]V'''(0,j)$$
$$+ \big[2q_{2,31}(\rho_j) + 2q_{2,41}(\rho_j) + q_{2,51}(\rho_j)\big]V''(0,j) = 0$$

$$(5\text{-}2\text{-}93\mathrm{c})$$

$$L_2'''\{V(\eta,j)\}\big|_{\eta=0} = \big[6 + 6q_{2,20}(\rho_j) + 3q_{2,30}(\rho_j) + q_{2,40}(\rho_j)\big]V^{(4)}(0,j)$$
$$+ \big[6q_{2,31}(\rho_j) + 3q_{2,41}(\rho_j) + q_{2,51}(\rho_j)\big]V'''(0,j) = 0$$

$$(5\text{-}2\text{-}93\mathrm{d})$$

将解式（5-2-91）代入相容性条件和约束条件得到

$$\sum_{l=1}^{4} d_2(l,j)\beta_2(l,l_0,j) = -d_2(5,j)\beta_2(5,l_0,j), \quad l_0 = 1,2,3,4; j = 3,4$$

$$(5\text{-}2\text{-}94)$$

这里

$$\beta_2(l,1,j) = Z_2(4,l,1,j) + q_{2,20}(\rho_j)Z_2(3,l,1,j)$$
$$+ \big[q_{2,30}(\rho_j) + q_{2,31}(\rho_j)\big]Z_2(2,l,1,j) + \big[q_{2,40}(\rho_j) + q_{2,41}(\rho_j)\big]Z_2(1,l,1,j)$$
$$+ q_{2,51}(\rho_j)Z_2(0,l,1,j) - q_{2,40}(\rho_j)Z_2(1,l,0,j) - q_{2,51}(\rho_j)Z_2(0,l,0,j)$$

$$(5\text{-}2\text{-}95\mathrm{a})$$

$$\beta_2(l,2,j) = \big[q_{2,30}(\rho_j) + q_{2,40}(\rho_j)\big]Z_2(2,l,0,j)$$
$$+ \big[q_{2,41}(\rho_j) + q_{2,51}(\rho_j)\big]Z_2(1,l,0,j)$$

$$(5\text{-}2\text{-}95\mathrm{b})$$

$$\beta_2(l,3,j) = \big[2q_{2,20}(\rho_j) + 2q_{2,30}(\rho_j) + q_{2,40}(\rho_j)\big]Z_2(3,l,0,j)$$
$$+ \big[2q_{2,31}(\rho_j) + 2q_{2,41}(\rho_j) + q_{2,51}(\rho_j)\big]Z_2(2,l,0,j)$$

$$(5\text{-}2\text{-}95\mathrm{c})$$

$$\beta_2(l,4,j) = \big[6 + 6q_{2,20}(\rho_j) + 3q_{2,30}(\rho_j) + q_{2,40}(\rho_j)\big]Z_2(4,l,0,j)$$
$$+ \big[6q_{2,31}(\rho_j) + 3q_{2,41}(\rho_j) + q_{2,51}(\rho_j)\big]Z_2(3,l,0,j)$$

$$(5\text{-}2\text{-}95\mathrm{d})$$

由方程（5-2-94）可解出

$$d_2(l,j) = d_0(j)\gamma_2(l,j), \quad l = 1,2,3,4; j = 3,4 \qquad (5\text{-}2\text{-}96)$$

代入解式（5-2-91）得到

$$V^{(k)}(\eta,j) = d_0(j)\varPi(k,\eta,j), \quad k = 0,1,2,3,4; j = 3,4 \qquad (5\text{-}2\text{-}97\mathrm{a})$$

这里

$$\Pi(k,\eta,j) = \sum_{l=1}^{5} \gamma_2(l,j) Z_2(k,l,\eta,j), \quad j = 3,4 \tag{5-2-97b}$$

于是据（5-2-72）式，得到

$$\varphi_2(\eta) = d_0(3)\eta^{\rho_3}\Pi(0,\eta,3) + d_0(4)\eta^{\rho_4}\Pi(0,\eta,4) \tag{5-2-98a}$$

$$\varphi_2'(\eta) = d_0(3)\Big[\eta^{\rho_3}\Pi(1,\eta,3) + \rho_3\eta^{\rho_3-1}\Pi(0,\eta,3)\Big]$$
$$+ d_0(4)\Big[\eta^{\rho_4}\Pi(1,\eta,4) + \rho_4\eta^{\rho_4-1}\Pi(0,\eta,4)\Big] \tag{5-2-98b}$$

$$\varphi_2''(\eta) = d_0(3)\begin{bmatrix} \eta^{\rho_3}\Pi(2,\eta,3) + 2\rho_3\eta^{\rho_3-1}\Pi(1,\eta,3) \\ + \rho_3(\rho_3-1)\eta^{\rho_3-2}\Pi(0,\eta,3) \end{bmatrix}$$
$$+ d_0(4)\begin{bmatrix} \eta^{\rho_4}\Pi(1,\eta,4) + 2\rho_4\eta^{\rho_4-1}\Pi(1,\eta,4) \\ + \rho_4(\rho_4-1)\eta^{\rho_4-2}\Pi(0,\eta,4) \end{bmatrix} \tag{5-2-98c}$$

$$\varphi_2'''(\eta) = d_0(3)\begin{bmatrix} \eta^{\rho_3}\Pi(3,\eta,3) + 3\rho_3\eta^{\rho_3-1}\Pi(2,\eta,3) \\ + 3\rho_3(\rho_3-1)\eta^{\rho_3-2}\Pi(1,\eta,3) \\ + \rho_3(\rho_3-1)(\rho_3-2)\eta^{\rho_3-3}\Pi(0,\eta,3) \end{bmatrix}$$
$$+ d_0(4)\begin{bmatrix} \eta^{\rho_4}\Pi(3,\eta,4) + 3\rho_4\eta^{\rho_4-1}\Pi(2,\eta,4) \\ + 3\rho_4(\rho_4-1)\eta^{\rho_4-2}\Pi(1,\eta,4) \\ + \rho_4(\rho_4-1)(\rho_4-2)\eta^{\rho_4-3}\Pi(0,\eta,4) \end{bmatrix} \tag{5-2-98d}$$

4. 大气与水体运动在界面上的匹配

1）在界面上 $(z=0)$ 扰动速度连续

$$w(x,+0) = w(x,-0)$$
$$u(x,+0) = u(x,-0) \tag{5-2-99a}$$

据表达式（5-2-10）和（5-2-21）得到

$$\phi_1(z)\big|_{z=0} = \phi_2(z)\big|_{z=0}$$
$$\phi_1'(z)\big|_{z=0} = \phi_2'(z)\big|_{z=0} \tag{5-2-99b}$$

利用关系式

$$\phi_1(z) = \varphi_1(\xi), \quad \phi_1'(z) = \xi'\varphi_1'(\xi) = -b\xi\varphi_1'(\xi)$$
$$\phi_2(z) = \varphi_2(\eta), \quad \phi_2'(z) = \eta'\varphi_2'(\eta) = b\eta\varphi_2'(\eta) \tag{5-2-100}$$

改写匹配条件（5-2-99b），得到

$$\begin{cases} \varphi_1(1) = \varphi_2(1) \\ \varphi_1'(1) = -\varphi_2'(1) \end{cases} \quad (5\text{-}2\text{-}101)$$

2）在界面上剪切应力连续且光滑衔接

$$\mu_1 \frac{\partial u}{\partial z}\bigg|_{z=+0} = \mu_2 \frac{\partial u}{\partial z}\bigg|_{z=-0}$$

$$\mu_1 \frac{\partial^2 u}{\partial z^2}\bigg|_{z=+0} = \mu_2 \frac{\partial^2 u}{\partial z^2}\bigg|_{z=-0} \quad (5\text{-}2\text{-}102)$$

据表达式（5-2-10）和（5-2-21）得到

$$\mu_1 \phi_1''(z)\big|_{z=+0} = \mu_2 \phi_2''(z)\big|_{z=-0}$$

$$\mu_1 \phi_1'''(z)\big|_{z=+0} = \mu_2 \phi_2'''(z)\big|_{z=-0} \quad (5\text{-}2\text{-}103)$$

这里 μ_1, μ_2 分别为空气和水的动力学黏滞系数，且有关系

$$\sigma_0 = \mu_2 / \mu_1 \approx 55 \quad (5\text{-}2\text{-}104)$$

利用关系式

$$\phi_1''(z) = \left[\varphi_1'(\xi)\xi' \right]' = \varphi_1''\xi'^2 + \varphi_1'\xi'' = b^2 \left[\xi^2 \varphi_1''(\xi) + \xi\varphi_1'(\xi) \right]$$

$$\phi_2''(z) = \left[\varphi_2'(\eta)\eta' \right]' = \varphi_2''\eta'^2 + \varphi_2'\eta'' = b^2 \left[\eta^2 \varphi_2''(\eta) + \eta\varphi_2'(\eta) \right]$$

$$(5\text{-}2\text{-}105)$$

和

$$\phi_1'''(z) = \left(\varphi_1''\xi'^2 + \varphi_1'\xi'' \right)' = \xi'^3 \varphi_1''' + 3\xi'\xi''\varphi_1'' + \xi'''\varphi_1'$$

$$= -b^3 \left[\xi^3 \varphi_1'''(\xi) + 3\xi^2 \varphi_1''(\xi) + \xi\varphi_1'(\xi) \right]$$

$$\phi_2'''(z) = \left(\varphi_2''\eta'^2 + \varphi_2'\eta'' \right)' = \eta'^3 \varphi_2''' + 3\eta'\eta''\varphi_2'' + \eta'''\varphi_2'$$

$$= b^3 \left[\eta^3 \varphi_2'''(\eta) + 3\eta^2 \varphi_2''(\eta) + \eta\varphi_2'(\eta) \right]$$

$$(5\text{-}2\text{-}106)$$

代入（5-2-103）式得到

$$\mu_1 \left[\varphi_1''(1) + \varphi_1'(1) \right] = \mu_2 \left[\varphi_2''(1) + \varphi_2'(1) \right]$$

$$-\mu_1 \left[\varphi_1'''(1) + 3\varphi_1''(1) + \varphi_1'(1) \right] = \mu_2 \left[\varphi_2'''(1) + 3\varphi_2''(1) + \varphi_2'(1) \right]$$

$$(5\text{-}2\text{-}107)$$

所以（5-2-101）与（5-2-107）式为界面匹配条件。据关系式（5-2-60）、（5-2-98）可得到（见附录 A）

$$\varphi_1(1) = d_1\mu_{11} + d_2\mu_{21}$$
$$\varphi_1'(1) = d_1\mu_{12} + d_2\mu_{22}$$
$$\varphi_1''(1) = d_1\mu_{13} + d_2\mu_{23}$$
$$\varphi_1'''(1) = d_1\mu_{14} + d_2\mu_{24}$$

（5-2-108a）

和

$$\varphi_2(1) = d_3\mu_{31} + d_4\mu_{41}$$
$$\varphi_2'(1) = d_3\mu_{32} + d_4\mu_{42}$$
$$\varphi_2''(1) = d_3\mu_{33} + d_4\mu_{43}$$
$$\varphi_2'''(1) = d_3\mu_{34} + d_4\mu_{44}$$

（5-2-108b）

将关系式（5-2-108）代入匹配条件（5-2-101）与（5-2-107）得到

$$d_1\mu_{11} + d_2\mu_{21} = d_3\mu_{31} + d_4\mu_{41}$$
$$d_1\mu_{12} + d_2\mu_{22} = -(d_3\mu_{32} + d_4\mu_{42})$$
$$d_1\mu_{13} + d_2\mu_{23} + d_1\mu_{12} + d_2\mu_{22} = \sigma_0(d_3\mu_{33} + d_4\mu_{43} + d_3\mu_{32} + d_4\mu_{42})$$
$$d_1\mu_{14} + d_2\mu_{24} + 3(d_1\mu_{13} + d_2\mu_{23}) + d_1\mu_{12} + d_2\mu_{22}$$
$$= -\sigma_0\left[d_3\mu_{34} + d_4\mu_{44} + 3(d_3\mu_{33} + d_4\mu_{43}) + d_3\mu_{32} + d_4\mu_{42}\right]$$

（5-2-109）

整理后得到

$$d_1\omega_{11} + d_2\omega_{21} + d_3\omega_{31} + d_4\omega_{41} = 0$$
$$d_1\omega_{12} + d_2\omega_{22} + d_3\omega_{32} + d_4\omega_{42} = 0$$
$$d_1\omega_{13} + d_2\omega_{23} + d_3\omega_{33} + d_4\omega_{43} = 0$$
$$d_1\omega_{14} + d_2\omega_{24} + d_3\omega_{34} + d_4\omega_{44} = 0$$

（5-2-110）

这里

$$\omega_{11} = \mu_{11}, \quad \omega_{12} = \mu_{12}$$
$$\omega_{13} = \mu_{12} + \mu_{13}$$
$$\omega_{14} = \mu_{12} + 3\mu_{13} + \mu_{14}$$

（5-2-111a）

$$\omega_{21} = \mu_{21}, \quad \omega_{22} = \mu_{22}$$
$$\omega_{23} = \mu_{22} + \mu_{23}$$
$$\omega_{24} = \mu_{22} + 3\mu_{23} + \mu_{24}$$

（5-2-111b）

$$\omega_{31} = -\mu_{31}, \quad \omega_{32} = \mu_{32}$$
$$\omega_{33} = -\sigma_0(\mu_{32} + \mu_{33})$$
$$\omega_{34} = \sigma_0(\mu_{32} + 3\mu_{33} + \mu_{34})$$

（5-2-111c）

$$\omega_{41} = -\mu_{41}, \quad \omega_{42} = \mu_{42}$$
$$\omega_{43} = -\sigma_0\left(\mu_{42} + \mu_{43}\right) \quad (\text{5-2-111d})$$
$$\omega_{44} = \sigma_0\left(\mu_{42} + 3\mu_{43} + \mu_{44}\right)$$

齐次代数方程组（5-2-110）存在非零解的充分必要条件是，方程的系数行列式等于零：

$$\varOmega = \begin{vmatrix} \omega_{11} & \omega_{21} & \omega_{31} & \omega_{41} \\ \omega_{12} & \omega_{22} & \omega_{32} & \omega_{42} \\ \omega_{13} & \omega_{23} & \omega_{33} & \omega_{43} \\ \omega_{14} & \omega_{24} & \omega_{34} & \omega_{44} \end{vmatrix} = 0 \quad (\text{5-2-112})$$

取复数膜

$$\varOmega_0 = \varOmega_0\left(\alpha, c_r, c_i\right) = \|\varOmega\| \quad (\text{5-2-113})$$

调整各个参数 α, c_r, c_i 使 $\varOmega_0 = \varOmega_0\left(\alpha, c_r, c_i\right) = 0$。

5. 算例与讨论

取

$$L = 1.0\text{m}, \quad U_{00} = 1.0\text{m/s}, \quad \sigma_0 = 55.0$$
$$R_0 = 6.75 \times 10^4, \quad b = 10.0, \quad U_{01} = 11.0, \quad U_{02} = \frac{U_{01}}{\sigma_0} = 0.2$$

算例1 取 $\alpha = 15$, $c_i = 0.25/\alpha$, $N = 100$，计算出 c_r-$\varOmega_0(c_r)$ 分布，见表5-2a。

表5-2a 膜函数 $\varOmega_0 = \varOmega_0(\alpha, c_r, c_i)$ 的分布

（$\alpha = 15$, $c_i = 0.25/\alpha$, $N = 100$）

c_r	$\varOmega_0(c_r)$	c_r	$\varOmega_0(c_r)$	c_r	$\varOmega_0(c_r)$
0.03	2.3627	0.10	6.68×10^{-3}	0.17	6.96×10^{-2}
0.04	2.14×10^{-2}	0.11	8.16×10^{-4}	0.18	2.48×10^{-4}
0.05	6.47×10^{-5}	0.12	7.21×10^{-4}	0.19	2.68×10^{-3}
0.06	1.02×10^{-4}	0.13	1.66×10^{-4}	0.20	2.30×10^{-3}
0.07	5.68×10^{-4}	0.14	7.15×10^{-2}	0.21	1.7402
0.08	1.69×10^{-8}	0.15	9.64×10^{-3}	0.22	2.93×10^{-3}
0.09	2.50×10^{-4}	0.16	0.2062	0.23	1.08×10^{-6}

续表

c_r	$\Omega_0(c_r)$	c_r	$\Omega_0(c_r)$	c_r	$\Omega_0(c_r)$
0.24	1.39×10^{-5}	0.44	8.35×10^{-5}	0.64	1.14×10^{-5}
0.25	1.38×10^{-4}	0.45	1.88×10^{-2}	0.65	1.06×10^{-4}
0.26	1.10×10^{-3}	0.46	1.25×10^{-4}	0.66	3.07×10^{-4}
0.27	5.05×10^{-4}	0.47	1.00×10^{-2}	0.67	0.7267
0.28	4.47×10^{-4}	0.48	1.0652	0.68	8.26×10^{-2}
0.29	4.43×10^{-4}	0.49	7.96×10^{-4}	0.69	1.95×10^{-4}
0.30	2.31×10^{-4}	0.50	1.21×10^{-3}	0.70	0.3311
0.31	6.42×10^{-4}	0.51	6.70×10^{-5}	0.71	9.09×10^{-2}
0.32	3.90×10^{-3}	0.52	3.74×10^{-5}	0.72	1.60×10^{-3}
0.33	5.07×10^{-3}	0.53	1.92×10^{-5}	0.73	1.03×10^{-2}
0.34	8.54×10^{-2}	0.54	2.15×10^{-2}	0.74	0.1093
0.35	7.8238	0.55	2.88×10^{-3}	0.75	3.85×10^{-3}
0.36	1.04×10^{-3}	0.56	0.1296	0.76	8.57×10^{-2}
0.37	3.00×10^{-2}	0.57	1.03×10^{-2}	0.77	1.40×10^{-2}
0.38	1.06×10^{-2}	0.58	0.4965	0.78	0.3875
0.39	3.42×10^{-3}	0.59	1.07×10^{-4}	0.79	0.2920
0.40	5.73×10^{-7}	0.60	6.80×10^{-2}	0.80	30.076
0.41	4.47×10^{-5}	0.61	1.61×10^{-3}	0.81	9.51×10^{-3}
0.42	2.16×10^{-2}	0.62	2.15×10^{-3}	0.82	1.27×10^{-3}
0.43	6.28×10^{-3}	0.63	2.74×10^{-2}	0.83	0.5631

　　近似计算不能得到绝对的零点。近似的零点必须是极小值点 $O(\text{bottom})$，并且比极值坑的边沿上的值 $O(\text{top})$ 小很多很多，比如 $O(\text{bottom})<O(\text{top})\times10^{-5}$（见附录 B）。经过更仔细的筛选得到如下（并不完全的）$\Omega_0(c_r)$ 的零点分布，见表 5-2b。

表 5-2b　膜函数 $\Omega_0=\Omega_0(\alpha,c_r,c_i)$ 的零点分布

（$\alpha=15$，$c_i=0.25/\alpha$，$N=100$）

c_r	$\Omega_0(c_r)$	c_r	$\Omega_0(c_r)$
0.0504	1.50×10^{-7}	0.080	1.69×10^{-8}
0.0507	4.72×10^{-8}	0.400	5.73×10^{-7}
0.0510	2.83×10^{-8}	0.231	1.08×10^{-8}

续表

c_r	$\Omega_0(c_r)$	c_r	$\Omega_0(c_r)$
0.073	4.05×10^{-7}		
0.075	2.74×10^{-7}		

算例2 取 $\alpha = 15$, $c_i = 0.5/\alpha$, $N = 100$，计算出 c_r-$\Omega_0(c_r)$ 分布，见表5-3a。

表 5-3a 膜函数 $\Omega_0 = \Omega_0(\alpha, c_r, c_i)$ 的分布

$(\alpha = 15,\ c_i = 0.5/\alpha,\ N = 100)$

c_r	$\Omega_0(c_r)$	c_r	$\Omega_0(c_r)$	c_r	$\Omega_0(c_r)$
0.03	185.75	0.28	6.58×10^{-4}	0.53	5.95×10^{-2}
0.04	6.0688	0.29	4.72×10^{-5}	0.54	8.73×10^{-5}
0.05	3.31×10^{-3}	0.30	2.68×10^{-3}	0.55	2.28×10^{-3}
0.06	8.05×10^{-6}	0.31	0.1023	0.56	5.59×10^{-3}
0.07	2.36×10^{-3}	0.32	4.30×10^{-3}	0.57	6.80×10^{-4}
0.08	4.27×10^{-4}	0.33	2.01×10^{-2}	0.58	8.31×10^{-3}
0.09	4.00×10^{-3}	0.34	0.9554	0.59	2.25×10^{-5}
0.10	3.72×10^{-5}	0.35	7.15×10^{-3}	0.60	6.70×10^{-4}
0.11	2.42×10^{-6}	0.36	5.17×10^{-4}	0.61	0.3439
0.12	4.37×10^{-4}	0.37	8.26×10^{-4}	0.62	7.67×10^{-3}
0.13	2.49×10^{-3}	0.38	8.69×10^{-5}	0.63	6.45×10^{-2}
0.14	7.99×10^{-4}	0.39	6.74×10^{-3}	0.64	6.15×10^{-4}
0.15	4.12×10^{-6}	0.40	2.90×10^{-6}	0.65	2.1711
0.16	1.24×10^{-3}	0.41	3.6596	0.66	1.4672
0.17	1.17×10^{-3}	0.42	2.53×10^{-3}	0.67	7.46×10^{-3}
0.18	1.56×10^{-3}	0.43	1.28×10^{-4}	0.68	5.02×10^{-2}
0.19	9.28×10^{-4}	0.44	4.03×10^{-4}	0.69	2.05×10^{-6}
0.20	4.3235	0.45	9.38×10^{-3}	0.70	2.95×10^{-2}
0.21	5.57×10^{-5}	0.46	1.93×10^{-3}	0.71	8.67×10^{-3}
0.22	4.79×10^{-3}	0.47	1.80×10^{-2}	0.72	2.58×10^{-2}
0.23	8.06×10^{-4}	0.48	2.87×10^{-3}	0.73	0.3176
0.24	4.28×10^{-4}	0.49	2.13×10^{-5}	0.74	3.3640
0.25	4.24×10^{-2}	0.50	1.09×10^{-4}	0.75	3.22×10^{-2}
0.26	6.26×10^{-4}	0.51	4.94×10^{-3}	0.76	1.1683
0.27	4.26×10^{-2}	0.52	8.58×10^{-3}	0.77	2.0240

c_r	$\Omega_0(c_r)$	c_r	$\Omega_0(c_r)$	c_r	$\Omega_0(c_r)$
0.78	0.5620	0.80	3.99×10^{-2}	0.82	0.4372
0.79	0.3280	0.81	5.38×10^{-2}	0.83	2677.0

近似计算不能得到绝对的零点。近似的零点必须是极小值点，并且比极值坑的边沿上的值 $O(\mathrm{top})$ 小很多很多，比如 $O(\mathrm{bottom})<O(\mathrm{top})\times10^{-5}$（见附录 C）。经过更仔细的筛选得到如下（并不完全的）$\Omega_0(c_r)$ 的零点分布，见表 5-3b。

表 5-3b　膜函数 $\Omega_0=\Omega_0(\alpha,c_r,c_i)$ 的零点分布

（$\alpha=15$, $c_i=0.5/\alpha$, $N=100$）

c_r	$\Omega_0(c_r)$	c_r	$\Omega_0(c_r)$
0.064	2.42×10^{-6}	0.452	2.22×10^{-7}
0.110	2.42×10^{-6}	0.465	1.56×10^{-6}
0.150	4.12×10^{-6}	0.471	1.94×10^{-7}
0.153	8.68×10^{-10}	0.473	6.02×10^{-8}
0.215	3.86×10^{-9}	0.493	8.19×10^{-9}
0.216	7.20×10^{-8}	0.546	1.38×10^{-7}
0.277	4.04×10^{-7}	0.586	6.40×10^{-7}
0.288	2.22×10^{-7}	0.690	2.05×10^{-6}
0.289	1.56×10^{-6}		

算例 3　取 $\alpha=15$, $c_i=1.0/\alpha$, $N=100$ 计算出 c_r-$\Omega_0(c_r)$ 的分布，见表 5-4a。

表 5-4a　膜函数 $\Omega_0=\Omega_0(\alpha,c_r,c_i)$ 的分布

（$\alpha=15$, $c_i=1.0/\alpha$, $N=100$）

c_r	$\Omega_0(c_r)$	c_r	$\Omega_0(c_r)$	c_r	$\Omega_0(c_r)$
0.04	1085.0	0.12	8.10×10^{-4}	0.20	0.8217
0.05	0.0555	0.13	1.51×10^{-7}	0.21	7.30×10^{-3}
0.06	2.54×10^{-4}	0.14	1.98×10^{-5}	0.22	2.34×10^{-3}
0.07	3.98×10^{-4}	0.15	3.64×10^{-3}	0.23	1.46×10^{-4}
0.08	1.09×10^{-6}	0.16	1.98×10^{-3}	0.24	5.29×10^{-4}
0.09	1.70×10^{-2}	0.17	1.31×10^{-2}	0.25	1.14×10^{-6}
0.10	1.17×10^{-5}	0.18	2.82×10^{-4}	0.26	3.27×10^{-3}
0.11	1.83×10^{-5}	0.19	1.01×10^{-5}	0.27	1.36×10^{-5}

c_r	$\Omega_0(c_r)$	c_r	$\Omega_0(c_r)$	c_r	$\Omega_0(c_r)$
0.28	1.46×10^{-2}	0.46	3.29×10^{-2}	0.64	0.3239
0.29	0.2946	0.47	7.45×10^{-4}	0.65	3.50×10^{-6}
0.30	0.1444	0.48	1.43×10^{-2}	0.66	3.16×10^{-2}
0.31	2.55×10^{-3}	0.49	4.16×10^{-3}	0.67	2.25×10^{-5}
0.32	1.35×10^{-3}	0.50	1.09×10^{-4}	0.68	0.5327
0.33	7.65×10^{-4}	0.51	9.10×10^{-4}	0.69	0.8546
0.34	8.13×10^{-2}	0.52	5.90×10^{-2}	0.70	3.34×10^{-2}
0.35	1.10×10^{-2}	0.53	2.03×10^{-2}	0.71	2.1436
0.36	0.8330	0.54	0.2172	0.72	0.6827
0.37	1.70×10^{-3}	0.55	1.6922	0.73	1.66×10^{-2}
0.38	1.64×10^{-3}	0.56	3.61×10^{-4}	0.74	0.2590
0.39	2.34×10^{-4}	0.57	6.40×10^{-3}	0.75	5445.0
0.40	0.1798	0.58	7.65×10^{-3}	0.76	1.1683
0.41	1.44×10^{-2}	0.59	0.2468	0.77	1.7916
0.42	25.074	0.60	2.74×10^{-4}	0.78	0.2076
0.43	6.48×10^{-2}	0.61	1.58×10^{-2}	0.79	2.69×10^{-4}
0.44	3.44×10^{-4}	0.62	1.1938	0.80	200.97
0.45	18.432	0.63	3.18×10^{-4}	0.81	41.053

近似计算不能得到绝对的零点。近似的零点必须是极小值点，并且比极值坑的边沿上的值 $O(\text{top})$ 小很多很多，比如 $O(\text{bottom}) < O(\text{top})\times10^{-5}$（见附录 D）。经过更仔细的筛选得到如下（并不完整）$\Omega_0(c_r)$ 的零点分布，见表 5-4b。

表 5-4b　膜函数 $\Omega_0 = \Omega_0(\alpha, c_r, c_i)$ 的零点分布

（$\alpha = 15$，$c_i = 1.0/\alpha$，$N = 100$）

c_r	$\Omega_0(c_r)$	c_r	$\Omega_0(c_r)$
0.078	1.26×10^{-6}	0.1258	1.53×10^{-6}
0.080	1.09×10^{-6}	0.1280	3.65×10^{-6}
0.083	3.75×10^{-6}	0.1300	1.51×10^{-7}
0.085	4.62×10^{-6}	0.2442	1.40×10^{-6}

续表

c_r	$\Omega_0(c_r)$	c_r	$\Omega_0(c_r)$
0.2460	2.97×10^{-6}	0.6298	1.11×10^{-7}
0.2500	1.14×10^{-6}	0.6500	3.49×10^{-6}
0.2550	1.17×10^{-6}		

讨论：从以上三个算例，我们都分别找到 10 个以上的零点： $\Omega_0(c_r) = 0$ 。

扰动波可写为如下形式：

$$\begin{aligned}\Psi_0(x,z,t) &= \phi(z)\exp\{i\alpha(x-ct)\}\\&= \phi(z)\exp\{i\alpha[x-(c_r+ic_i)t]\}\\&= E(t)\phi(z)\exp\{i\alpha(x-c_r t)\}\end{aligned}$$

（5-2-114）

这里 $E(t)$ 为放大因子或成长因子

$$\begin{aligned}E(t) &= \exp\{\alpha c_i t\}\\E(\Delta t) &= \exp\{\alpha c_i \Delta t\}\end{aligned}$$

（5-2-115）

Δt 为作用时间，如果 $c_i > 0$ ，那么 $E(\Delta t)$ 为放大率或成长率。

从以上算例不难看出，至少有十几个相速度为 c_r 的扰动波是最易成长波，即

$$\begin{aligned}\Psi_0(x,z,t) &= \phi(z)\exp\{i\alpha(x-ct)\}\\&= \phi(z)\exp\{i\alpha[x-(ic_i)t]\}\\&= E(t)\phi(z)\exp\{i\alpha x\}\end{aligned}$$

（5-2-116）

如果 $\alpha c_i = 0.25$ ，成长时间 Δt 为 8s ， $\alpha c_i \Delta t = 2$ ，那么扰动波振幅放大率为 $E(\Delta t) = e^2 \approx 7$ ，于是 1cm 波高的扰动波迅速成长到 7cm 。

如果 $\alpha c_i = 0.5$ ，成长时间 Δt 为 4s ， $\alpha c_i \Delta t = 2$ ，那么扰动波振幅放大率为 $E(\Delta t) = e^2 \approx 7$ ，于是 1cm 波高的扰动波迅速长到 7cm 。

如果 $\alpha c_i = 1.0$ ，成长时间 Δt 为 2s ， $\alpha c_i \Delta t = 2$ ，那么扰动波振幅放大率为 $E(\Delta t) = e^2 \approx 7$ ，于是 1cm 波高的扰动波瞬间长到 7cm 。

所以波浪的成长是瞬间发生的，这与风浪水槽的观测结果是一致的。

由于我们的推导是建立在水气界面取作水平面的前提下得到的，所以当扰动波成长到一定幅度时，水平面的近似不再适用，所以我们的理论也不再适用。

最终结论：相速度 $c_r > 0$ 的扰动波中密集存在着最不稳定波或最易成长波。本文理论只给出风浪成长的初始条件。

附录 A

（5-2-108）式中

$$\mu_{11} = \Pi(0,1,1)$$
$$\mu_{12} = \Pi(1,1,1) + \rho_1 \Pi(0,1,1)$$
$$\mu_{13} = \Pi(2,1,1) + 2\rho_1 \Pi(1,1,1) + \rho_1(\rho_1 - 1)\Pi(0,1,1) \qquad （A\text{-}1）$$
$$\mu_{14} = \Pi(3,1,1) + 3\rho_1 \Pi(2,1,1) + 3\rho_1(\rho_1 - 1)\Pi(1,1,1)$$
$$\qquad + \rho_1(\rho_1 - 1)(\rho_1 - 2)\Pi(0,1,1)$$

$$\mu_{21} = \Pi(0,1,2)$$
$$\mu_{22} = \Pi(1,1,2) + \rho_2 \Pi(0,1,2)$$
$$\mu_{23} = \Pi(2,1,2) + 2\rho_2 \Pi(1,1,2) + \rho_2(\rho_2 - 1)\Pi(0,1,2) \qquad （A\text{-}2）$$
$$\mu_{24} = \Pi(3,1,2) + 3\rho_2 \Pi(2,1,2) + 3\rho_2(\rho_2 - 1)\Pi(1,1,2)$$
$$\qquad + \rho_2(\rho_2 - 1)(\rho_2 - 2)\Pi(0,1,2)$$

$$\mu_{31} = \Pi(0,1,3)$$
$$\mu_{32} = \Pi(1,1,3) + \rho_3 \Pi(0,1,3)$$
$$\mu_{33} = \Pi(2,1,3) + 2\rho_3 \Pi(1,1,3) + \rho_3(\rho_3 - 1)\Pi(0,1,3) \qquad （A\text{-}3）$$
$$\mu_{34} = \Pi(3,1,3) + 3\rho_3 \Pi(2,1,3) + 3\rho_3(\rho_3 - 1)\Pi(1,1,3)$$
$$\qquad + \rho_3(\rho_3 - 1)(\rho_3 - 2)\Pi(0,1,3)$$

$$\mu_{41} = \Pi(0,1,4)$$
$$\mu_{42} = \Pi(1,1,4) + \rho_4 \Pi(0,1,4)$$
$$\mu_{43} = \Pi(2,1,4) + 2\rho_4 \Pi(1,1,4) + \rho_4(\rho_4 - 1)\Pi(0,1,4) \qquad （A\text{-}4）$$
$$\mu_{44} = \Pi(3,1,4) + 3\rho_4 \Pi(2,1,4) + 3\rho_4(\rho_4 - 1)\Pi(1,1,4)$$
$$\qquad + \rho_4(\rho_4 - 1)(\rho_4 - 2)\Pi(0,1,4)$$

附录 B

作为算例这里只给出表 5-1b 中零点的极值坑中的分布 $\Omega_0(c_r)$，见表 B-1。

表 B-1　$\Omega_0(c_r)$ 在极值坑中的分布

$(\alpha=15,\ c_i=0.25/\alpha,\ N=100)$

c_r	$\Omega_0(c_r)$	c_r	$\Omega_0(c_r)$
0.0463	8.73×10^{-2}	0.069	10.68
0.0504	1.50×10^{-7}	0.073	4.05×10^{-7}
0.0507	4.72×10^{-8}	0.075	2.74×10^{-7}
0.0510	2.83×10^{-8}	0.077	1.44×10^{-2}
0.0511	0.1462		
		0.227	1.11×10^{-2}
0.0793	1.22×10^{-2}	0.231	1.08×10^{-8}
0.0800	1.69×10^{-8}	0.232	2..1086
0.0806	0.3430		
		0.396	0.1621
		0.400	5.73×10^{-7}
		0.402	0.8758

可见极值坑底的值确实比周边坑沿的值至少小 5 个量级——$O(10^{-5})$，所以坑底的值可以视作行列式的零点。

附录 C

作为算例这里只给出表 5-2b 中个别零点的极值坑中的分布 $\Omega_0(c_r)$，见表 C-1。

表 C-1　$\Omega_0(c_r)$ 在极值坑中的分布

$(\alpha=15,\ c_i=0.5/\alpha,\ N=100)$

c_r	$\Omega_0(c_r)$	c_r	$\Omega_0(c_r)$
0.1486	0.3629	0.200	4.3235
0.1492	0.1800	0.214	0.1882
0.1500	4.12×10^{-6}	0.2150	3.86×10^{-9}
0.151	6.28×10^{-3}	0.2152	1.4590
0.152	0.1042	0.2160	7.20×10^{-8}
0.153	8.68×10^{-10}	0.2163	0.1013
0.154	2.38×10^{-2}	0.2164	0.4688
0.156	0.1739	0.275	0.2421

c_r	$\Omega_0(c_r)$	c_r	$\Omega_0(c_r)$
0.276	4.04×10^{-7}	0.465	3.21×10^{-6}
0.277	4.12×10^{-6}	0.466	1.2801
0.287	1.24×10^{-2}	0.471	1.94×10^{-7}
0.288	2.22×10^{-7}	0.472	5.67×10^{-6}
0.289	1.56×10^{-6}	0.473	6.02×10^{-8}
0.290	0.2946	0.475	0.1155
0.310	0.1023	0.493	8.19×10^{-9}
0.340	0.9554	0.494	0.3247
0.444	0.6032		
0.452	2.20×10^{-6}		
0.455	2.00×10^{-2}		

可见极值坑底的值确实比周边坑沿的值至少小 5 个量级——$O(10^{-5})$，所以坑底的值可以视作行列式的零点。

附录 D

作为算例这里只给出表 5-3b 中个别零点的极值坑中的分布 $\Omega_0(c_r)$，见表 D-1。

表 D-1　$\Omega_0(c_r)$ 在极值坑附近的分布

$(\alpha=15,\ c_i=1.0/\alpha,\ N=100)$

c_r	$\Omega_0(c_r)$	c_r	$\Omega_0(c_r)$
0.121	0.1101	0.1344	0.1345
0.1258	1.53×10^{-6}	0.200	0.8218
0.1260	1.35×10^{-2}	0.230	1.46×10^{-4}
0.1280	3.65×10^{-6}	0.240	5.29×10^{-3}
0.1290	0.1024	0.250	1.14×10^{-6}
0.1300	1.51×10^{-7}	0.252	8.55×10^{-2}
0.1310	3.87×10^{-3}	0.253	1.65×10^{-3}
0.1340	7.22×10^{-2}	0.254	2.53×10^{-4}

续表

c_r	$\Omega_0(c_r)$	c_r	$\Omega_0(c_r)$
0.255	1.17×10^{-6}	0.65	3.50×10^{-6}
0.256	0.2068	0.66	3.16×10^{-2}
0.257	208.00	0.67	2.25×10^{-5}
0.62	1.1938	0.69	0.8546
0.6298	1.11×10^{-7}	0.71	2.1436
0.64	0.3239		

可见极值坑底的值确实比周边坑沿的值至少小 5 个量级——$O\left(10^{-5}\right)$，所以坑底值可以视作行列式的零点。

参考文献

［1］Zhang Q H，Chen S M，Qu Y Y. Corrected Fourier series and its application to function approximation. Int. J. Math. Math. Sci.，2005，33-42.

［2］Lin C C，Segel L A. Mathmatics Applied to Deterministic Problems in the Natural Sciences. New York：Macmillan Publishing，1974.

［3］顾樵. 数学物理方法. 北京：科学出版社，2012.

［4］Zhang Q H，Chen S M，Ma J，et al. Solutions of linear ordimary differential equations with non-singular varying coefficients by using the corrected Fourier series. App. Math. Comp.，2007，187：765-776.

［5］王竹溪，郭敦仁. 特殊函数论. 北京：科学出版社，1965.

［6］刘式适，刘式达. 特殊函数. 北京：气象出版社，1988.

［7］Zhang Q H，Ma J，Qu Y Y. Unified solution for the Legendre equation in the Interval $[-1，1]$：An example of solving linear singular-ordinary differential equations. App. Math. Comp.，2016，289：311-323.

［8］Zhang Q H，Ma J，Qu Y Y. Bessel equation in the semiunbounded interval $x \in [x_0, \infty]$：Solving in the neighborhood of an irregular singular point. Int. J. Math. Math. Sci.，2016：1-7.

［9］徐肇廷. 海洋内波动力学. 北京：科学出版社，1999.

［10］范植松. 海洋内部混合研究基础. 北京：海洋出版社 2002，130.

［11］方欣华，杜涛. 海洋内波基础和中国海内波. 青岛：中国海洋大学出版社，2005.

［12］Dai D J，Wang W，Zhang Q H，et al. Eigen solution of internal waves over subcritical topography. Acta Oceanol. Sin.，2011，30（2）：1-8.

［13］Dai D J，Wang W，Qiao F L，et al. Propagation of internal waves up continental slope and shelf. Chinese Journal of Oceanography and Limnology，2008，26（4）：450-458.

［14］Dai D J，Wang W，Qiao F L，et al. Seattering process of internal waves propagating over a subcritical strait slope onto a shelf region. Journal of Ocean University of China，2005，4（4）：377-382.

[15] 戴德君，乔方利，袁业立. 2007，弱地形上内潮生成问题 I：数学物理框架及解析解. 海洋科学进展，2007，25（2）：123-130.

[16] 戴德君，乔方利，袁业立. 弱地形上内潮生成问题 II：粗糙地形情况下水深对内潮能通量的影响. 海洋科学进展，2007，25（3）：247-256.

[17] Lin C C. The Theory of Hydrodynamics Stability. Cambridge：Cambridge University Press，1995.

[18] Phillips O M. On the generation of waves by Turbulent wind. J. Fluid Mech.，1957，2：417-445.

[19] Miles J W. On the generation of surface waves by shear flows. J. Fluid Mech.，1957，3：185-204.

[20] Miles J W. On the generation of surface waves by shear flows. Part 2. J. Fluid Mech.，1959，6：568-582.

[21] Miles J W. On the generation of surface waves by shear flows. Part 3. J. Fluid Mech.，1959，6：583-598.

后　记

　　本书的大部分内容都来自近 20 年来在这一方面逐渐完成的十几篇学术论文，是这些论文的合集。由于每一篇论文都是一个独立完备的数学体系，所以单独阅读其中某一章节也不会遇到太大困难。书中的算例中有大量的数学推导和数值计算，我不能保证所有的数学推导和计算结果没有一点纰漏，但如果读者是一个科学研究工作者，他只要能理解我所给出的求解思路，他就能按自己选择的参数独立完成求解过程，这也就达到我编撰此书的目的了。对于许多数理学科的研究工作者，需要对所研究的具体问题得到明确的数值结果，虽然相关的参考书可能很多，书中内容包罗万象，但对每个问题都是点到为止，没有一个问题给出最后结果或获取最后结果的途径。本书或许在这方面对读者会有所帮助。

　　参与本书所涉及内容的研究（包括理论、计算和实验室模拟）工作的合作者有（按时间顺序）：陈水明、曲媛媛、马建、尹训强、赵伟、刘娜、范海梅、姜文正、马洪余、刘展池等，这里一并表示感谢。特别感谢姜文正博士的课题（CS2022-0807-012）对本书出版的资金支持。

　　作者：张庆华，男，籍贯北京，1940 年 10 月生于重庆市。1965 年毕业于北京大学数学力学系，力学专业（学制六年）。1981 年 11 月至 1985 年 6 月赴美留学，在美国北卡罗来纳州立大学（NCSU）"海洋、大气与地球科学系"获博士学位。曾长期在中国科学院海洋研究所和国家海洋局第一海洋研究所从事动力海洋学和应用数学研究工作，担任研究员及博士生导师。